高职高专计算机任务驱动模式教材

计算机组装与维护项目教程

高立丽　帅志军　主　编

蔡　重　卢　文　叶辉琴　副主编

清华大学出版社

北　京

内 容 简 介

本书采用了理论知识和实训技能操作相结合的形式，主要介绍了组成计算机的硬件设备、性能指标、选购方法与组装技术、BIOS设置、硬盘分区与格式化、操作系统与常用软件的安装与设置、数据恢复技术、故障检测与排除以及笔记本电脑的维护等最新技术。书中特别对当前计算机最新的硬件技术、数据恢复原理和数据恢复技术进行了详细介绍。同时与理论知识相配套的有6个综合实训，对知识的巩固和实践操作技能的提高都起着重要的作用。

本书可以作为高职高专院校计算机相关专业学生的教材，也可以作为计算机爱好者的自学用书。

图书在版编目（CIP）数据

计算机组装与维护项目教程/高立丽，帅志军主编. —北京：清华大学出版社，2016（2019.7重印）
高职高专计算机任务驱动模式教材
ISBN 978-7-302-41260-1

Ⅰ. ①计…　Ⅱ. ①高…　②帅…　Ⅲ. ①电子计算机－组装－高等职业教育－教材　②计算机维护－高等职业教育－教材　Ⅳ. ①TP30

中国版本图书馆CIP数据核字(2015)第186390号

责任编辑：张龙卿
封面设计：徐日强
责任校对：刘　静
责任印制：李红英

出版发行：清华大学出版社
网　　址：http://www.tup.com.cn，http://www.wqbook.com
地　　址：北京清华大学学研大厦A座　　**邮　　编**：100084
社 总 机：010-62770175　　**邮　　购**：010-62786544
投稿与读者服务：010-62776969，c-service@tup.tsinghua.edu.cn
质量反馈：010-62772015，zhiliang@tup.tsinghua.edu.cn
课件下载：http://www.tup.com.cn，010-62795764
印 刷 者：北京富博印刷有限公司
装 订 者：北京市密云县京文制本装订厂
经　　销：全国新华书店
开　　本：185mm×260mm　　**印　　张**：16.5　　**字　　数**：377千字
版　　次：2016年2月第1版　　**印　　次**：2019年7月第4次印刷
定　　价：47.00元

产品编号：066234-02

编审委员会

出版说明

我国高职高专教育经过近十年的发展，已经转向深度教学改革阶段。教育部2006年12月发布了教高[2006]第16号文件“关于全面提高高等职业教育教学质量的若干意见”，大力推行工学结合，突出实践能力培养，全面提高高职高专教学质量。

清华大学出版社作为国内大学出版社的领跑者，为了进一步推动高职高专计算机专业教材的建设工作，适应高职高专院校计算机类人才培养的发展趋势，根据教高[2006]第16号文件的精神，2007年秋季开始了切合新一轮教学改革的教材建设工作。

目前国内高职高专院校计算机网络与软件专业的教材品种繁多，但符合国家计算机网络与软件技术专业领域技能型紧缺人才培养培训方案，并符合企业的实际需要，能够自成体系的教材还不多。

我们组织国内对计算机网络和软件人才培养模式有研究并且有过一段实践经验的高职高专院校，进行了较长时间的研讨和调研，遴选出一批富有工程实践经验和教学经验的双师型教师，合力编写了这套适用于高职高专计算机网络、软件专业的教材。

本套教材的编写方法是以任务驱动、案例教学为核心，以项目开发为主线。我们研究分析了国内外先进职业教育的培训模式、教学方法和教材特色，消化吸收优秀的经验和成果。以培养技术应用型人才为目标，以企业对人才的需要为依据，把软件工程和项目管理的思想完全融入教材体系，将基本技能培养和主流技术相结合，课程设置中重点突出、主辅分明、结构合理、衔接紧凑。教材侧重培养学生的实战操作能力，学、思、练相结合，旨在通过项目实践，增强学生的职业能力，使知识从书本中释放并转化为专业技能。

一、教材编写思想

本套教材以案例为中心，以技能培养为目标，围绕开发项目所用到的知识点进行讲解，对某些知识点附上相关的例题，以帮助读者理解，进而将知识转变为技能。

考虑到是以“项目设计”为核心组织教学，所以在每一学期配有相应的实训课程及项目开发手册，要求学生在教师的指导下，能整合本学期所学的知识内容，相互协作，综合应用该学期的知识进行项目开发。同时在教材中采用了大量的案例，这些案例紧密地结合教材中的各个知识点，循序渐进，由浅入深，在整体上体现了内容主导、实例解析，以点带面的模式，配合课程后期以项目设计贯穿教学内容的教学模式。

软件开发技术具有种类繁多、更新速度快的特点。本套教材在介绍软件开发主流技术的同时，帮助学生建立软件相关技术的横向及纵向的关系，培养学生综合应用所学知识的能力。

二、丛书特色

本系列教材体现目前工学结合的教改思想，充分结合教改现状，突出项目面向教学和任务驱动模式教学改革成果，打造立体化精品教材。

(1) 参照和吸纳国内外优秀计算机网络、软件专业教材的编写思想，采用本土化的实际项目或者任务，以保证其有更强的实用性，并与理论内容有很强的关联性。

(2) 准确把握高职高专软件专业人才的培养目标和特点。

(3) 充分调查研究国内软件企业，确定了基于 Java 和.NET 的两个主流技术路线，再将其组合成相应的课程链。

(4) 教材通过一个个的教学任务或者教学项目，在做中学，在学中做，以及边学边做，重点突出技能培养。在突出技能培养的同时，还介绍解决思路和方法，培养学生未来在就业岗位上的终身学习能力。

(5) 借鉴或采用项目驱动的教学方法和考核制度，突出计算机网络、软件人才培训的先进性、工具性、实践性和应用性。

(6) 以案例为中心，以能力培养为目标，并以实际工作的例子引入概念，符合学生的认知规律。语言简洁明了、清晰易懂，更具人性化。

(7) 符合国家计算机网络、软件人才的培养目标；采用引入知识点、讲述知识点、强化知识点、应用知识点、综合知识点的模式，由浅入深地展开对技术内容的讲述。

(8) 为了便于教师授课和学生学习，清华大学出版社正在建设本套教材的教学服务资源。清华大学出版社网站(www.tup.com.cn)免费提供教材的电子课件、案例库等资源。

高职高专教育正处于新一轮教学深度改革时期，从专业设置、课程体系建设到教材建设依然是新课题。希望各高职高专院校在教学实践中积极提出意见和建议，并及时反馈给我们。清华大学出版社将对已出版的教材不断地修订、完善，提高教材质量，完善教材服务体系，为我国的高职高专教育继续出版优秀的高质量的教材。

清华大学出版社

高职高专计算机任务驱动模式教材编审委员会

2010.3

前　言

“计算机组装与维护”是目前国内大多数高职高专院校计算机及相关专业的一门重要的实践基础课程，几乎所有计算机专业的学生都要学习这门课程，它是将来进一步学习其他专业课程的基础。掌握计算机硬件知识和组装技术，掌握对常用系统软件和应用软件的正确使用，以及掌握应用中的故障检测和维修技术也是 21 世纪当代大学生必须具备的基本技能。

本书内容丰富，技术更新及时，覆盖了微机的大部分硬件、常用外部设备和基础软件方面的内容。在编写上以项目教学为主线、任务驱动为核心，以培养技术应用型人才为目标，将基本技能培养和主流技术相结合，使学生通过学习能够掌握最新的微机硬件组成和基本结构；掌握有关硬件设备的外部性能和技术参数，能够根据需求自己选购各种配件进行组装、维护和正确使用，还能对微机常见的故障进行分析、判断和处理。

本书采用了理论知识和实训技能操作相结合的形式，主要介绍了组成计算机的硬件设备、性能指标、选购方法与组装技术、BIOS 设置、硬盘分区与格式化、操作系统与常用软件的安装与设置、数据恢复技术、故障检测与排除以及笔记本电脑的维护等最新技术。书中特别对当前计算机最新的硬件技术、数据恢复原理和数据恢复技术进行了详细介绍。同时与理论知识相配套的有 6 个综合实训，对知识的巩固和实践操作技能的提高都起着重要的作用。

本书具有以下特点。

(1) 内容丰富、技术更新及时。本书介绍了最新的微机硬件组成和结构，特别是对一些主流产品，如 Intel 最新的酷睿 i5/i3 系列 CPU 以及微软 Windows 7 操作系统的安装、维护技术做了详细介绍。

(2) 结构合理、循序渐进。本书按照组装计算机的硬件设备、系统安装、故障检测与维护等项目依次介绍，条理清晰、内容循序渐进。按照书中项目介绍的顺序帮助读者掌握各个知识点，就能够让他们轻松掌握计算机的组装、设置、测试及维护技术。

(3) 图文并茂、通俗易懂。本书文字通俗易懂，特别是对于专业术语尽可能地用简单明了的语言来解释说明。对于微机各个部件、型号及技术指标都附有实物图片，并在图中大量使用标注，以方便读者理解和阅读。

本书由山东现代学院高立丽、江西现代职业技术学院帅志军担任主编，江西省教育考试院蔡重、南昌大学科学技术学院卢文、广州市蓝天技工学校叶辉琴担任副主编。其中高立丽编写项目1到项目3，帅志军编写项目5到项目7，蔡重编写项目8到项目9，卢文编写项目10，重庆工业职业技术学院刘均编写项目4。杨云负责统稿和大纲编写。

本书可作为高职高专院校计算机专业的教材和广大计算机爱好者的参考用书，同时也可作为社会培训班的教材。由于编写时间仓促，又因为计算机硬件技术发展迅猛，所以书中有不足和疏漏之处在所难免，敬请广大读者批评指正，以便再版时修订，在此表示衷心的感谢。

编　者

2015年12月

目　录

项目 1　认识和了解计算机

无论学习计算机的任何专业，都要面对计算机。熟悉它、理解它，然后才能更好地去使用它。在这个项目中，首先了解计算机中的一些基本运行机制以及硬件组成。

任务 1　了解计算机的基本运行机制

任务描述

先从基础理论上来认识和了解计算机：一台怎样的机器才能称为计算机？计算机必须要能够实现哪些功能？计算机的基本运行机制是什么？

相关知识

1.1.1　冯·诺依曼设计思想

一台怎样的机器才能被称为计算机？计算机与计算器有什么区别？

计算机早期重要的设计者之一冯·诺依曼对这个问题给出了答案，他对计算机的设计提出了以下三点非常重要的思想。

- 计算机内的所有信息都应采用二进制数表示。
- 计算机硬件应由运算器、控制器、存储器、输入设备和输出设备五大部分组成。
- 可以将指令存储在计算机内部，由计算机自动执行。

任何一台符合上述特征的机器都可以称为计算机。事实上，从 1946 年冯·诺依曼提出上述理论至今，所有的计算机都是依据这三点思想设计制造的，所以也把目前使用的计算机统称为“冯·诺依曼机”。

冯·诺依曼的设计思想是计算机最重要的基础理论，下面针对其第一和第二点思想分别阐述。

1.1.2 计算机中的数据表示

1. 采用二进制数的必要性

在计算机上看到或听到的所有信息,包括电影、歌曲、游戏、文字等,在计算机内部其实都是一些数据。因为计算机作为一台机器,它无法理解那么多的信息,它所能理解和处理的只能是数据。

那为什么在冯·诺依曼的设计中,计算机只能采用二进制数,而不是使用非常熟悉的十进制数呢?这是因为十进制数包括“0~9”共10个数字,这就要在计算机的电路设计中设计出10种不同的电路状态以分别表示这10个数字。实际上,世界上第一台计算机ENIAC就是按照这种方式设计制造的,结果搞得电路很复杂,计算机体积非常庞大,冯·诺依曼的三点设计思想也正是对此提出的改进。

二进制数在人类的数制中是数字个数最少的,只有0和1两个数字。相应地,在计算机中也只需要两种不同的电路状态就可以表示出这两个数字,所以采用二进制数可以大大地简化计算机内部的电路结构,同时也可以缩小计算机的体积。

2. 计算机中的数据单位

既然计算机中的所有信息都是一些二进制数据,就必然得有一种统一的方法来计量和管理这些数据,这也就是计算机中的数据单位。

首先一个最基本的单位叫“位”,英文称作bite(比特),简写为b。1位其实就是二进制数的1个0或1个1,比如1010这个二进制数就一共有4“位”。

为了便于管理和计算,计算机中的所有数据都是统一的8位长度,如果不够8位,则要在高位补0凑齐8位,比如1010,在计算机中就应以00001010的形式表示。

像这样的一个8位的二进制数,就称为是1个字节,英文称作byte,简写为B。

字节B是计算机中信息存储的最基本单位,因为字节这个单位比较小,所以后来又发展出KB、MB、GB、TB等较大的数据存储单位。通常所说的一个U盘的容量是4G,其实应该是4GB,最基本的单位还是字节。

数据存储单位与字节之间的对应关系如下。

1KB=2^{10}B=1024B

1MB=2^{10}KB=1024KB

1GB=2^{10}MB=1024MB

1TB=2^{10}GB=1024GB

3. 计算机中的数据编码

有的同学可能会问:既然计算机中的所有信息都是以二进制数表示的,但平时打字的时候并没有向计算机中输入过二进制数啊?

没错,平常是直接向计算机中输入的英文字母、标点符号以及汉字,但所有这些文字在被输入计算机中以后,都要转换为相应的二进制数,否则计算机一个也识别不了。

为了便于计算机的识别,需要对这些信息进行编码,即为它们分别指定对应的二进制数。如a对应的是01100001,即当在键盘上敲下a的时候,向计算机中输入的其实是 01100001。

毫无疑问，世界上所有国家使用的编码方案必须是统一的，否则不同国家之间的信息将无法被识别，也就不可能有今天的 Internet。目前国际上通用的字符编码是“美国标准信息交换码”，也就是 ASCII 码。ASCII 码对英文字母以及一些常用的符号进行编码，一共表示了 128 个字符，每个字符在计算机内部都对应了一个 8 位的二进制数，也就是占用了 1 个字节的空间。

不妨做个实验，在计算机中新建一个文本文档，在其中只输入一个字母 a，将文件保存之后查看它的大小，发现就是 1 字节，如图 1-1 所示。

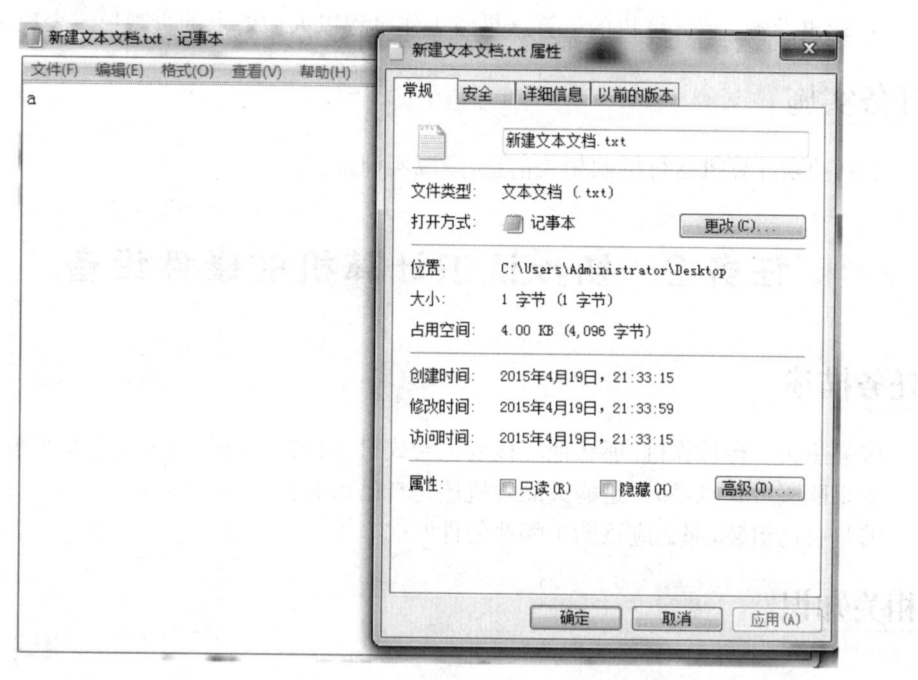

图 1-1　验证 ASCII 码值大小

与英文相比，汉字的数量要多得多，所以汉字的编码方案也较为复杂，一般来讲需要用 2 个字节来表示 1 个汉字，所以如果在文本文件里输入 1 个汉字，可以发现文件大小就为 2 字节，这个操作同学们可以自己验证。

总体来讲，文字在计算机中占用的空间非常小，所以有人说用一张普通的 CD 光盘(容量为 700MB)就能存放下一整座图书馆，这绝非虚言。

1.1.3　计算机硬件系统的理论构成

根据冯·诺依曼的设计思想，计算机硬件系统在理论上应由五个部分组成，每个部分所要实现的功能分别如下。

- 运算器：计算机的数据处理中心，负责对所有的二进制数据进行运算。
- 控制器：计算机的神经中枢，负责指挥计算机中的各个部件自动、协调地工作。

比如运算器应从哪里获得运算的数据,数据运算结束之后的结果应保存到哪里,这些都要由控制器来负责控制。

- 存储器:计算机的记忆装置,用来保存数据。对于存储器,可以向里面存放数据,这称为“写入”;也可以从里面读出数据,这称为“读取”。读取和写入是对存储器的基本操作,通常简称为读写操作。计算机中正是因为有了存储器,才可以存放运算器运算所产生的中间结果和最终结果,以及向运算器提供运算所需的临时数据,从而实现自动计算。
- 输入设备:把数据和程序等信息转变为计算机可以接受的电信号送入计算机。
- 输出设备:把计算机的运算结果或工作过程以人们要求的直观形式表现出来。

任务实施

上网搜索计算机运行机制相关信息,完成实训报告。

任务2　初步认识计算机的硬件设备

任务描述

张强想买一台计算机,那么他应该购买台式机、台式一体机、笔记本还是平板计算机?

如果购买台式机,那么是购买品牌机还是自己组装?

若是自己组装,那么应该购买哪些硬件?

相关知识

1.2.1　常见微机类型及其选购思路

微型计算机又称个人计算机、微机、PC,是为个人使用而设计的。目前市场上常见的微机可以分为普通台式机、台式一体机、笔记本电脑和平板计算机。实际上,台式机、台式一体机、笔记本电脑以及平板计算机,是计算机软硬件技术(尤其是微型化技术)发展到不同阶段的产物,它们的工作原理基本相同,其基本配件也大致相同,只是各配件在封装和外形上有所区别。

台式一体机、笔记本电脑以及平板计算机在使用上比台式机轻巧、方便,笔记本电脑以及平板计算机还有较好的携带性,但是这三者的价格都高于同性能的台式机。在选择购买哪一种计算机时,主要需考虑便携性、操作舒适性和购买预算等因素。

在确定了选择哪一种计算机后,就要通过比较各同类型计算机的性能参数来确定具体的采购方案。此外,在这四种类型的计算机中,台式机可以直接拆卸,便于直接观察各配件的情况。

台式机又可以分为品牌机和组装机。品牌机采用大规模的生产方式,是根据厂家的要求进行设计，通常造型比较紧凑，性能比较稳定，且一般都提供售后服务。目前品牌机的价位比相同性能配置的组装机稍高，如果仅是家庭或办公使用，可以考虑购买各大厂商的产品。组装机则是由用户根据自己的需求，选购配件并组装，这样用户对于各配件的情况有较深入的了解，在日常的使用和维护中更能够采取针对性的措施，例如在使用过程中要提高系统性能，就可以根据本机情况随时购买新的配件替换升级，而品牌机升级空间大多都较小。

1.2.2　微机的软、硬件组成

计算机由软件和硬件两大部分组成。硬件指构成计算机的物理设备，即由机械、电子器件构成的输入、输出、存储、计算、控制和显示功能的实体部件。软件是一系列按照特定顺序组织的计算机数据和命令的集合，控制计算机完成计算、判断、处理信息等工作。

1. 硬件

从实际计算机装配的角度来看，微机硬件主要由主机、键盘、显示器、鼠标等组成，主机中装有主板、声卡、显卡等组件。根据需要，还可以为计算机配置其他的外部设备，如打印机、扫描仪及多媒体部件等。

2. 软件

软件是计算机系统中的重要组成部分，没有配备必要系统软件的计算机是无法工作的。微型计算机系统的软件分为系统软件和应用软件两类。

(1) 系统软件。系统软件又称系统程序，它的主要功能是对整个计算机系统进行调度、管理、监控及维护服务等，使计算机系统的资源得到合理的调度以及有效的利用。系统软件主要包括操作系统、工具软件、计算机语言处理程序和数据库管理系统等。

操作系统是软件系统的核心，是任何计算机必备的软件。它用于控制和管理计算机硬件、软件和数据资源，使用户方便、有效地使用计算机，并提供了软件的开发环境和运行环境。

操作系统由一系列具有控制和管理功能的模块组成，实现对计算机全部软、硬件资源的控制和管理，使计算机能够自动、协调、高效地工作。任何用户都是通过操作系统使用计算机的，也只有通过操作系统，用户才可以非常方便地使用计算机。操作系统可分为单用户操作系统、多用户操作系统和网络操作系统等。常见的操作系统有 Windows、UNIX、Linux 等，个人计算机上的主流操作系统是 Windows。

工具软件是程序设计语言的编写工具。用户用计算机语言通过工具软件编写程序，输入计算机，然后由计算机将其翻译成机器语言，在计算机上运行后输出结果。程序设计语言的发展经历了五代——机器语言、汇编语言、高级语言、非过程化语言和智能语言。

计算机语言处理程序是一组计算机语言翻译程序。由于计算机硬件只能直接识别和执行机器语言，因此要在计算机上运行高级语言程序就必须配备程序语言翻译程序，不同的语言都有相应的翻译程序。

数据库系统是一种操纵和管理数据库的大型软件，用于建立、使用和维护数据库。

(2) 应用软件。应用软件是为解决各类应用问题而编写的程序，处于软件系统的最外层，直接面向用户，为用户服务，包括用户编写的特定程序，以及商品化的应用软件和套装软件。

① 特定用户程序。为特定用户解决某些具体问题而设计的程序，一般规模都比较小。

② 应用软件包。为实现某种复杂功能，精心设计的、结构严密的独立系统，面向同类应用的大量用户，如财务管理软件、统计软件、汉字处理软件等。

③ 套装软件。这类软件的各内部程序，可在运行中相互切换、共享数据，从而达到操作连贯、功能互补的效果。例如微软的 Office 套装办公软件，包含了 Word（文字处理）、Excel（表格处理）、Access（数据库）、PowerPoint（图形演示）、Outlook（电子邮件）等。

1.2.3 微机组装的一般流程

微机组装的一般流程为：确定硬件配置方案并选购→组装硬件→进行 BIOS 设置→对硬盘进行分区和格式化→安装操作系统→安装硬件驱动程序及各类补丁程序→安装各类应用软件。

1.2.4 硬件选购原则

在确定硬件配置方案时，要遵循以下原则。

1. 合理搭配原则

计算机的整体性能是由组成计算机的各个配件的性能最大化，只有合理搭配各种配件，才能避免瓶颈，最终在有限的资金投入下，使计算机的性能最大化。这一点在选配处理器、显卡、主板和内存时体现得尤为明显。如有的计算机配置中，CPU 使用最新的四核处理器，内存却只配置了 1GB，这台计算机虽然 CPU 本身的运行速度很快，但是在多任务处理过程中，由于小内存的限制，计算机不得不用硬盘来虚拟内存，使整体的运行速度大打折扣。一般来说，CPU、显卡、主板和内存的档次要相当，否则低性能的配件就会拖累高性能的配件，使高性能的配件无法充分发挥其性能。

2. 够用就好原则

够用就好，就是在确定方案时必须要明确自己的需求，从而确定自己的配置，不要让那些无用的功能占用有限的预算。盲目地追求高档豪华配置，但实际只应用最简单的功能是一种浪费。为了省钱去购买性能过低的计算机则会导致无法满足使用者的需求。权衡价格与性能，买一台能满足使用要求的计算机即可。

3. 高性能价格比原则

在确定购买方案时，要详细分析产品质量、性能参数、价格，尽量选择那些性价比高的产品。一般来说，性价比最高的产品往往是市场中的主流产品，技术比较成熟，性能也比较稳定，价格相对合理。

1.2.5 装机配置单举例

常见的计算机装机配置单，一般都是围绕 CPU、主板、内存、硬盘、显卡这五大核心硬件设备做出的具体配置。

如表 1-1 和表 1-2 所示是两份典型的台式计算机装机配置单。由于计算机中最核心的硬件 CPU 主要是由 Intel 和 AMD 两家公司生产，每家公司的产品互不兼容，所以相应地计算机整机也就分作 Intel 和 AMD 两大平台，每个平台中的 CPU 和主板这两个硬件必须要搭配一致，不能混用。

表 1-1 Intel 平台配置单

配 件	名 称	价格(元)
CPU	Intel 奔腾 G630(LGA1155/2.7GHz/双核/3MB 三级缓存/32 纳米)	399
主板	华擎(Asrock)H61M-VS R2.0 主板(Intel H61/LGA 1155)	299
内存	南亚易胜(elixir)DDR3 1333 4GB 台式机内存	129
显卡	华硕(ASUS)ENGT440 1GB DDR3/128bit PCI-E 显卡	529
硬盘	希捷(Seagate)500GB ST500DM002 7200 转/分钟 16MB SATA 6Gb/秒	449
光驱	建兴(LITEON)IHAS524 24X 串口 DVD 刻录机	129
显示器	宏碁(Acer)V223HQvbd 21.5 英寸宽屏液晶显示器	699
机箱	大水牛(BUBALUS)计算机机箱	112
电源	大水牛(BUBALUS)电源，额定 300W	146
键盘鼠标	富勒(Fuhlen)KA79 无线键盘鼠标套装	69
总价：2960 元		

表 1-2 AMD 平台配置单

配 件	名 称	价格(元)
CPU	AMD Athlon Ⅱ X4 641(Socket FM1/2.8GHz/4 核/4MB 二级缓存/32 纳米)	360
主板	微星(msi)A75MA-P35 主板(AMD A75 /Socket FM1)	499
内存	威刚(ADATA)万紫千红 DDR3 1333 4GB 台式机内存	119
显卡	影驰(Galaxy)GT630 虎将 D5 810/3100MHz 1GB/128bit DDR5 PCI-E 显卡	459
硬盘	西部数据(WD)蓝盘 500GB SATA6Gb/s 7200 转/分钟 16MB 台式机硬盘	449
光驱	先锋(Pioneer)DVD-231D 串口 DVD 光驱	99
显示器	宏碁(Acer)V223HQvbd 21.5 英寸宽屏液晶显示器	699

续表

配　件	名　　称	价格(元)
机箱	大水牛(BUBALUS)计算机机箱	112
电源	大水牛(BUBALUS)电源,额定 300W	146
键盘鼠标	富勒(Fuhlen)KA79 无线键盘鼠标套装	69
总价：3001 元		

笔记本电脑的配置与台式计算机类似,不过由于笔记本电脑中的硬件设备设计和制作都与台式计算机不同,笔记本电脑中的硬件与台式计算机不能通用,所以相应的产品型号也不一样,如表 1-3 所示。

表 1-3　宏碁(acer)E1-471G 笔记本电脑配置单

配　　件	名　　称
屏幕尺寸	14 英寸
CPU	Intel 酷睿 i5 3210M
内存	4GB DDR3
硬盘	500GB
显卡	NVIDIA GeForce GT 630M 1GB 显存
光驱	DVD 刻录机
其他	集成 130 万像素摄像头
	集成无线网卡
笔记本重量	2.4kg
价格	3699 元

这几份配置单里列出的都是硬件设备的具体品牌和型号,虽然目前还无法完全理解其中所包含的一些信息,但随着课程的进展,能够阅读和制作这种装机配置单,将是课程中所必须要掌握的基本技能之一。

任务实施

拆开普通台式机的机箱,并仔细观察,初步了解组装计算机都需要选购哪些配件。

1. 认识计算机硬件组成

从外观来看,台式整机主要由主机、显示器、键盘和鼠标组成。

打开主机机箱后,机箱内部主要由 CPU、主板、内存、硬盘、光驱、网卡、电源、显卡等组成。

2. 初步认识微机各主要配件

(1) 认识 CPU

CPU(Central Processing Unit)即中央处理器,它负责完成运算器和控制器的功能,是计算机中最核心、最关键的硬件设备,如图 1-2 所示。

图 1-2 中央处理器 CPU

(2) 认识主板

主板又称为母板,是计算机的主要电路板,计算机中所有重要的硬件设备都要安装在主板上,是计算机的核心硬件设备之一,如图 1-3 所示。

图 1-3 主板

(3) 认识内存

存储器在计算机的实际组成中被分作了内存储器和外存储器,其中内存储器要直接和 CPU 之间交换数据,因而更为重要。内存储器主要就是指内存,它是计算机的核心硬件设备之一,如图 1-4 所示。

(4) 认识硬盘

硬盘是计算机中最重要的外存储器,计算机中的绝大部分数据都是存储在硬盘上,是

图 1-4　内存

计算机的核心硬件设备之一，如图 1-5 所示。

图 1-5　硬盘

（5）认识显卡

显卡的功能是完成输出。其工作原理是负责完成计算机中的图像数据处理任务，并对计算机所需要的显示信息进行转换，然后向显示器发出转换后的信号，以控制显示器正确显示。显卡决定了计算机图像处理性能的强弱，是计算机的核心硬件设备之一，如图 1-6 所示。

（6）认识显示器

显示器是计算机中最重要的输出设备，是用户与主机沟通的主要桥梁，如图 1-7 所示。

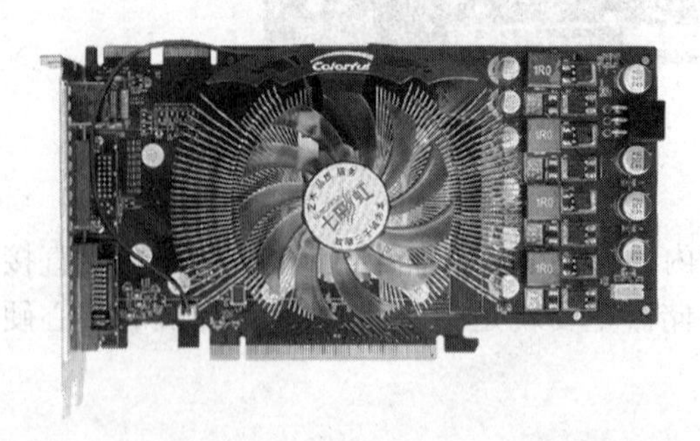

图 1-6　显卡

图 1-7　显示器

(7) 认识声卡和音箱

声卡和音箱也负责完成输出设备的功能,但相比显卡和显示器,它们在计算机中占次要地位,如图 1-8 所示。

图 1-8 声卡和音箱

(8) 认识光驱

光驱,即光盘驱动器,是读取光盘信息的硬件设备,也属于外存储器的一种,如图 1-9 所示。

图 1-9 光驱

(9) 认识网卡

网卡,即网络适配器,用于网络通信,负责完成五大基本功能中所没有的网络功能,如图 1-10 所示。

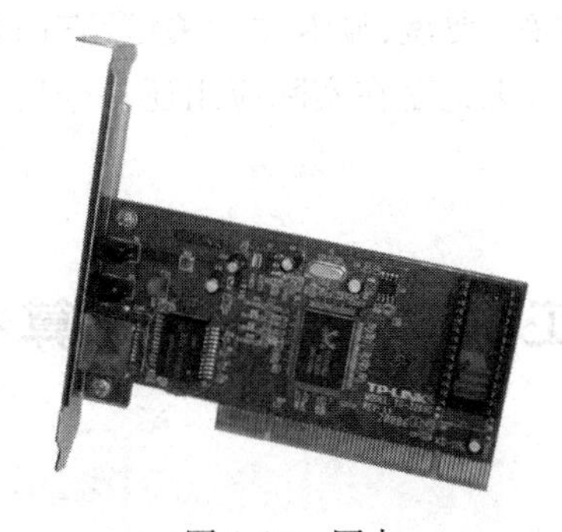

图 1-10 网卡

(10) 认识机箱和电源

机箱和电源负责为所有的硬件设备提供安置的空间和动力系统,如图 1-11 所示。

图 1-11　机箱和电源

(11) 认识键盘和鼠标

键盘和鼠标是最重要的输入设备,如图 1-12 所示。

图 1-12　键盘和鼠标

只要有了这 14 种硬件设备,就可以组装出一台计算机。另外,随着技术的不断发展,越来越多的硬件设备集成到了一起,比如声卡和网卡目前基本都已经整合集成到主板上了,也就是说,只要购买一块主板,它本身就具备了声卡和网卡的功能。所以在实际选购组装一台计算机时,并不需要对每个设备都精挑细选,只要抓住重点就可以了。在所有这些硬件设备中,CPU、主板、内存、硬盘、显卡尤为关键,它们基本可以决定一台计算机的整体性能,所以这几个核心硬件无论是在实际应用还是今后的学习中都是需要重点掌握的设备。

任务 3　用工具软件检测计算机硬件信息

任务描述

刘强的家里原先已经买过一台台式计算机,但一直不知道计算机的具体配置是什么。在学习了计算机组装与维护课程以后,刘强想回家查一下计算机的配置。

很多工具软件可以非常方便地检测出一台计算机的具体配置。

相关知识

对于正在使用的计算机，可以通过一些工具软件进行检测以获取它们的硬件配置信息，并可以对计算机的整体性能进行评测。“鲁大师”是目前这类国产软件中的佼佼者，图 1-13 就是用“鲁大师”检测的结果。

图 1-13 用“鲁大师”检测的计算机硬件配置信息

任务实施

通过网络，了解还有哪些检测软件，如何使用，为自己的计算机安装一款最合适的检测软件。

思考与练习

一、填空题

1. 中央处理器简称 CPU，它是计算机系统的核心，主要包括________和________两个部件。

2. 计算机硬件和计算机软件既相互依存，又互为补充。可以这样说，________是计算机系统的躯体，________是计算机的头脑和灵魂。

3. 计算机的外设很多，主要分成两大类，其中，显示器、音箱属于________，键盘、鼠标、扫描仪属于________。

4. 目前国际上统一使用的字符编码是________。

5. 按照冯·诺依曼的理论，计算机硬件理论上应该由 5 部分组成，分别是________、________、________、________和________。

6. 在实际组成计算机的硬件设备中，5 个最核心的硬件是________、________、________、________和________。

7. 计算机中数据存储的基本单位是________，一些更大的数据存储单位还包括________、________和________。

二、选择题

1. 下面的(   )设备属于输出设备。

   A. 键盘　　B. 鼠标　　C. 扫描仪　　D. 打印机

2. 计算机发生的所有动作都是受(   )控制的。

   A. CPU　　B. 主板　　C. 内存　　D. 鼠标

3. 目前，世界上最大的 CPU 及相关芯片制造商是(   )。

   A. Intel　　B. IBM　　C. Microsoft　　D. AMD

4. 下列不属于输入设备的是(   )。

   A. 键盘　　B. 鼠标　　C. 扫描仪　　D. 打印机

5. 微型计算机系统由(   )和(   )两大部分组成。

   A. 硬件系统　软件系统　　B. 显示器　机箱

   C. 输入设备　输出设备　　D. 微处理器　电源

三、简答题

1. 以前经常使用的软盘，容量只有 1.44MB，计算一下，在这样的软盘中如果以纯文本方式存放汉字，共能存放多少个汉字？

2. 列出组成计算机的 14 个硬件设备，并注明它们所负责完成的硬件系统功能。

3. 找一台计算机，用“鲁大师”或类似的工具软件检测出计算机的硬件配置信息。

项目2 选购计算机硬件

计算机主机是计算机硬件的核心部分，主要包括CPU、内存和主板。计算机中除了主机以外的所有设备都属于外部设备，主要用于辅助主机的工作。

在前面的项目中，已经初步认识了计算机的基本组件。组装一台计算机时，必须根据需要逐一确定各组件的具体型号。一般来说，配置微机的用户按照需求可分为以下三种类型。

- 3D游戏发烧友和3D建模设计用户。
- 普通家庭用户和2D平面设计用户。
- 普通办公用户。

在本项目中，将针对以上三种不同需求有针对性地选购配件。性能最好的配件肯定能满足所有用户的需求，但是价格不是每个用户都能承受的。不同需求的用户应选用不同档次的配件，要在性能和价格之间找到一个平衡点。

任务1 认识及选购CPU

任务描述

(1) 针对三种不同类型的用户需求，到底该如何选择CPU?

(2) 选购CPU时，是不是主频越高，性能就越好呢?

(3) 在资金预算一定的情况下，是选Intel的CPU平台还是选AMD的CPU平台?

相关知识

CPU(Central Processing Unit)即中央处理器，它是一块超大规模集成电路芯片，内部是几千万个到数十亿个晶体管元件组成的十分复杂的电路，负责实现运算器和控制器的功能。由于运算器和控制器本身工作的重要性，所以CPU当之无愧地成为计算机中最核心、最关键的硬件设备，CPU的性能强弱基本上可以决定一台计算机的整体性能。

从20世纪70年代微型计算机诞生至今，计算机的发展通常都是以CPU为标志，而CPU的发展基本上都是遵循着摩尔(Moore)定律，以每2年翻一番的速度在不断前进。

2.1.1 CPU 产品系列

由于制造 CPU 的技术难度大、生产成本高，因而目前世界上能够研发生产 CPU 的主要公司只有 Intel 和 AMD 这两家，如图 2-1 所示。其中世界上第一款 CPU 就是由 Intel 公司研发设计的，Intel 公司在芯片设计和核心技术等方面至今一直在领导着 CPU 的发展潮流。而 AMD 是目前世界上唯一一家能够在 CPU 设计研发领域与 Intel 相抗衡的公司，其综合实力虽然一直略逊于 Intel，但产品的性能非常突出，而且大都性价比很高，因而在市场上有一批忠实的拥护者。

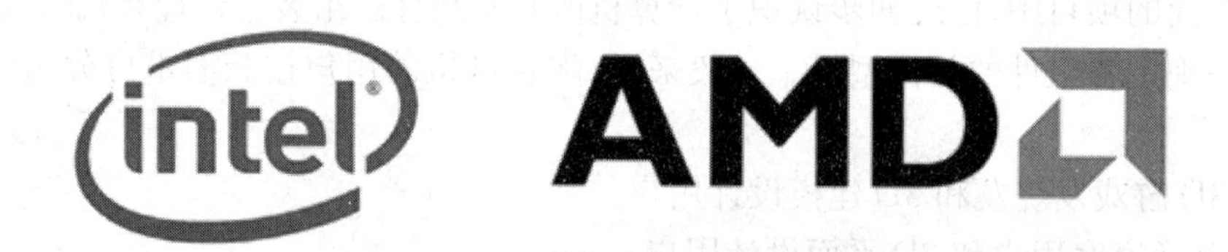

图 2-1 Intel 和 AMD 的 LOGO

为了更好地满足市场需求，Intel 和 AMD 公司各自推出了一系列不同的产品。

1. Intel 公司产品系列

Intel 公司的 CPU 主要分为三大系列：酷睿 Core、奔腾 Pentium、赛扬 Celeron，分别面向高、中、低端市场。

酷睿 Core 系列是 Intel 性能最强、技术最先进的 CPU，但价格相对较贵。奔腾 Pentium 系列 CPU 的性能稍差一些，而价格相对便宜，如图 2-2 所示。随着技术的不断发展，低端的赛扬 Celeron 系列 CPU 目前已经很少使用了。

图 2-2 Intel 奔腾 CPU

2. AMD 公司产品系列

AMD 公司的 CPU 也分为三大系列，分别是：羿龙 Phenom、速龙 Athlon 和闪龙 Sempron，它们同样是面向不同消费层次的用户。其中速龙 Athlon 一直是 AMD 公司的主打产品，地位与奔腾 Pentium 相当，如图 2-3 所示；羿龙 Phenom 主要面向高端；闪龙 Sempron 则类似于赛扬 Celeron，主要面向低端，目前也是使用得越来越少了。

图 2-3　AMD 速龙 CPU

2.1.2　CPU 的性能指标

在选购 CPU 时，直接面对的只是 CPU 的名字——CPU 的产品型号，比如在前面的几份计算机配置单中所采用的“Intel 奔腾 G630”和“AMD Athlon Ⅱ X4 641”。只单纯从名字中很难判断出一款 CPU 的性能，要评价 CPU 的性能强弱，必须要熟知一些相关的性能指标。而由于 CPU 是一款科技含量极高的产品，设计生产过程非常复杂，因而其性能指标相应也有很多，这里只列举出其中较为重要的几项。

1. CPU 核心

核心是 CPU 最重要的组成部分，一个核心其实就是一套运算器和控制器，CPU 的工作主要就是由它完成的。CPU 的每次升级换代也主要都是 CPU 核心在技术上的改进，每一代 CPU 都有一个相应的核心代号，一般相同核心代号的 CPU 在性能上差别都不是太大，而不同核心的 CPU 则会有较大的差距。

图 2-4 是用“鲁大师”检测到的 CPU 信息，可以看到这款奔腾 G630 CPU 的核心代号为 Sandy Bridge，与酷睿 i 系列 CPU 采用的是相同的核心，所以这些 CPU 的核心技术都是相同的。

处理器信息	当前温度：31 ℃
处理器	英特尔 Pentium(奔腾) G630 @ 2.70GHz 双核
速度	2.70 GHz (100 MHz x 27.0)
处理器数量	核心数: 2 / 线程数: 2
核心代号	Sandy Bridge DT
生产工艺	32 纳米
插槽/插座	Socket H2 (LGA 1155)
一级数据缓存	32 KB, 8-Way, 64 byte lines
一级代码缓存	32 KB, 8-Way, 64 byte lines
二级缓存	256 KB, 8-Way, 64 byte lines
三级缓存	3 MB, 12-Way, 64 byte lines
特征	MMX, SSE, SSE2, SSE3, SSSE3, SSE4.1, SSE4.2, EM64T, EIS

图 2-4　CPU 信息

2. 多核心及多线程技术

目前的 CPU 普遍采用了多核心技术，即在一个处理器中集成多个核心，使之同时工作。多核心技术虽然不能达到 1+1=2 的效果，但相对于单核心处理器，多核心仍然使 CPU 性能有了很大的提升，尤其是在同时处理多个工作任务时，可以极大地提高 CPU 的工作效率。目前销售的 CPU 基本上都已是多核心，其中尤以双核心居多。

检测 CPU 核心数量的一个简单办法是通过任务管理器。按 Ctrl+Alt+Del 组合键打开任务管理器，切换到“性能”选项卡，在“CPU 使用记录”中可以清晰地看到 CPU 的核心数量，如图 2-5 所示。

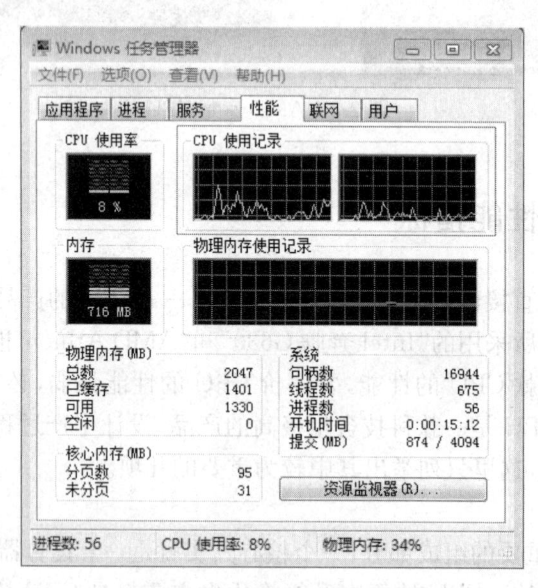

图 2-5 查看 CPU 核心数量

与多核心技术对应，Intel 的酷睿 i 系列 CPU 还支持多线程技术。通过该技术，可以用软件的方式将 CPU 的 1 个物理核心模拟成 2 个。所以对于一个双核的酷睿 i 系列 CPU，在任务管理器中会看到有 4 个“核心”，这其实是 4 个“线程”，因而称为“双核心四线程”。

随着技术的不断发展，在 CPU 中集成的核心数量也越来越多。目前 Intel 和 AMD 的高端酷睿和羿龙 CPU 大都已是 4 个或 6 个核心，8 个甚至更多核心的 CPU 也正在研发中。由于更多的 CPU 核心需要各种应用软件对其进行相应的优化才能更好地发挥作用。实验测试表明，无论是对于普通的上网应用还是高端的游戏应用，4 核或更多核心的 CPU 优化效果并不明显，而对于图形图像类的多媒体应用，更多的核心则体现出了较大的优势。另外由于技术上存在一定差距，一般 Intel 的多核心处理器在性能上要强于 AMD。在实验测试中，AMD 六核处理器在大多数多媒体应用中相比 Intel 的四核处理器都有所不及。所以对于普通用户，没有必要盲目追求多核心 CPU，对于目前的绝大多数应用双核心已经够用，多核心对性能的提升并不是很明显，反而会增大发热量。

3. 字长

字长是 CPU 在单位时间内能一次处理的二进制数的位数。一般来讲，字长越大 CPU 工作效率也就越高。

目前使用的 CPU 字长基本上都是 64 位，也就是说 CPU 可以一次性处理 8 字节的数据。

4. 主频

主频是 CPU 的工作时钟频率，也就是 CPU 在一秒钟内能进行的运算次数，单位 Hz。假设工作中的 CPU 是一个正在跑步的人，那么这个人跑步步伐的快慢就是 CPU 的主频。所以主频反映的是 CPU 运算速度的快慢。在其他性能参数都相同的情况下，主频越高，相应得 CPU 的处理速度也就越快。

目前主流 CPU 的主频大都在 2～3GHz 的范围内，由于受到各种物理因素的限制，CPU 主频已很难再进一步提升。

5. 缓存 Cache

CPU 在工作时，与内存之间的联系非常紧密，因为 CPU 运算所需的数据都要从内存中读取，数据处理完之后的结果也要重新写入内存中，因而 CPU 与内存之间数据读写的快慢也就成为影响 CPU 性能的一个重要因素。虽然内存技术也在一直发展，读写速度不断增快，但与 CPU 相比速度上仍然存在着较大差距。为了提高 CPU 的工作效率，弥补 CPU 与内存速率不匹配的不足，就在 CPU 和内存之间加设了一种速度更快的存储器，使之成为 CPU 和内存之间的一道中转站，这就是缓存 Cache。

CPU 缓存设计比较复杂，为了降低成本，同时也为了更充分地利用 CPU 的高速缓存，CPU 缓存采用了分级设计，分为一级缓存 L1 Cache、二级缓存 L2 Cache 和三级缓存 L3 Cache，如图 2-6 所示。

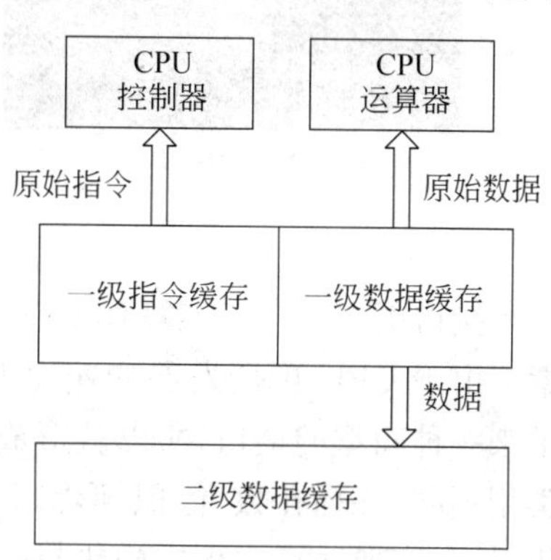

图 2-6 CPU 高速缓存结构

一级缓存是 CPU 的第一层高速缓存，一般采用写回式静态随机存储器（SRAM）制造。CPU 中的 L1 Cache 是所有 Cache 中速度最快的，当然也是价格最高的。采用与 CPU 半导体相同的制作工艺，可以与 CPU 同频工作，大大提高了 CPU 的工作效率。

二级缓存是 CPU 的第二层高速缓存，L2 Cache 速度比 L1 Cache 要慢一些，但是其容量十分灵活，从几百 K 到几 MB 不等。L2 Cache 是目前 CPU 性能表现很关键的指标之一，相同核心 CPU 在不改变主频的情况下，CPU 制造商会根据 L2 Cache 缓存容量的不同，把相同核心的 CPU 分为高、中、低档几种，当然价格也会差很多。

三级缓存是 CPU 的第三层高速缓存，部分高性能 CPU 上有提供，容量比 L2 Cache 更大。评测显示，每提高 1MB 的 L3 Cache，CPU 的性能就能提高大约 5%，当然这种性能的提升也是有极限的。

总之，缓存的容量越大，CPU 的性能就越好，目前大部分 CPU 缓存的容量都在 1～4MB，所有的缓存都集成在 CPU 内部，与 CPU 成为一个整体。

6. 制造工艺（制程）

制造工艺也叫制程，是指 CPU 内部集成的电路与电路之间的距离，其单位通常是 nm（纳米）。

制造工艺反映了CPU的整体设计水平。制程越小,电路的密集度就越高,在同样体积的CPU内就可以集成更多的电子元件,从而为CPU带来整体性能的提升。像目前最先进的22nm制程CPU中,最多已经集成了20亿个晶体管。

由于制造工艺的改进往往意味着新一代CPU的诞生,所以在选购CPU时要注意不要购买那些工艺落后的产品。比如目前CPU的主流制程是32纳米,那么使用45纳米甚至65纳米的CPU就属于已被淘汰的上一代产品了。

7. CPU接口

接口是指CPU背面与主板插槽接触的部位。由于不同类型CPU的接口也不同,因此具有某种接口类型的CPU,只能使用在具有相应类型插槽的主板上。

CPU接口总体上分为板卡式的Slot接口、针脚式的Socket接口和触点式的LGA接口三种类型,如图2-7所示。其中Slot接口只在CPU制造早期时用过,现已被舍弃不用,目前Intel的CPU都是采用LGA类型的接口,而AMD的CPU都是采用Socket类型的接口。

Slot型接口

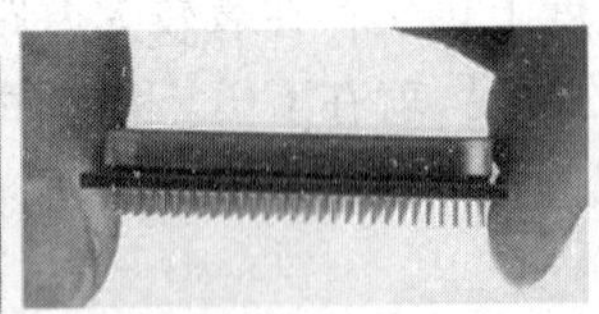
Socket型接口

LGA型接口

图2-7 CPU接口类型

接口类型虽然不能算作CPU的性能指标,但它是组装台式机时必须考虑的一个因素。由于CPU更新发展的速度极快,而一般每一代采用新核心的CPU出现,都会随之带来一种新型的接口,所以就形成了目前CPU接口类型异常繁多的局面。CPU的接口类型不同,在插孔数、体积、形状上都有很大变化,彼此之间无法兼容。尤其是在组装台式机时,一定要注意主板插槽要与CPU的接口搭配。

2.1.3 主流CPU介绍

目前市场上销售的CPU品牌各异、型号众多,必须对这些CPU在性能上的差异有所认识,并且对Intel和AMD公司对CPU的命名规则也应稍作了解,只有这样,才能达到根据需求进行选购的目的。

1. Intel台式机CPU

在台式机领域,Intel的高端主流CPU是酷睿i系列,包括酷睿i3、酷睿i5、酷睿i7。其中酷睿i7主要是面向顶级市场,价格较贵,普通用户使用不多。酷睿i3和酷睿i5是目前市场上的主流产品。其中酷睿i5系列相对酷睿i3系列性能要更好,当然价格也要贵许多。

Intel的中端主流CPU是奔腾G系列,性能相对要弱一些,但性价比很高。

下面通过具体参数的对比,来分析比较这些不同型号的CPU。

CPU 型号：奔腾 G630 核心代号：Sandy Bridge 核心数量：双核心 线程数：双线程 主频：2700MHz 三级缓存：3MB 制造工艺：32nm 接口类型：LGA 1155 其他：集成显示核心 参考价格：399 元	CPU 型号：酷睿 i3 2120 核心代号：Sandy Bridge 核心数量：双核心 线程数：四线程 主频：3300MHz 三级缓存：3MB 制造工艺：32nm 接口类型：LGA 1155 其他：集成显示核心 参考价格：789 元	CPU 型号：酷睿 i5 2320 核心代号：Sandy Bridge 核心数量：四核心 线程数：四线程 主频：3000MHz 睿频：3300 MHz 三级缓存：6MB 制造工艺：32nm 接口类型：LGA 1155 其他：集成显示核心 参考价格：1189 元

从参数中可以看出，这三款不同型号的 CPU 都是采用了相同的核心，它们的区别主要在于核心数量、主频以及缓存容量，这些也是影响 CPU 性能以及价格的最主要因素。另外，酷睿 i5 CPU 支持 Turbo Boost 睿频加速技术，可以实现动态加速。该技术通过分析当前 CPU 的负载情况，智能地完全关闭一些用不上的核心，把资源留给正在使用的核心，并使它们运行在更高的频率下，进一步提升性能。举个例子，如果某个游戏或软件只用到一个 CPU 核心，Turbo Boost 技术就会自动关闭其他 3 个核心，把正在运行游戏或软件的那个核心的频率提高，从而获得最佳性能。但与超频不同，Turbo Boost 是自动完成，也不会改变 CPU 的最大功耗。目前只有 Intel 的酷睿 i7/i5 系列 CPU 支持该项技术。

2. AMD 台式机 CPU

AMD 的 CPU 相对 Intel 的产品具有更高的性价比，目前 AMD 的主流 CPU 分别是面向高端市场的羿龙Ⅱ系列以及面向中低端市场的速龙Ⅱ系列。下面是 AMD 几款主流 CPU 的具体参数。

CPU 型号：A-Series X2 A4-3300 核心代号：Liano 核心数量：双核心 主频：2500MHz 二级缓存：1MB 制造工艺：32nm 接口类型：Socket FM1 其他：集成显示核心 参考价格：299 元	CPU 型号：速龙Ⅱ X4 641 核心代号：Liano 核心数量：四核心 主频：2800MHz 二级缓存：4MB 制造工艺：32nm 接口类型：Socket FM1 参考价格：459 元	CPU 型号：羿龙Ⅱ X4 955 核心代号：K10 核心数量：四核心 主频：3200MHz 三级缓存：6MB 制造工艺：45nm 接口类型：Socket AM3 参考价格：639 元

与 Intel CPU 类似，AMD CPU 的区别主要也在于核心数量、主频以及缓存容量的不同。

注意：其中的 A4-3300 是 AMD 全新推出的集成了 CPU 和显示芯片的 APU。

3. 笔记本电脑 CPU

笔记本电脑的硬件架构和台式机基本相同，但是由于机体轻薄，还要考虑便携性和电池寿命，所以在许多具体部件上和台式机有所区别，基本上绝大多数笔记本电脑的硬件产品与台式机都不通用。例如笔记本电脑的CPU与台式机的CPU相比，具有更低的核心电压以减少能耗和发热量，并且普遍具备台式机CPU所不具备的电源管理技术。所以无论Intel还是AMD，都对自己用于笔记本电脑的CPU产品单独命名，便于与台式机区分。

在目前的笔记本电脑领域，Intel的产品占据了较大优势，大多数笔记本电脑都是采用了Intel公司的CPU，所以这里只介绍主流的Intel笔记本电脑CPU。

笔记本电脑CPU目前的主流产品也是酷睿i系列，但是分为新老两代不同的产品。老酷睿采用的是Arrandale核心，如酷睿i3 370M、酷睿i5 450M等型号产品，新酷睿采用的是Sandy Bridge核心，如酷睿i3 2350M、酷睿i5 2450M等型号产品。新老两代酷睿的主要区别在于其中集成的显示核心不同，在Sandy Bridge核心的新酷睿中集成的显示核心性能要更为强大，而CPU整体的执行效率也要更高一些。

注意：*在笔记本电脑CPU的产品型号中一般都加了个字母M，即Mobile，意为"移动版CPU"。*

下面是几款典型笔记本电脑CPU的主要性能参数。

CPU型号：酷睿i3 370M	CPU型号：酷睿i3 2330M	CPU型号：酷睿i5 2450M
核心代号：Arrandale	核心代号：Sandy Bridge	核心代号：Sandy Bridge
核心数量：双核心	核心数量：双核心	核心数量：双核心
线程数：四线程	线程数：四线程	线程数：四线程
主频：2400MHz	主频：2300MHz	主频：2500MHz
三级缓存：3MB	三级缓存：3MB	睿频：3100 MHz
制造工艺：32nm	制造工艺：32nm	三级缓存：3MB
其他：集成显示核心	其他：集成显示核心	制造工艺：32nm
		其他：集成显示核心

通过参数对比可以发现，新老两代酷睿CPU的主要差别在于核心不同，而酷睿i5与酷睿i3的主要区别仍在于睿频加速技术。

任务实施

1. 方案分析

一般在选购时，先确定CPU型号，再选择与其相配的主板。

方案A：3D游戏发烧友和3D建模人员对微机系统的性能要求很高，所以建议采用中高端CPU和主板的搭配，以获得最好的性能。例如Intel i5、i7处理器和配套的独立显卡、主板。

方案B：主流的中低端CPU可以满足家庭用户和平面设计人员的需求。例如奔腾或者羿龙双核处理器。

方案C：与方案B类似，主流的中低端配置就能满足要求。例如赛扬或速龙双核处理器。

2. 完成方案

通过网络进行市场调研，分别为以上三方案选择两款 CPU，并将其主要的性能参数及参考价格以列表的形式表示。

思考与练习

一、填空题

1. 目前 PC 中的 CPU 主要是由美国的________和________公司设计生产的。
2. 目前 CPU 的接口主要有________和________两大类。
3. 目前 CPU 的缓存最多可分为________级。
4. CPU 是计算机中最重要的部件，主要由________和________组成，主要用来进行分析、判断、运算并控制计算机各个部件协调工作。
5. Intel CPU 最新的制作工艺为________ nm。

二、选择题

1. 目前最大的处理器制造商是(　　)。

A. AMD　　B. Intel　　C. VIA　　D. SUN

2. 在以下存储设备中，(　　)存取速度最快。

A. 硬盘　　B. 虚拟内存　　C. 内存　　D. CPU 缓存

3. 目前 Intel 的 CPU 普遍采用了(　　)类型的接口。

A. Socket 针脚式　　B. LGA 触点式
C. Slot 插卡式　　D. Socket 针脚式和 LGA 触点式

4. "双核芯四线程"是(　　)所特有的技术。

A. CPU　　B. 内存　　C. 显卡　　D. 硬盘

三、综合题

Intel 酷睿 i5 2450M CPU 的主要性能参数如下。

核心代号：Sandy Bridge；核心数量：双核心；线程数：四线程；主频：2.5GHz；最高睿频：3.1GHz；三级缓存：3MB；制造工艺：32nm；其他：集成 HD 3000 显示核心。

完成以下要求。

1. 指出这是一款台式机 CPU 还是笔记本 CPU。
2. 指出每一项参数所代表的含义。
3. 对这款 CPU 的性能进行简单评价。结合个人的实际情况，它是否能满足学习及娱乐需求？

任务2 认识及选购内存

任务描述

计算机的存储器分为内部存储器和外部存储器。能够与计算机 CPU 直接交换数据的是内部存储器,简称内存。内存的"快"或"慢"将直接影响微机的整体性能。本任务将从以下三个问题入手,介绍内存的选购方法。

(1) 针对 A、B、C 三种不同的用户需求,到底该如何选择内部存储器?

(2) 内存的容量是不是越大越好?

(3) 选择 DDR2 内存还是 DDR3 内存?

相关知识

2.2.1 存储器的分类与作用

1. 内存储器和外存储器

作为计算机硬件系统五大理论组成部分之一的存储器,在实际构成计算机的硬件设备中表现为内存储器和外存储器两种不同的形式。其中内存储器就是通常所说的内存,而外存储器则主要指的是硬盘。

虽然同为存储器,但内存和硬盘无论在工作性质还是工作性能上的差异都非常大。硬盘的作用是用来存放计算机中的数据,因而容量要求非常大;而内存则是用来运行程序,或者说是用来为 CPU 提供运算所需要的数据,因而对速度要求非常高。内存与硬盘的差异,如同剧团中的舞台和后台,分工完全不同。内存好比舞台,用来表演节目,硬盘则好比后台,用来放置演员和道具。剧团演出时,每个节目轮流从后台到舞台上表演,表演结束后,再及时撤回后台,如此循环往复。与此类似,计算机中的所有数据都存放在硬盘里,当要运行一个程序时,就把这个程序的相关数据从硬盘调入内存中,程序运行结束之后,将其从内存中清除,并将相关数据保存回硬盘。

从内存和硬盘的不同工作性质中可以看出,内存在计算机中的重要性要高于硬盘。因为无论计算机要运行任何程序,都要首先将其调入内存。如果内存的容量太小,无法为要运行的程序提供足够的空间,那么这个程序就将无法运行。如果内存的速度太慢,与 CPU 处理数据的速度相差太大,则将严重影响系统的整体性能。

总之,内存负责运行程序,要求速度比较快,容量要能够满足系统和程序的需求。硬盘负责存放数据,要求容量比较大,但速度相对较慢。

2. RAM 和 ROM

内存储器按工作性质的不同分为 RAM(Random Access Memory,随机存储器)和 ROM(Read Only Memory,只读存储器)两种。

只读存储器ROM的特点是只能一次性写入程序或数据，数据存储以后就只能读取，而无法重新写入。ROM一般用于存放计算机的基本程序和数据，如BIOS ROM。ROM如图2-8所示。

图2-8　ROM

随机存储器RAM既可以读取数据，也可以写入数据，但它无法永久保存信息，只要断电，存储的信息就将全部丢失，因此RAM只用于暂时存放数据。RAM习惯上分为SRAM(Static RAM，静态内存)和DRAM(Dynamic RAM，动态内存)。SRAM主要用于组成高速缓存(Cache Memory)，其优点是速度非常快，缺点是成本高、体积大、功耗大。DRAM成本比较低廉，功耗低。通常所说的"内存"和"内存条"指的就是DRAM。DRAM内存如图2-9所示。

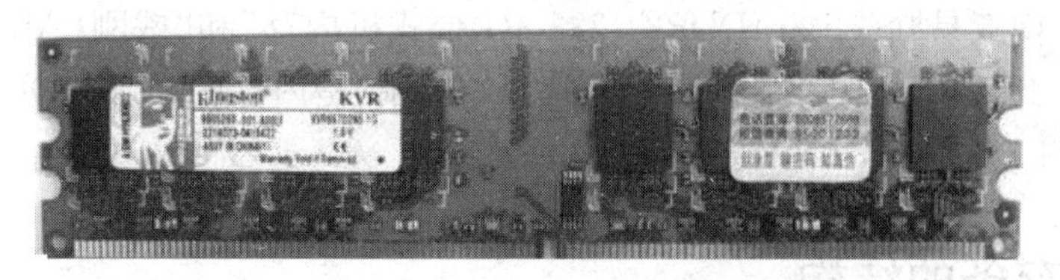

图2-9　DRAM内存

RAM的特点正好符合内存的工作性质，因为内存的作用是运行程序而非存储数据。当一个程序运行完之后，必须及时地从内存中清除出去，如果程序因为种种原因未能被及时清除而继续滞留在内存中，这样当内存中滞留的程序越来越多，以至最终内存没有空间再用于运行新的程序时，就会导致计算机"死机"。当计算机死机时，往往重新启动计算机就可以解决问题，这是因为重启本身就是一个将计算机断电然后再重新加电的过程，这个过程将清空内存中的所有数据，从而使之又可以运行新的程序。再如我们在用WORD编辑一篇文章时，如果在没有保存所编辑信息的情况下而计算机突然断电或死机，那么这些信息将全部丢失，因为这些信息都只是存放在内存而非硬盘里，而当单击"保存"按钮之后，这些信息就会从内存写入硬盘中，从而被永久保存。

2.2.2　内存的性能指标

内存的作用虽然非常重要，但其构造相对比较简单，因而技术参数并不多，决定其性能的主要因素是容量和频率。

1. 内存容量

内存的容量大小对计算机的整体性能影响非常大。在安装软件时通常发现，基本每一款软件都对运行软件所需要的最小内存容量做出了要求。一般软件功能越强大，对内存的容量要求也越高。比如要安装Windows 7操作系统，要求计算机至少具有512MB容量的内存，而要想流畅运行Windows 7，则一般需要2GB内存才能达到要求。

目前的计算机至少应配备2GB容量内存，但一般也没有必要超过4GB。因为目前所使用的操作系统大都为32位，它的寻址能力决定了最多只能识别3.2GB容量的内存，即使计算机中安装了更大容量的内存，系统也将无法识别使用。

要使用4GB以上容量内存，就需要安装64位操作系统。由于目前大多数的应用软件还都是基于32位系统开发，所以对64位操作系统的兼容性还不是很好，对于普通用户建议还是使用32位操作系统。

2. 工作频率

频率决定了内存的运行速度，而频率的快慢则是由内存类型决定的。

目前所使用的主流内存为DDR SDRAM，即双倍速率同步动态随机存储器，简称DDR。DDR内存至今已经发展出DDR、DDR2和DDR3三代产品，它们之间的差异主要体现在工作频率上。以目前广泛使用的DDR3内存为例，包括DDR3 1066、DDR3 1333、DDR3 1600等几种型号，型号后面的数字就代表频率，单位MHz。

内存容量和工作频率这两项参数也直接体现在内存的型号中，如前面两份装机配置单中所使用的"南亚易胜(elixir)DDR3 1333 4G台式机内存"和"威刚(ADATA)万紫千红DDR3 1333 4G台式机内存"。"南亚易胜"和"威刚"是内存的品牌，"DDR3"表明内存类型，1333表明工作频率，"4GB"表明容量。

2.2.3 内存条的结构

内存条的结构相对于计算机中的其他硬件设备来讲比较简单，如图2-10所示，主要由PCB板、内存颗粒和金手指等组成。

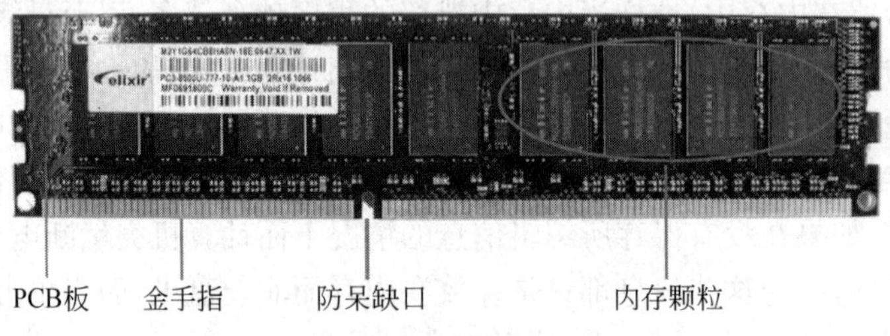

图2-10　内存条的结构

PCB板，即印制电路板，是内存上其他元器件存在的基础，各个部件都要通过PCB板上的电路互相通信。

内存颗粒是内存的核心，内存的速度和容量等性能参数都是由内存颗粒决定的。在内存条上会有多个内存颗粒并排排列，整条内存的容量就是所有内存颗粒的容量之和。

金手指由众多金黄色的导电触片组成，在工作过程中，数据、工作所需电力等都靠它传输和供应。金手指上的导电触片称为引脚，有多少引脚就称有多少pin，目前使用的DDR3内存引脚数为240pin。

内存在使用时需要插接到主板的内存插槽中，为了防止插反，在金手指上都设置有防呆缺口，相应地在主板的内存插槽中也设置了隔断。在安装内存条时，必须先把金手指上的缺口与插槽中的隔断对应起来才能继续安装。不同类型的内存防呆缺口的数目和位置也都不一样，所以无法混用，不同类型的内存必须插在相应的内存插槽中，如图 2-11 所示。

图 2-11　内存插槽和内存条的防呆设计

内存是计算机中最容易出现故障的一个硬件设备，如果计算机出现了开机无法启动，同时伴随喇叭长鸣的故障现象，则多半是由内存引起的。此时可将内存从主板上拔下，用橡皮擦拭内存金手指，去除氧化物，并用将内存在不同的主板内存插槽中反复插拔的方法来排除此类故障。同时在插拔内存的过程中需要注意不要用手直接接触金手指，因为手上的汗液会附着在金手指上，在使用一段时间后会再次造成金手指氧化。

任务实施

内存应根据主板和 CPU 的情况选配。如果内存、主板和 CPU 之间搭配不协调，就很容易产生瓶颈效应，造成内存或 CPU 性能资源的浪费。这里说的协调搭配主要是指内存的主频、主板的总线频率和 CPU 的前端总线频率(FSB)要协调一致。例如，如果 CPU 前端总线频率为 800MHz，则可以选用 DDR2 800 的内存与之搭配，若一些早期的主板不支持 DDR2 规格的内存，则可以选择双通道的 DDR 400 的内存与之搭配。另外，主板的内存槽类型也决定了内存的类型，如主板只提供了 DDR2 插槽，则只能选用 DDR2 内存。

对于 A 类用户，如果 CPU 采用 Intel i5、i7 系列的最新 CPU，而该平台已经不使用 FSB 总线概念，取而代之的是称为 DMI 的总线，其最大值为 6.1GT/s，相当于是 3200MHz 的前端总线，建议使用两根 2GB DDR3 1600 规格的内存，并且组成双通道，才可以满足高端性能的需要。对于采用 AMD 高端多核处理器的用户，其总线值最高为 HT3.0 即 2000MHz，依然采用两根 DDR3 1333 内存组成双通道才能满足要求。

对于 B 类用户，在满足 CPU 前端总线频率匹配的前提下，使用单根 2GB DDR3 1333 规格的内存，即能满足大部分的家用需求，而且以后还可继续添加。平面设计软件对内存要求比较高，也可考虑使用两根 2GB 的内存组成双通道。

对于 C 类用户，选购单根 2GB DDR2 或者 DDR3 的内存即可满足使用需求。

思考与练习

一、填空题

1. 计算机中的存储器按作用不同分为两大类，其中内存储器主要用于________，外存储器主要用于________。

2. 只读存储器 ROM 的重要特点是只能________，不能________。

3. 内存的工作频率表示的是内存传输数据的频率，一般使用________为计量单位。

4. 内存储器按工作性质的不同分为两大类：________和________。

5. 对于 32 位的操作系统，所支持的内存容量最大为________。

6. 目前计算机中所用的多为 DDR3 内存，按工作频率不同，主要有：________、________和________。

二、简答题

1. 某台计算机中使用的内存型号为“金士顿(Kingston)DDR3 1333 4G 台式机内存”，解释其中每项参数的含义。

2. 某人在计算机中编辑文档时突然断电，再重新开机时所编辑的文档内容全部丢失，请解释原因。

任务 3 了解及选购主板

任务描述

CPU 和主板都属于微机核心部件，市场上 CPU 和主板种类繁多，性能差距较大，而且不同种类的 CPU 和主板还存在匹配问题(例如 AMD 公司的 CPU 无法安装到 Intel 主板上)。本任务将针对 A、B、C 三种不同类型的用户需求介绍如何选购主板。

相关知识

主板是计算机中最重要的硬件设备之一，它是整个计算机硬件系统的工作平台，计算机中的其他所有硬件设备都要直接或间接连到主板上才能工作。主板一方面要为它们提供安装的插槽或接口，另一方面还要负责在它们之间传输数据，因而如果主板工作不稳定，整个计算机系统都将受到影响。

2.3.1 主板的插槽和接口

主板从整体上看是一块 PCB 印制电路板，上面存在很多插槽和接口，以用于安装或连接各种不同类型的设备，如图 2-12 所示。用户必须要能够区分这些插槽和接口用于安装或连接的设备，并掌握这些设备的连接方法。

图 2-12　主板结构图

1. CPU 插座

作为 CPU 的安身之地，主板 CPU 插座的类型必须与 CPU 的接口类型相对应。根据前面介绍的目前主流 CPU 的接口类型，主板 CPU 插座也相应地分为支持 Intel 处理器的 LGA 触点式插座和支持 AMD 处理器的 Socket 针脚式插座，如图 2-13 所示。如表 1-1 的装机配置单中使用的 CPU 是 Intel 奔腾 G630，它的接口是 LGA 1155，那么与之搭配的主板必须要提供 LGA 1155 的 CPU 插座。

在 LGA 插座中是一个个的小孔，每个小孔都有很细小的弹簧和 CPU 背面的金属点相对应。放进 CPU 之后，盖上盖子，再拉下旁边的拉杆，CPU 就会和这些弹簧密合，而镂空的盖子则可以让 CPU 跟散热器紧密接触。

在 Socket 插座中是一个个小洞，对应 CPU 上的针脚。在安装 CPU 时一定要注意将针脚与小洞对准才能插入，否则如果不慎将针脚弄歪或折断，将会对 CPU 造成严重损坏。

2. 内存插槽

内存插槽用来安装内存条，一般在主板上都会提供两个或四个内存插槽，如图 2-14 所示。在安装内存条时需要注意将内存条上的防呆缺口与内存插槽中的隔断对准才能安装。

目前很多主板上都会提供两组不同颜色的内存插槽，这主要是为了实现内存双通道技术。将两根相同型号的内存插到两个相同颜色的内存插槽中，就可以实现该技术。这在一定程度上可以提升内存的性能。

LGA1155 CPU插座

Socket FM1 CPU插座

图 2-13　CPU 插座

图 2-14　内存插槽

3. PCI 插槽

PCI 是一组用于插接各种扩展卡的扩展插槽，所谓扩展卡是指如网卡、声卡、电视卡和视频采集卡之类对计算机功能进行扩展的硬件设备。这些设备的共同特点是工作频率都比较低，都属于低速设备。

PCI 是一种比较古老的插槽，已趋于淘汰，在目前的主板上一般会保留一个 PCI 插槽以备用。

4. PCI-E 插槽

PCI-E 即 PCI-Express，扩展 PCI 插槽，是目前主板上的主要插槽，取代了传统的 PCI 和 AGP 插槽。

根据所支持的传输速率不同，PCI-E 插槽分为 PCI-E 1X、PCI-E 4X、PCI-E 8X、PCI-E 16X 等多种形式，如图 2-15 所示。其中速度最慢的 PCI-E 1X 传输带宽为 500MB/s，而速度最快的 PCI-E 16X 传输带宽则高达 8GB/s。不同标准的 PCI-E 插槽可用于安装不同类型的设备，PCI-E 1X 插槽用于安装高速网卡或声卡，速度最快的 PCI-E 16X 插槽则专用于安装显卡。

图 2-15　PCI-E 插槽

PCI-E 插槽目前已发展到 PCI-E 2.0 版本，相对之前的 PCI-E 1.0 在速度上有了大幅提升：将 PCI-E 1X 的带宽提高到了 1GB/s，而 PCI-E 2.0 版的 16X 插槽传输带宽更是达到了 16GB/s。

虽然 PCI-E 插槽已经大幅提高了显卡的传输速率，但为了进一步提高性能，在部分主板上还提供了两条甚至更多条的 PCI-E 16X 插槽，以用于显卡间的互联，达到类似 CPU 架构中双核处理器的效果，如图 2-16 所示。由此可见，显卡在计算机中的地位日益重要。

图 2-16　双 PCI-E 16X 插槽

5. IDE 接口和 SATA 接口

IDE 接口和 SATA 接口都用于连接硬盘和光驱，但它们在工作特点和连接方式上存在很大区别。

IDE 接口采用并行方式传输数据，所支持的最高数据传输速率为 133MB/s，由于速度较慢，已趋于淘汰，在目前的主板上一般只保留一个 IDE 接口以备用。

IDE 接口通过 IDE 数据线与硬盘或光驱进行连接，如图 2-17 所示。在每根数据线上都提供了 3 个端口，一个端口连接主板，另外 2 个端口可以各自连接一个设备，所以每个

IDE 接口可以同时连接 2 个设备。当要在一个 IDE 接口上连接 2 个设备时,必须要对硬盘或光驱进行跳线设置,即将其中一个设为主设备,另一个设为从设备。

图 2-17　IDE 接口及 IDE 数据线

SATA 接口采用串行方式传输数据,传输速率相对 IDE 接口更高。SATA 接口目前也已发展成 3 个版本：SATA1.0 传输速率 150MB/s,SATA2.0 传输速率 300MB/s,SATA3.0 传输速率达到 6Gbps,即 750MB/s。

SATA 接口通过串行数据线与硬盘或光驱连接,连接方式相比 IDE 接口要简单得多,如图 2-18 所示。而且由于串行数据线线体较窄,减少了机箱的占用空间,非常有利于机箱内的散热。另外 SATA 接口还具有结构简单、支持热插拔等优点,所以目前已基本取代了 IDE 接口。

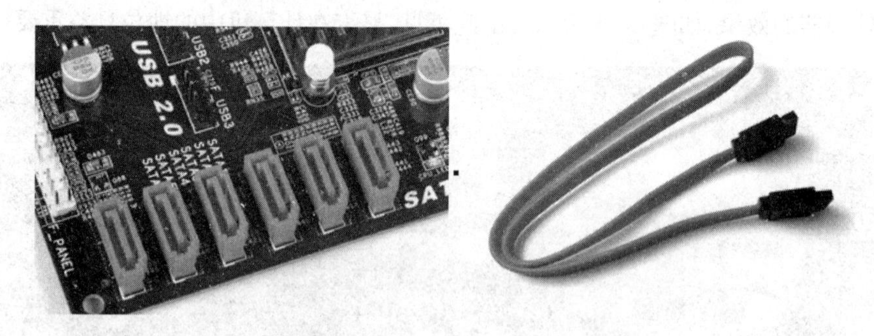

图 2-18　SATA 接口及串行数据线

6. 电源接口

电源接口是主板与电源连接的接口,负责给主板上的所有部件供应电力,目前主板上的电源接口基本都为 24 芯,如图 2-19 所示。

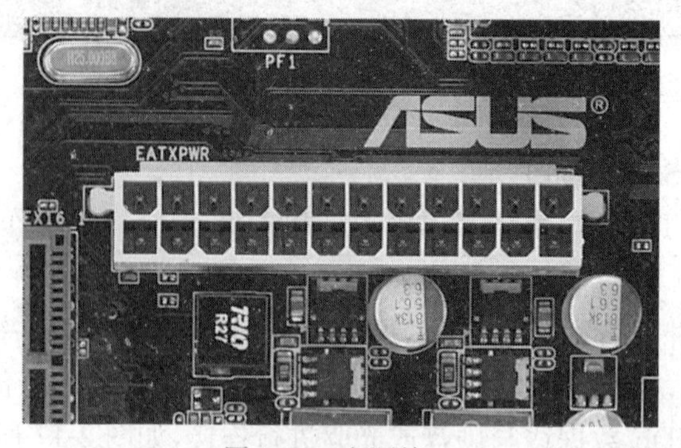

图 2-19　电源接口

7. 背板接口

在主板的侧面提供了很多外置接口，主板安装到机箱后，这些接口将会位于机箱的背面，所以统称为背板接口，如图 2-20 所示。

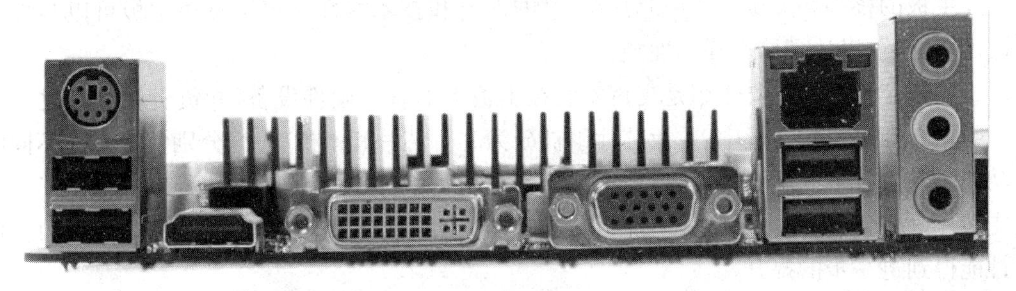

图 2-20　背板接口

(1) PS/2 接口

PS/2 接口用于连接键盘和鼠标，为了加以区别，鼠标的接口为绿色，键盘的接口为紫色。

(2) USB 接口

USB 通用串行总线接口，是主板上应用最为广泛的一类接口，它的最大特点是即插即用、支持热插拔，即允许使用 USB 接口的设备在带电工作的状态下从主板拔下或插入。通常主板都会提供 2～6 个 USB 接口，每个 USB 接口最多可以连接 127 个外部设备。

USB 接口根据传输速率不同分为 3 种标准：USB 1.1，最高数据传输速率为 1.5MB/s；USB 2.0，最高速率为 60MB/s。最新标准 USB 3.0，最高速率为 480MB/s。图 2-20 中黑色为 USB 2.0 接口，蓝色为 USB 3.0 接口。

在使用计算机时需要注意，由于机箱前面板上的 USB 接口是从主板上转接的，其供电电压相比主板上自带的 USB 接口要低，所以如果要使用一些高耗电的设备，如移动硬盘等，最好是接在主板上的 USB 接口，即机箱后侧的 USB 接口上使用。

(3) 网卡接口

目前绝大多数主板上都集成了网卡，其中又以集成百兆网卡居多，即最大传输速率为 100MB/s，也有越来越多的主板开始集成速度更快的千兆网卡。主板上所集成网卡的类型基本都是 RJ-45 接口的以太网卡，用以连接双绞线。

(4) 音频接口

音频接口通常为一组 3 个接口，其中绿色为输出接口，用于连接音箱或耳机；粉色为麦克风接口；蓝色为输入接口，用于将 MP3、录音机等音频输入计算机内。

(5) 视频接口

用于连接显示器或电视机，包括连接 CRT 显示器的 VGA 接口，连接液晶显示器的 DVI 接口，连接电视机的 HDMI 接口。关于视频接口将在后续课程中详细讲述。

2.3.2 主板芯片组

主板的核心和灵魂是主板芯片组，它的性能和技术特性决定了整块主板可以与什么硬件搭配，可以达到什么样的性能。

主板芯片组的主要作用是支持安装在主板上的各个硬件设备，并负责在它们之间转发数据。在以往的主板中，主板芯片组被分为北桥芯片和南桥芯片，分别负责完成不同的功能。随着技术的不断发展，目前主板大都采用了单芯片设计，即在主板上只保留了一颗主芯片，而将很多原本由主板芯片组实现的功能集成到 CPU 中，从而使得计算机的整体性能得到进一步的提升。

图 2-21 是标准的 CPU、主板与其他硬件的关系图。从图中可以看到最正中的芯片组与 CPU、USB 接口、网卡、SATA 接口(硬盘)等相接，这说明芯片组就像数据中转站，硬盘、声卡、闪存里的数据等要通过芯片组才能传到 CPU 去处理，而数据中转也就是芯片组起的最主要作用。

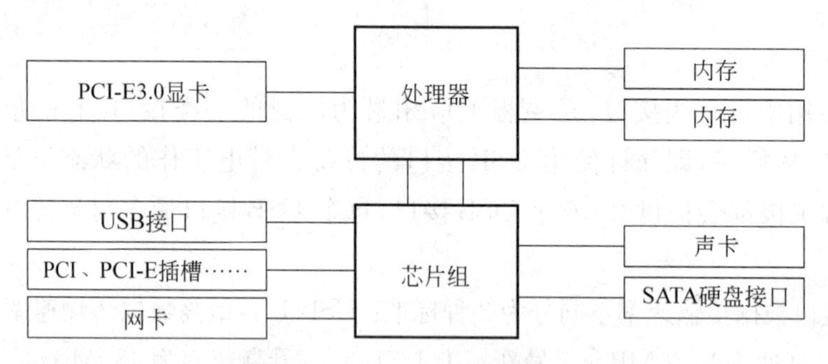

图 2-21 主板芯片组功能结构图

对于主板来讲，主芯片仍然是其最主要的组成部分，计算机中任何一款新硬件或一项新技术在推出后，都需要有相应主板芯片的支持才能够得到应用。

如每一款新 CPU 都必须要有一款能与之搭配的主板芯片相配合，像最新架构的酷睿 i3 CPU，就必须与 H61 或 H67 主板芯片配合，所以主板芯片组能否支持所选择的 CPU，是在选配计算机时所应注重的首要问题。

由于主板芯片组直接决定了整块主板的性能和档次，采用相同主板芯片组的不同品牌的主板，在性能上的差异极少超过 10%，所以通常都以主板芯片组的型号作为整块主板的代称，如 H61 主板、H67 主板、880G 主板、A75 主板等。

目前的主板芯片组基本都是由 Intel 和 AMD 公司研发生产，分别用于支持自家的 CPU。需要注意的是，Intel 和 AMD 公司只生产主板芯片组，而并不生产主板成品，最终的主板是由主板厂商从 Intel 和 AMD 公司购买到主板芯片组后，再自行设计生产的。所以主板的名字通常都是主板厂商和主板芯片组的结合体。如“华擎 H61M-VS R2.0”主板，“华擎”代表主板厂商，从后面的产品型号中可以推断出主板芯片组是 Intel 的 H61。

在选购主板时，除了确定所要使用的主板芯片组外，还要选择主板生产厂商，目前规模较大、口碑较好的主板厂商主要有：华硕 ASUS、微星 MSI、技嘉 Gigabyte、华擎、映泰、七彩虹等。

2.3.3　主流主板介绍

针对在前面的装机配置单中所采用的 2 块主板：华擎(Asrock)H61M-VS R2.0、微星(msi)A75MA-P35，下面是从中关村在线(www.zol.com.cn)网站上查到的详细参数，如图 2-22 所示。

主板名称：华擎 H61M-VS R2.0
主芯片组：Intel H61
适用平台：Intel
CPU 插槽：LGA 1155
CPU 类型：支持 Intel 32nm Core i 系列、奔腾 g 系列处理器
内存类型：DDR3
内存插槽：2×DDR3 DIMM
最大内存容量：16GB
内存描述：支持双通道 DDR3 1333/1066 内存
显卡插槽：PCI-E 2.0 标准
PCI-E 插槽：1×PCI-E X16 显卡插槽、1×PCI-E X1 插槽
SATA 接口：4×SATA II 接口
外接端口：1×VGA 接口
PS/2 接口：PS/2 鼠标，PS/2 键盘接口
其他接口：1×RJ-45 网络接口
集成芯片：声卡/网卡
主板板型：Micro ATX 板型

图 2-22　华擎 H61M-VS R2.0 主板及详细参数

从主板参数中可以得到以下信息。

主板芯片组为 Intel H61，支持接口类型为 LGA1155 的 Intel CPU。

主板上提供了 2 个 DDR3 类型的内存插槽，支持的内存容量最大为 16GB，支持的内存最高频率为 DDR3 1333，也就是说，即使在这块主板上安装了 DDR3 1600 内存，也只能按 1333MHz 的实际频率工作。

主板上带有 1 个 PCI-E 2.0 标准的 PCI-E 16X 显卡插槽，可以安装独立显卡。

主板上带有 4 个 SATA 接口，可以最多安装总计 4 个硬盘或光驱设备。

主板上带有 1 个 VGA 视频接口，注意，主板上不具备输入数字信号的 DVI 视频接口。

主板板型为 Micro ATX，俗称小板，尺寸比 ATX 大板要小，主板上的插槽和接口的数目也比大板上的少，价格相对也要便宜。

微星(msi)A75MA-P35 主板的详细参数如图 2-23 所示，大家可以自行分析。

主板名称：微星 A75MA-P35
主芯片组：AMD A75
适用平台：AMD
CPU 插槽：Socket FM1
CPU 类型：支持 AMD A8/A6/A4/E2 系列处理器
内存类型：DDR3
内存插槽：2×DDR3 DIMM
最大内存容量：16GB
内存描述：支持双通道 DDR3 1600/1333/1066MHz 内存
显卡插槽：PCI-E 2.0 标准
PCI-E 插槽：1×PCI-E X16 显卡插槽、2×PCI-E X1 插槽
PCI 插槽：1×PCI 插槽
SATA 接口：6×SATA III 接口
USB 接口：8×USB2.0 接口；4×USB3.0 接口
外接端口：1×DVI 接口、1×VGA 接口
PS/2 接口：PS/2 鼠标、PS/2 键盘接口
其他接口：1×RJ-45 网络接口
集成芯片：声卡/网卡
主板板型：Micro ATX 板型

图 2-23　微星 A75MA-P35 主板及详细参数

任务实施

1. 方案分析

一般在选购时，是先确定 CPU 型号，再选择与其相配的主板。

方案 A：3D 游戏发烧友和 3D 建模人员对微机系统的性能要求很高，所以建议采用中高端 CPU 和主板的搭配，以获得最好的性能。例如 Intel i5、i7 处理器和配套的独立显卡、主板。

方案 B：主流的中低端主板可以满足家庭用户和平面设计人员的需求。例如奔腾或者羿龙双核处理器搭配配套的独立显卡或集成显卡主板。

方案 C：与方案 B 类似，主流的中低端配置就能满足要求。例如赛扬或速龙双核处理器搭配配套的集成显卡主板。

2. 完成方案

通过网络进行市场调研，分别为以上三方案选择两款主板产品，并将其主要的性能参数及参考价格以列表的形式表示。

思考与练习

一、填空题

1. 目前的显卡主要安装在主板的________插槽上。

2. USB 接口最主要的特点是________，主板上的每个 USB 接口最多支持________个设备。

3. 目前研发设计主板芯片组的公司主要是________和________。

4. 目前的硬盘主要安装在主板的________接口上。

二、选择题

1. 主板的核心和灵魂是(　　)。

A. CPU 插座　　B. 扩展槽

C. 主板芯片组　　D. BIOS 和 CMOS 芯片

2. PCI 插槽中通常可以安装哪些硬件设备?(　　)

A. 网卡　　B. 显卡　　C. 声卡　　D. 扩展卡

3. 下列总线标准中谁的速度最快?(　　)

A. AGP　　B. PCI　　C. PCI-E　　D. 一样快

4. 主板上 PS/2 键盘接口的颜色一般是(　　)。

A. 红色　　B. 绿色　　C. 紫色　　D. 蓝色

三、判断题

1. 在选购主板的时候,一定要注意与 CPU 对应,否则是无法使用的。　　(　　)

2. 主板性能的好坏与级别的高低主要由 CPU 来决定。　　(　　)

四、综合题

某块型号为“华硕 P8H61-M LE”的主板,主芯片为 Intel H61,带有 1 个 PCI 插槽,1 个 PCI-E 16X 插槽,4 个 SATA 接口,完成下列要求。

1. 这块主板能够支持什么类型的 CPU?

2. 分别指出上述三种插槽和接口能用于安装什么设备,以及这些插槽接口的主要特点。

综合实训一　主机系统的识别与安装

1. 实训目的

(1) 区分不同型号的 CPU 和内存。

(2) 识别主板上的各个主要插槽和接口,指出主板的北桥和南桥芯片。

(3) 分别在相应的主板上安装不同类型的 CPU 和内存。

2. 注意事项

(1) 在对计算机的硬件进行拆装之前,一定要切断电源,千万不能带电操作。

(2) 在对板卡进行拆装之前,最好先释放身体静电,可通过洗手或摸自来水管、暖气片等方式释放静电。

(3) 在安装 CPU 和内存时,要注意各种防插反设计。

3. 实训步骤

1) 识别 CPU、内存和主板

根据要求识别硬件设备,并完成相关表格。

(1) 识别CPU

根据CPU上的标识区分设计生产CPU的公司、品牌以及接口类型。

生产公司	品　　牌	接口类型

(2) 识别内存

根据内存条上的标识识别内存条的品牌、容量、工作频率以及类型。

内存品牌	内存容量	内存类型	工作频率(MHz)

(3) 识别主板

① 识别主板的品牌,找到主板的北桥和南桥芯片,识别北桥芯片的型号,指出北桥芯片所支持的CPU类型。

主板品牌	主板芯片组型号	支持的CPU类型

② 找到主板上的下列插槽或接口,并指出它们的主要用途和特点。

插槽/接口名称	主要用途和特点
CPU插座	
内存插槽	
IDE接口	
SATA接口	
PCI插槽	
PCI-E插槽	
USB接口	
PS/2接口	
音频接口	
网卡接口	

2) 安装CPU

下面以Intel系列LGA775接口CPU为例,介绍CPU的安装过程。CPU及主板上的相应插座如图2-24所示。

(1) 打开CPU插座。

用适当的力向下微压固定CPU的压杆,同时用力往外推压杆,使其脱离固定卡扣。然后将固定CPU的盖子与压杆反方向提起,如图2-25所示。

图 2-24　LGA775 接口 CPU 及主板相应插座

图 2-25　打开 CPU 插座

(2) 安装 CPU。

将 CPU 放到插座内，要注意在 CPU 的一角上有一个三角形的标识，另外在主板的 CPU 插座上同样也有一个三角形的标识。在安装时，要将这两个标记对齐，然后慢慢地将 CPU 轻压到位，如图 2-26 所示。这不仅适用于 Intel 的 CPU，而且适用于目前所有的处理器，特别是对于采用针脚设计的 CPU 而言，如果方向不对则无法将 CPU 安装到位，这一点要特别注意。

CPU 安放到位后，盖好扣盖，反方向微用力扣下压杆，至此 CPU 安装完成，如图 2-27 所示。

(3) 安装 CPU 散热器。

CPU 的发热量是相当惊人的，因此，散热器的散热性能对 CPU 的影响非常大。如果散热器安装不当，散热的效果也会大打折扣。图 2-28 是 Intel LGA775 接口处理器的原装散热器，与之前的散热器相比有了很大的改进。在安装散热器前，一般还要在 CPU 表面均匀地涂上一层导热硅脂，以增强导热效果。很多散热器在购买时已经在底部与 CPU

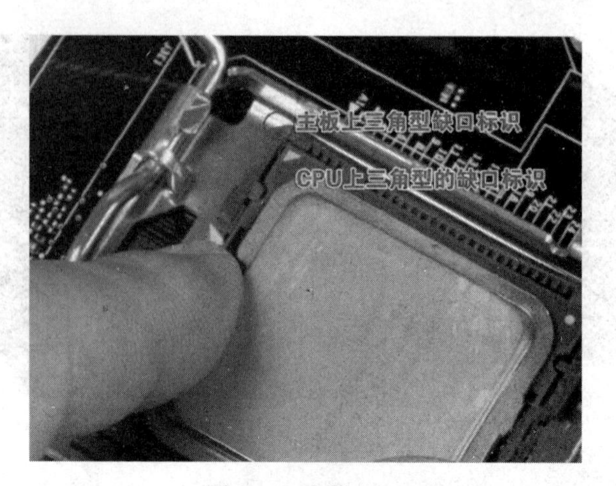

图 2-26　安装 CPU

图 2-27　安装好的 CPU

图 2-28　安装 CPU 散热器

接触的部分涂上了导热硅脂，这时就没有必要再在处理器上涂一层了。

安装时，将散热器的四角对准主板相应的位置，然后按照对角线的顺序用力压下四角扣具即可。

固定好散热器后，还要将散热风扇接到主板的供电接口上。找到主板上安装风扇的接口（主板上的标识字符为 CPU_FAN），将风扇插头插上即可（注意，目前有四针与三针等几种不同的风扇接口，在安装时注意一下即可）。由于主板的风扇电源插头都采用了防呆式的设计，反方向无法插入，因此安装起来相当方便，如图 2-29 所示。

图 2-29　插好风扇电源插头

3）安装内存条

内存条的安装相对 CPU 要简单得多，安装内存时，先用手将内存插槽两端的扣具打开，然后将内存平行放入内存插槽中（要注意将内存条的防呆缺口与内存插槽中的隔断对准，反方向是无法插入的），用两拇指按住内存两端轻微向下压，听到“啪”的一声响后，即说明内存安装到位，如图 2-30 所示。

图 2-30　安装内存条

项目 3　了解计算机的外部设备

计算机的常用外部设备包括外存储器、输入设备、输出设备等。其中硬盘作为最重要的外存储器、显卡和显示器作为最重要的输出设备,将是要重点学习和掌握的对象。

在本项目中,将学习和了解计算机外部设备的工作特性和主要性能参数,并能结合自身需求进行合理选购。

任务 1　认识及选购显卡与显示器

任务描述

显卡和显示器是微机系统将显示内容输出的物理配件,它们性能的好坏将直接影响人们的视觉感受。本任务将从以下 4 个问题入手,介绍显卡和显示器的选购和使用。

(1) 运行大型游戏和 3D 软件时,为什么有的计算机可以流畅地运行,有的计算机则运行缓慢甚至无法运行?

(2) 选购显卡时,显示核心、显存容量、显存位宽和显存频率哪个参数更重要?

(3) 同样尺寸的液晶显示器为什么价格会有很大差异? 应该如何选择?

(4) 针对 A、B、C 三种不同的用户需求,如何选配显卡和显示器?

相关知识

显卡和显示器共同组成了计算机的显示系统。

对于显示器,用户显然要更熟悉一些,这是用户在使用计算机时要直接接触和面对的设备。显示器的作用也很好理解,即将计算机内已经处理好的数据以直观的形式呈现给用户。

相对于显示器,显卡因为位于机箱内部,人们平常接触不多,所以相对要陌生一些。但显卡的作用其实更加重要。显卡的基本作用是将计算机产生的数据转换成显示器可以显示的信号,而更为重要的是显卡还要负责处理各种图像数据。随着各类软件的界面做得越来越美观,以及各种 3D 游戏的效果越来越华丽,人们对显卡的要求也越来越高,促使显卡技术迅猛发展。目前显卡已经成为继 CPU 之后发展变化最快的硬件,其在计算机中的地位也越来越高,如何选配一块适用的显卡,是购买计算机时必须重点考虑的因素之一。所以下面首先介绍显卡的相关知识。

3.1.1 显卡的结构

从整体结构上看，显卡就是一个小型的计算机系统，它拥有自己的核心芯片、内存、电源输入和散热模块，其整体结构如图 3-1 所示。

图 3-1 显卡的结构

1. PCB 板

如同内存和主板，显卡的一切元器件都焊接在 PCB 板上，PCB 板是这些元件存在的基础和通信的通道。

2. 显卡总线接口

显卡要安装在主板上才能工作，同主板上的显卡插槽相对应，显卡的总线接口也分为传统的 AGP 接口和新式的 PCI-E 接口两种类型，如图 3-2 所示。

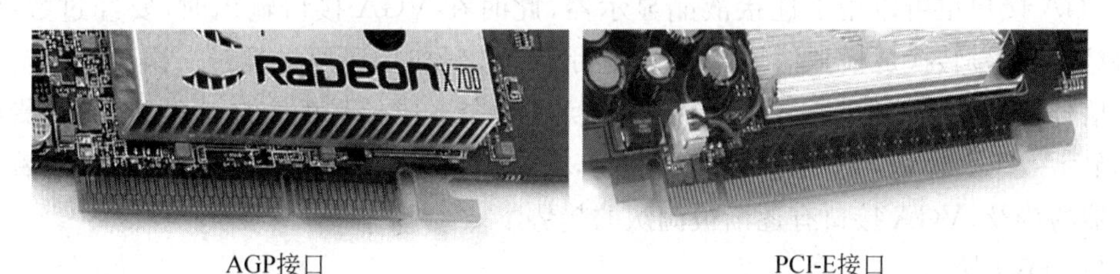

图 3-2 显卡总线接口

随着 PCI-E 接口显卡的普及，目前传统 AGP 接口的显卡已基本被淘汰。

3. 显卡输出接口

显卡输出接口主要用于连接显示器，以将计算机内处理好的数据显示出来。因为电信号分为数字信号和模拟信号两种不同的形式，所以显卡的输出接口也相应地分为输出数字信号或输出模拟信号。数字信号和模拟信号是电信号的两种不同形式，如图 3-3 所示。CRT 显示器只能处理模拟信号，而液晶显示器只能处理数字信号。

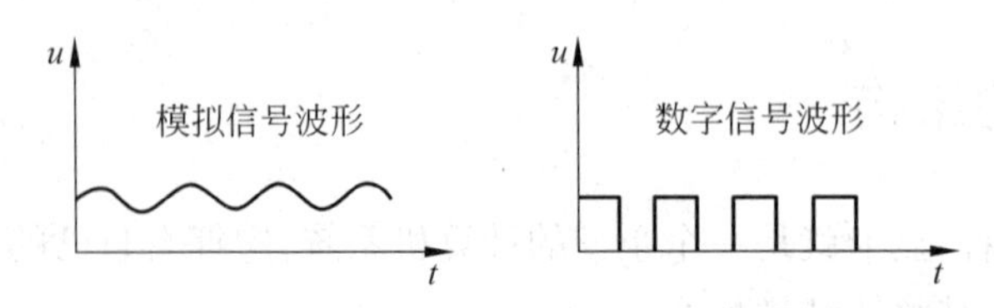

图 3-3　模拟信号和数字信号

由于输出的信号类型不同，以及连接的输出设备不同，显卡输出接口的类型也多种多样，部分显卡的输出接口如图 3-4 所示。

图 3-4　显卡输出接口

（1）VGA 接口

VGA 是显卡的传统输出接口，因为外形像字母 D，所以也叫 D-Sub 接口，如图 3-5 所示。VGA 接口输出模拟信号，主要用于连接 CRT 显示器。由于计算机内部采用的是数字信号，所以数据在经过 VGA 接口输出时，需要经过一次数/模转换，将数字信号转换成模拟信号后再输出给 CRT 显示器。

VGA 接口也可以用于连接液晶显示器，此时在 VGA 接口输出时，要经过数/模转换，将数字信号转换成模拟信号，在液晶显示器内接收时，还要再经过一次模/数转换，将模拟信号转换成数字信号。信号频繁的转换必然会造成信号的衰减或失真，从而影响最终的显示效果。所以当采用液晶显示器时，最好不要用 VGA 接口进行连接。随着液晶显示器的普及，VGA 接口有逐渐被淘汰的趋势。

（2）DVI 接口

DVI 是 VGA 接口的替代者，输出数字信号，用于连接液晶显示器。因为不再需要进行信号转换，因而不会影响最终的显示效果。DVI 是显卡目前的主流输出接口，如图 3-6 所示。

（3）S-Video 接口

S-Video 也叫 S 端子，属于视频输出接口，即可以用于连接电视机，用电视机代替显示器显示图像。S-Video 是一种比较古老的视频输出接口，主要连接老式的模拟电视机，输出的图像质量非常一般。随着高清视频的逐渐普及，S-Video 接口已基本被淘汰。

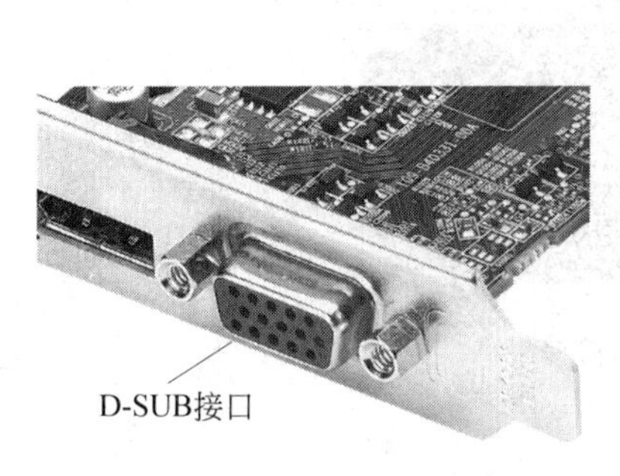

图 3-5　VGA 接口

图 3-6　DVI 接口

还有部分显卡的输出接口如图 3-7 所示，下面对其中的 HDMI 和 DisplayPort 接口进行介绍。

图 3-7　显卡输出接口二

(4) HDMI 和 DisplayPort 接口

HDMI 和 DisplayPort 都是新式的视频输出接口，同 DVI 接口一样，它们传输的都是数字信号，用于连接液晶(数字)电视机。另外它们在传输视频信号的同时还可以传输音频信号，而且传输带宽高达 625MB/s，非常适合高清视频的输出，所以在目前的很多显卡中都带有这两个接口。

其中 HDMI 接口由于使用较早，因而目前得到了广泛应用。但是它有版权限制，显卡厂商使用 HDMI 接口要缴纳一定的版权费用，而 DisplayPort 接口则是完全免费开放的，DisplayPort 接口被看作 HDMI 接口的替代者。

需要注意的是，一块显卡至少要提供一个显示器接口(VGA 或 DVI)，那种同时提供 VGA 和 DVI 接口或两个 DVI 接口的显卡，也叫作“双头”显卡，这类显卡可以同时接两台显示器。至于 S-Video、HDMI 接口并不是必需的，由显卡厂商自行决定是否在显卡上提供这些接口。而 DisplayPort 接口由于还比较超前，目前尽管大部分显卡(包括集成显卡)都支持 DisplayPort 接口输出，但配备 DisplayPort 接口的显卡仍然比较少。

显卡典型输出接口如图 3-8 所示。

图 3-8　显卡典型输出接口

4. 散热模块

如同 CPU，显卡上的显示芯片在工作时也会产生很多的热量，所以在显卡上都设计有各种类型的由散热片和风扇构成的散热模块，以对显示芯片进行散热。

将散热模块拆下来之后便会露出显卡的核心——显示芯片 GPU，它旁边的小芯片则是为 GPU 提供运算数据的显示内存，如图 3-9 所示。它们的关系跟 CPU 和系统内存一样，GPU 进行数据运算，显存则储存 GPU 所需的一切数据。

图 3-9　显示芯片和显存

5. 显示芯片 GPU

显示芯片又称为图形处理器 GPU，它负责处理各种图像数据，是显卡的核心，显卡的性能主要取决于其所采用的显示芯片。

目前研发生产独立显示芯片的主要是 nVIDIA 和 AMD 两家公司。如同 CPU，这两家公司的显示芯片也都有自己的独立品牌，其中 nVIDIA 的产品品牌为 Geforce，而 AMD 的品牌为 Radeon，如图 3-10 所示。

图 3-10　显示芯片品牌

为了满足不同的用户需求，nVIDIA和AMD都推出了一系列不同性能、不同价位的显示芯片。为了便于区分，这些不同的显示芯片也都有各自不同的产品型号，如GeForce 540M、Radeon HD 6630M之类。同主板类似，由于显示芯片在显卡中的重要性，所以通常都是用显示芯片的型号作为整块显卡的代称。

6. 显存

显存是显示内存的简称，前面已经介绍过，它的主要功能是暂时储存显示芯片将要处理的数据和已经处理完毕的数据。GPU的性能越强，需要的显存也就越多。

因为显存的功能与性质都与内存类似，所以显存的速度和容量也就直接影响着显卡的整体性能。显存的种类也分为DDR、DDR2和DDR3等，它们的主要差别在于工作频率的不同，但是由于跟内存的规范参数差异较大，所以为了加以区分，通常称显存为GDDR、GDDR2和GDDR3。显存的发展速度很快，目前的显卡大都采用的是GDDR3或GDDR5显存。

3.1.2　显卡的性能指标

决定显卡性能的关键因素是显示芯片和显存，下面是它们的一些主要性能指标。

1. 显示芯片的相关参数

决定显示芯片性能的相关参数如下。

(1) 流处理器数量

显示芯片处理图像数据的功能主要是由其中的流处理器完成的，流处理器的作用是处理CPU传过来的信号，直接变成显示器可以识别的数字信号。流处理器的数量直接决定了显示芯片处理图像数据的性能，一般来说，流处理器数量越多，显卡性能越强劲。

由于设计工艺的不同，nVIDIA显卡(简称N卡)和AMD显卡(简称A卡)中的流处理器数量差别很大，一般A卡中的流处理器个数要远多于N卡，但不能就此判定A卡的性能就要高于N卡。

所以，流处理器数量虽然对显卡的性能影响非常大，但是只能作为同类显卡性能比较的依据，在不同类显卡(N卡和A卡)中不能简单判断。

(2) 核心频率

GPU的工作频率称为显卡的核心频率，它直接决定了显示芯片的数据处理速度。显卡核心频率同CPU主频类似，但由于工作性质不同，显卡核心频率要远低于CPU主频，目前大都在500～1500MHz。对于同种系列的显卡，核心频率越高性能越好。

同样由于设计工艺的不同，N卡的核心频率一般要高于A卡，所以核心频率也只能用于在同类显卡之间的比较。

2. 显存的相关参数

显存在显卡中的地位仅次于GPU，决定显存性能的相关参数主要有：容量、频率、位宽。

（1）显存容量

显存容量越大就可以为GPU提供更多的临时存放数据的空间，目前显存的容量大都为256MB、512MB、1GB甚至更高。

（2）显存频率

显存的工作频率主要是由显存的类型决定的，频率越高，显存的工作速度越快。目前绝大多数显卡都是采用的GDDR3或GDDR5显存，频率在800～4000MHz。

（3）显存位宽

显存位宽是显存在一个时钟周期内所能传输的数据位数，同CPU的字长类似，位数越大则所能传输的数据量越大。目前显存位宽主要有64位、128位和256位三种。

3.1.3 显卡的选购及主流产品介绍

1. 显卡的选购

很多人在选购显卡时习惯以显存容量作为主要参考依据，这明显是以偏概全，决定显卡性能的首要因素是显示芯片，其次才是显存。而且即使显存也应全面考虑容量、频率、位宽等参数，所以对显卡的选购应全面了解以上参数。

由于显示芯片在显卡中的重要性，显卡的名字通常都是以“显卡品牌＋GPU型号”的组合形式命名。如“影驰GTS450”显卡，“影驰”是显卡的品牌，“GTS450”则表示GPU的型号。对于笔记本电脑，由于所有硬件由笔记本电脑厂商统一选配，所以在笔记本电脑的配置单中，显卡的名字直接就是显示芯片的型号，如nVIDIA Geforce GT520M、ATI Radeon HD 6370M等。为了与台式机显卡加以区分，在笔记本电脑的显卡型号中也加了一个M，代表“Mobile(移动)”。

由于显卡发展速度很快，因而在市场上存在大量性能和价格相差极大的产品，所以在购买显卡时必须要根据自身的用途合理选购。从市场定位来看，200～400元价位的显卡一般属于入门级低端显卡，其性能可以满足绝大多数用户的一般应用。400～700元价位的显卡一般针对主流的中端用户，能够完成专业的图形图像处理要求以及大多数的主流3D游戏。700元以上的显卡主要面向发烧级的游戏玩家，他们往往需要更高的游戏速度、更出色的游戏画面或者是更好的视频表现能力。

在选购显卡时需要额外重视的另外一个因素是集成显卡。以往的集成显卡大都是将显示芯片集成于主板的北桥芯片中，随着技术的发展，目前的集成显卡大都是将显示芯片集成在CPU中，而且性能得到了极大地提升。在Intel和AMD的最新CPU中集成的显卡，其性能已经超越了很多入门级低端显卡，完全可以胜任普通的学习工作娱乐需求。集成显卡既可以使计算机整机成本大幅降低，而且也更有利于计算机系统的稳定和散热。

2. 主流显卡介绍

（1）台式机 AMD 显卡

蓝宝 HD6750 512MB GDDR5 白金版	迪兰恒进 HD6750 恒金 D3 1G	蓝宝 HD6750 1GB GDDR5 白金版
显示芯片：Radeon HD 6750	显示芯片：Radeon HD 6750	显示芯片：Radeon HD 6770
流处理器数量：720 个	流处理器数量：720 个	流处理器数量：800 个
核心频率：700MHz	核心频率：700MHz	核心频率：850MHz
显存容量：512MB	显存容量：1GB	显存容量：1GB
显存类型：GDDR5	显存类型：GDDR3	显存类型：GDDR5
显存频率：4600MHz	显存频率：1600MHz	显存频率：4800MHz
显存位宽：128bit	显存位宽：128bit	显存位宽：128bit
参考价格：599 元	参考价格：599 元	参考价格：799 元

通过这三款 AMD 显卡的对比可以发现，Radeon HD 6770 相比 Radeon HD 6750 显示芯片具有更多的流处理器和更高的核心频率，因而拥有更强的性能，按价格可以定位于高端显卡，而 Radeon HD 6750 则可以定位于中端显卡。蓝宝 HD6750 和迪兰恒进 HD6750 这两款显卡比较，主要是显存不同，虽然迪兰恒进采用了更大容量的 1GB 显存，但是频率过低，其实际性能反而不如配备 512MB、GDDR5 显存的蓝宝。

（2）台式机 nVIDIA 显卡

七彩虹 GT240-GD5 CF 黄金版	影驰 GT430 虎将 D5	影驰 GTS40 黑将
显示芯片：GeForce GT240	显示芯片：GeForce GT430	显示芯片：GeForce GTS450
流处理器数量：96 个	流处理器数量：96 个	流处理器数量：192 个
核心频率：550MHz	核心频率：700MHz	核心频率：825MHz
显存容量：256MB	显存容量：1GB	显存容量：1GB
显存类型：GDDR5	显存类型：GDDR3	显存类型：GDDR5
显存频率：3400MHz	显存频率：3100MHz	显存频率：3696MHz
显存位宽：128bit	显存位宽：128bit	显存位宽：128bit
参考价格：399 元	参考价格：499 元	参考价格：799 元

3.1.4　显示器

显示器将从显卡接收到的信号转变为人眼可见的光信号，并通过显示屏幕显示出来。显示器根据工作原理不同主要分为阴极射线管（CRT）显示器和液晶（LCD）显示器两大类，如图 3-11 所示。

CRT 显示器由于体积大、重量沉、耗电量也很高，目前已很少使用，而液晶显示器则具有重量轻、体积小、无辐射等诸多优点，基本已经取代了 CRT 显示器。

液晶显示器的相关技术参数如下。

阴极射线管CRT显示器

液晶LCD显示器

图 3-11　CRT 和 LCD 显示器

1. 屏幕尺寸

屏幕大小对于显示器是最重要的一项性能指标，液晶显示器的屏幕尺寸目前主要有 19 英寸、20 英寸、22 英寸、24 英寸、26 英寸几种类型，其中 20～24 英寸是目前的主流产品。

在每种类型里又包括“普屏”和“宽屏”两种形式，其中“普屏”是指显示器的长宽比例为 4∶3，这也是一种传统的显示形式；“宽屏”则是指显示器的长宽比例为 16∶10 或 16∶9。目前的液晶显示器基本都已是宽屏。

2. 分辨率

分辨率是指显示器屏幕上水平方向和垂直方向上的像素点的乘积，如显示器的分辨率为 1024×768，即表示显示器屏幕的每一条水平线上可以包含有 1024 个像素点，共有 768 条水平线。

液晶显示器有一个最佳分辨率，显示器只有在最佳分辨率下使用，其画质才能达到最佳，而在其他的分辨率下则是以扩展或压缩的方式将画面显示出来。各种不同屏幕尺寸液晶显示器的最佳分辨率如表 3-1 所示。

表 3-1　液晶显示器的最佳分辨率

屏幕尺寸	最佳分辨率	屏幕尺寸	最佳分辨率
17 英寸宽屏	1440×900	22 英寸宽屏	1680×1050
19 英寸宽屏	1440×900	24 英寸宽屏	1920×1080
20 英寸宽屏	1680×1050		

3. 数字接口

由于种种原因，目前许多液晶显示器在与计算机主机连接时，依然通过传统的 VGA 接口进行连接，这样显示器接收到的视频信号由于经过多次转换，而不可避免地造成了一些图像细节的损失。而 DVI 接口由于是通过数字接口进行传输，计算机中的图像信息不需要任何转换即可被显示器接收，所以画质更自然清晰。因此，在选购显示器时一定要注意其是否支持 DVI 接口，如图 3-12、图 3-13 所示。

4. 坏点数

坏点是指液晶显示器的画面中一个持续发亮或不发光的点，一台正常的液晶显示器应该是没有坏点的。用户在选购显示器时，应通过将显示屏显示全白或全黑的图像来检测屏幕上是否有坏点。

图 3-12　只带有 VGA 接口的显示器

图 3-13　带有 VGA 和 DVI 双接口的显示器

5. LED 背光技术

LED 背光是目前显示器中非常流行的一项技术，相比传统的 LCD 显示器，LED 背光显示器最大的特点是把 LCD 显示器中含汞的 CCFL 背光灯管更换为环保的 LED 背光光源。LED 背光显示器的优点是节能环保，LED 背光产品相比 CCFL 背光产品平均节能 8W，但对显示效果并没有太大提升。

任务实施

1. 方案分析

(1) 显卡选配

方案 A 的用户：是发烧级的游戏玩家或者经常使用 3D 建模的设计人员，根据资金情况，很有必要配备一块中高端的独立显卡，因为只有高端的独立显卡才能提供最好的 3D 游戏画面和最快的 3D 建模速度。

方案 B 的用户：由于只玩小型的 3D 游戏和进行纯 2D 的平面设计，那么低端的独立显卡或自带显存的集成显卡就可以满足使用上的要求。如果对色彩真实性的要求较高，也需要选择高端的独立显卡。

方案 C 的用户：只使用一般的 Office 软件，玩小游戏，上网浏览网页等，最普通的集成显卡就能满足使用要求。

(2) 显示器选配

方案 A：用户对色彩真实性和显示分辨率要求比较高，最好选择 VA 类或者 IPS 类面板的低响应时间的大屏幕(22 英寸或者 24 英寸)液晶显示器，也可以选择高品质的 CRT 显示器。对于专用于设计领域的计算机，还可考虑双屏方案。

方案 B：普通的液晶显示器可以满足家庭用户的需求，而专业平面设计人员建议使用大屏幕的 CRT 显示器，毕竟好的色彩表现力、高的亮度和对比度才是平面设计领域首要追求的目标。对于专用于设计领域的计算机，还可考虑双屏方案。

方案 C：普通的液晶显示器就能满足一般办公用户的需求。

2. 完成方案

通过网络进行市场调研，分别为以上三类方案确定显卡和显示器的型号，并将其主要的性能参数及参考价格以列表的形式表示。

思考与练习

一、填空题

1. 显示内存也称为________,它用来存储________所要处理的数据。

2. 显卡用于连接 CRT 显示器的最佳输出接口是________,用于连接液晶显示器的最佳输出接口是________。

3. 显卡的总线接口主要有________和________两种,其中________接口已被淘汰,目前的显卡都是采用________接口。

二、选择题

1. 具有数字输入接口的液晶显示器接到显卡的( )接口显示效果会更好。

A. D-Sub B. S-Video C. DVI D. VGA

2. 决定显卡性能的最关键因素是( )。

A. 显示芯片 B. 显存 C. 显卡接口 D. 显卡品牌

三、简答题

1. 戴尔 Inspiron 灵越 14R 笔记本电脑,内置 AMD Radeon HD 7650M 独立显卡,该显卡的流处理器数量为 480 个,搭配 2GB 容量、128bit 位宽的 GDDR3 显存。请说明流处理器数量以及位宽、GDDR3 这些参数的含义。

这台计算机上配有 1 个 VGA 接口和 1 个 HDMI 接口,指出这两个接口的作用。

2. 在选购液晶显示器时,为什么最好选择带有 DVI 接口的?

任务 2 了解计算机外存储器

任务描述

计算机中的数据绝大部分都是存储在硬盘中,这些数据在硬盘中是如何存放的?怎样才能保护好这些珍贵的数据?

在安装软件时经常要用到光盘和光驱,经常听说有 CD 光盘、DVD 光盘……这些光盘之间有什么区别?什么样的光驱才能使用这些光盘呢?

经常会从网上下载一些 iso 光盘镜像文件,这些镜像文件有什么用?它们该怎样使用呢?

在本任务中,将了解计算机外存储器的主要产品系列、性能参数以及虚拟光驱的使用。

相关知识

在前面的课程中已经介绍过，外存储器的作用是用来存储计算机中的数据，相当于是计算机的仓库。与内存储器不同，外存储器中的数据可以永久存放，而且无须电流维持。

常见的外部存储设备主要有硬盘、光盘、软盘和移动存储器等，其中硬盘是最重要的外存储设备，也是计算机不可缺少的组成部分，而软盘因为容量太小且容易损坏，目前已被淘汰。在本任务中将主要介绍硬盘和光存储设备这两类常见的外存储器。

硬盘是计算机中最重要的外存储设备，它是计算机的数据存储中心，用户的所有应用程序、文件以及操作系统基本都是存储在硬盘上。如果从工作原理的角度来讲，硬盘并不能算作计算机中最重要的硬件设备，但如果是从实际使用的角度来看，那么硬盘绝对是最应为我们所重视和呵护的硬件设备之一。

硬盘之所以重要，并非在于硬盘本身，而在于它里面所存放的数据。“硬盘有价、数据无价”，如果因硬盘故障而导致其中的数据丢失或无法读出，那么损失将是无法估量的。所以对于硬盘，既要了解其工作特点，又要熟悉它的使用和保养方法，以达到合理安全使用硬盘的目的。

3.2.1　硬盘的结构

1. 硬盘的外部结构

硬盘从外部看是一个金属的长方体，宽度为3.5英寸，如图3-14所示。

图3-14　硬盘外部结构

硬盘正面是一个与底板紧密结合的固定盖板，以保证其内部的盘片和其他组件能够稳定运行。在固定盖板上面一般会贴有产品标识，以标注产品的型号、产地和基本工作参数等信息。

硬盘反面是一块控制电路板，上面包括控制芯片、缓存以及硬盘接口等元件。

(1) 控制芯片

控制芯片是硬盘的核心部件之一,负责数据的交换和处理,硬盘的初始化和加电启动也都是由它负责执行的。一般在控制芯片里还会集成有高速缓存,以加快对硬盘的读写操作。

(2) 数据接口

数据接口是硬盘与主板之间进行数据交换的纽带,通过专用的数据线与主板上的相应接口进行连接。在前面已经介绍过,硬盘数据接口主要分为老式的 IDE 接口和新式的 SATA 接口两种,如图 3-15 所示。

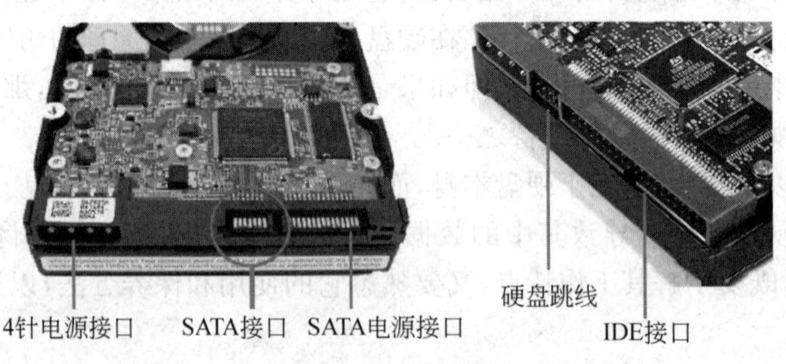

图 3-15　硬盘传输接口

SATA 接口硬盘相对于 IDE 接口硬盘,不仅在数据传输速率上有了很大的提高,而且安装方式也更为简便,所以目前 IDE 接口硬盘已基本被淘汰。

(3) 电源接口

电源接口与主机电源相连接,为硬盘工作提供电力保证。传统的电源接口是一个 4 针的梯形接口,而 SATA 接口硬盘则是使用 SATA 专用的电源接口。已经安装好数据线和电源线的 IDE 接口硬盘和 SATA 接口硬盘如图 3-16 所示。

图 3-16　安装好数据线和电源线的硬盘

(4) 硬盘跳线

硬盘跳线出现在老式 IDE 接口硬盘上,当要在主板的一个 IDE 接口上连接两个 IDE 设备时,就必须通过跳线将之设置成主设备或从设备,否则就会产生冲突。

硬盘的控制电路板是可以更换的(当然必须得是同一型号),如果电路板发生损坏,通过更换仍可以读取硬盘中的数据。

2. 硬盘的内部结构

将硬盘正面的固定面板拆下之后,就可以看到硬盘的内部结构,如图3-17所示。

硬盘内部主要是由盘片、马达和磁头、磁头臂等元件组成,因为硬盘属于高精密设备,盘片不能沾染任何灰尘,所以当在普通环境下拆开面板之后,硬盘也就报废了。

硬盘中的数据都是存储在盘片上,盘片一般是在以铝为主要成分的片基表面涂上磁性介质形成的,所以也叫磁盘片。当硬盘工作时,马达带动磁盘片开始高速旋转,然后由磁头臂带动磁头对其进行读写操作,所以硬盘可以算作计算机中仍然保留有机械结构的最后一种硬件设备了。

需要注意的是,当磁头对磁盘片进行读写操作时与磁盘片是不相接触的,因为磁盘片的旋转速度非常快,如果磁头与之接触就会将盘片划伤,磁头都是悬浮在盘片的上方工作。

当硬盘不需要工作时,在盘片上专门规划出一块区域用以停放磁头,称为"着陆区",着陆区是不能存放数据的。所以当硬盘在工作的时候千万不要大幅震动,否则就可能会使磁头与盘片接触,从而对硬盘造成损害。

另外突然断电对硬盘也有很大的损害,因为硬盘在高速运行的情况下突然断电,磁头有可能来不及回到着陆区而落在数据区,从而对盘片造成损害。

3. 硬盘的存储结构

磁盘片的正反两面都可以存放数据,在其每一面上都以转动轴为中心以一定的磁密度为间隔划分出若干个同心圆,这称为磁道。磁道由外向内依次编号,最外圈的为0磁道。

根据硬盘规格的不同,磁道数可以从几百到数千不等,一个磁道上可以容纳数KB的数据,而计算机在读写时往往并不需要一次读写那么多数据,于是磁道又被划分成若干段,每段称为一个扇区,一个扇区的容量固定为512B。扇区也需要编号,同一磁道中的扇区分别称为1扇区,2扇区……盘片的存储结构如图3-18所示。

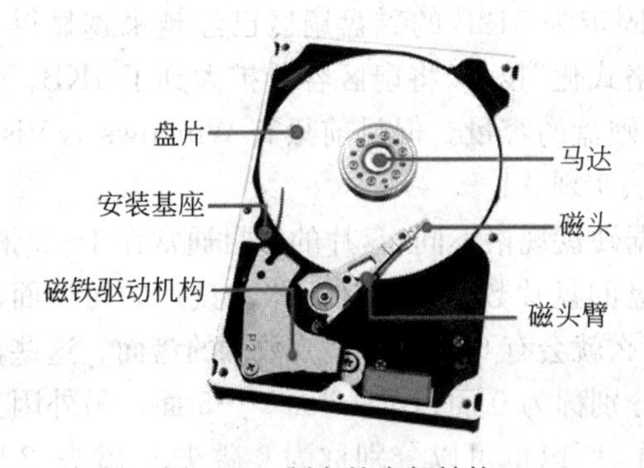

图3-17　硬盘的内部结构

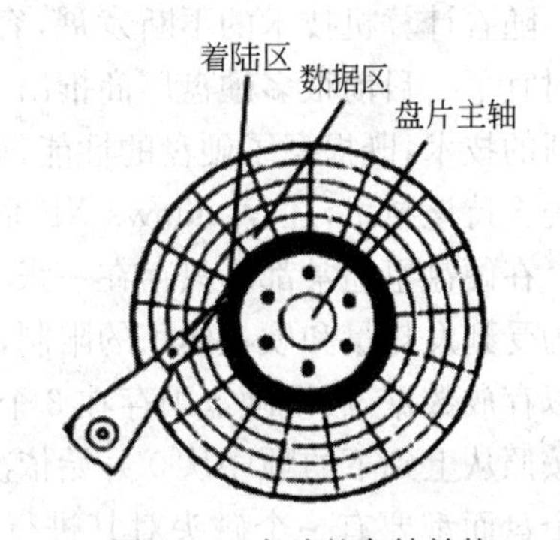

图3-18　盘片的存储结构

扇区是硬盘的最小物理存储单元,假设只需要存储1个字节的数据,但它在硬盘上也要占据一个扇区的空间,即占用了512B的存储空间。

因为目前硬盘的容量都已经达到了上百 GB,硬盘中扇区的数目几乎成为一个天文数字,所以为了进一步提高读写效率,在 Windows 系统中都是将多个相邻的扇区组合在一起进行管理,这些组合在一起的扇区称为簇。簇只是一个逻辑上的概念,在硬盘的盘片上并不存在簇,但它是 Windows 系统中的最小存储单元。

比如在硬盘某个分区中新建一个文本文件,在里面输入一个字母 a,保存之后便会发现这个文件的大小只有 1B,但占用的磁盘空间却是 4KB,如图 3-19 所示。4KB 便是这个磁盘分区里簇的大小,每个簇包含了 8 个扇区。至于一个簇里到底会包含几个扇区,则是由不同的磁盘文件系统决定的,这在后续的课程中将会做专门介绍。

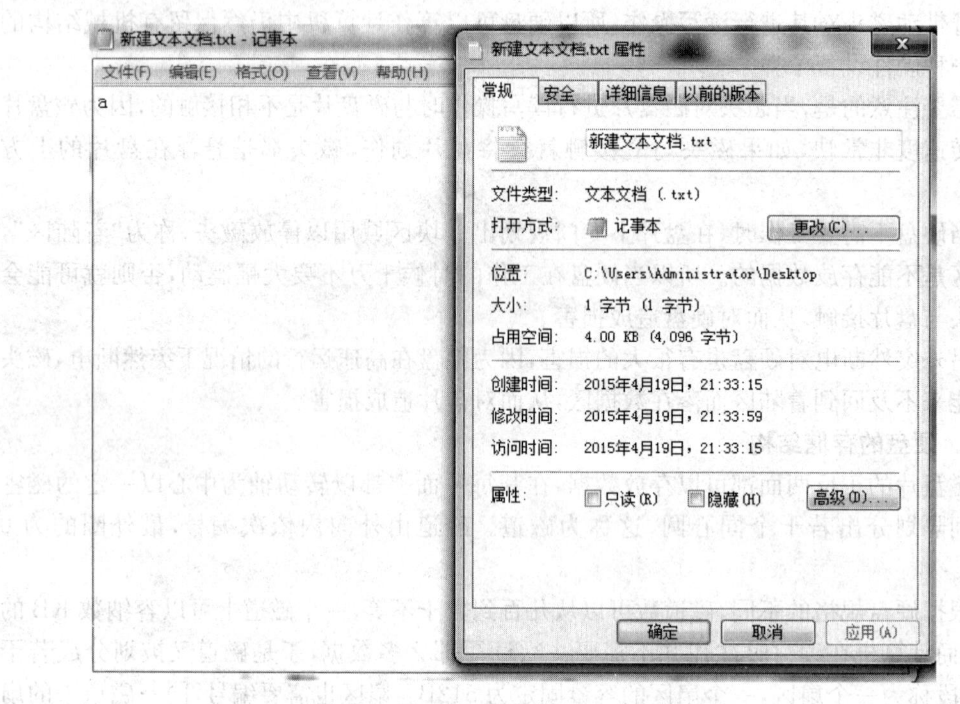

图 3-19　验证簇的大小

随着计算机技术的不断发展,容量大小固定为 512B 的磁盘扇区已经越来越显得不合时宜了。目前很多硬盘厂商推出了"先进格式化"技术,将扇区容量扩大到了 4KB。采用新的技术,既提高了硬盘的性能,也提升了硬盘的容量。但目前只有 Windows 7/Vista 系统支持该技术,在 Windows XP 系统里无法实现。

在硬盘里通常都不只存在一张盘片,根据硬盘规格不同,盘片的数目通常在 1～2 张,因为受到发热量和硬盘体积的限制,目前硬盘的盘片数量最多为 5 张。盘片的每一面都可以存放数据,假设硬盘中存在 3 个盘片,那么就会有 6 个可以存放数据的盘面。这些盘面按照从上到下的顺序从 0 开始依次编号,分别称为 0 面、1 面、2 面……5 面。另外因为每个盘面都要有一个磁头对其进行读写操作,所以也可以分别称为 0 磁头、1 磁头、2 磁头……5 磁头。由于硬盘是一摞盘片,这样所有盘面上的同一磁道便构成一个圆柱,称作柱面,如图 3-20 所示。柱面实际上就是各盘面相同位置上磁道的集合,所以也采用跟磁道相同的编号,称为 0 柱面、1 柱面……硬盘在实际进行数据的读写操作时都是按柱面进行的,即首先从0柱面内的0磁头开始进行操作,然后依次向下在0柱面内的不同盘面即磁头上进行操作,只有在0柱面内所有的磁头全部读写完毕后才会转移到下一柱面。

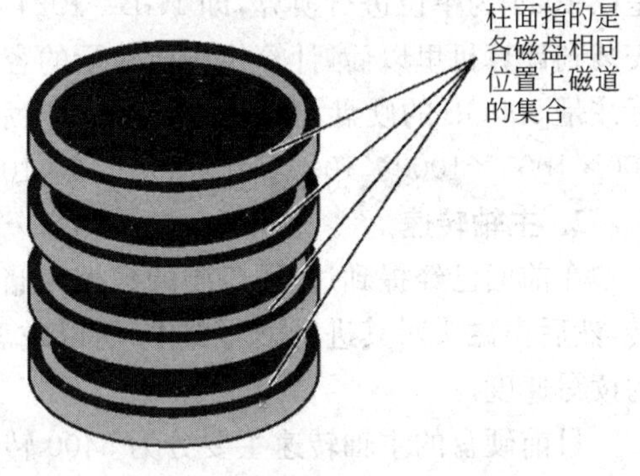

图3-20 柱面

在硬盘的存储结构中,0柱面0磁头1扇区是硬盘的第一个扇区,也是硬盘中最重要的一个扇区,它里面存放了硬盘主引导记录和硬盘分区表,被称为主引导扇区。当硬盘启动时首先就要查找主引导扇区,根据它里面存放的信息确定操作系统所在的硬盘分区,然后对操作系统进行引导。如果主引导扇区受到破坏,那么硬盘将无法启动,因而一直以来主引导扇区都是计算机病毒的重点攻击对象,绝大多数杀毒软件也都提供了对主引导扇区的保护和扫描功能。

从上面的分析中可以看出,硬盘的存储结构非常复杂,所以在使用硬盘之前必须要先进行格式化。格式化分两种:低级格式化和高级格式化。

低级格式化的目的是在磁盘片上划分磁道、建立扇区,属于对硬盘的物理性操作。

高级格式化主要是用来清除硬盘上的数据,产生引导区信息和初始化文件分配表等,属于对硬盘的逻辑性操作。高级格式化只有在硬盘经过了低级格式化以后才能进行。

低级格式化是对硬盘的物理性操作,对硬盘具有一定的危害,而且硬盘在出厂之前也都已经进行过低级格式化了,所以在实际使用中,除非出现硬盘坏道等特殊情况,否则尽量不要再对硬盘进行低级格式化。

最后,因为目前硬盘的容量都非常大,为了更加合理的规划和利用硬盘空间,在使用硬盘之前还需要进行分区,也就是将整个硬盘分成几个不同的存储空间。硬盘分区就如同装修房子,房子在未装修之前只是一间大屋,经过装修可以隔离出客厅、卧室、厨房、洗手间等,只有这样才可以更好地满足我们的生活需求。根据硬盘容量的大小,可以将硬盘分成几个分区,每个分区用一个如C、D、E之类的盘符加以区分,每个分区可以用作不同的用途,以使数据的存储更加合理。

硬盘的分区和格式化操作是计算机组装与维护课程中所要求必须掌握的一项基本技能,这部分内容将在后续课程中予以专门介绍。

3.2.2 硬盘的性能指标

1. 容量

硬盘的作用是用来存放数据,因而容量就是硬盘最重要的性能指标。目前主流硬盘的容量多为320GB、500GB、640GB、1TB甚至更高。随着高清视频和高画质大型3D游戏的盛行,人们对硬盘容量的要求也是越来越高,在目前新购买的计算机中,容量为500GB的硬盘基本已成为标准配置。

关于硬盘容量,要注意单位换算的问题。在计算硬盘容量时,硬盘厂家是以1000为单位，即 1GB=1000MB、1MB=1000KB 等。在计算机中因为采用的是二进制，所以容量是以 1024 为单位进行换算，即 1GB=1024MB、1MB=1024KB 等。这样就会出现当硬盘安装到计算机里以后，计算机中所显示的容量比硬盘所标注的容量略小的情况，比如一块标注是 500GB 的硬盘，安装到计算机里以后实际容量一般都在 460GB。其换算方法为：500×1000×1000×1000/(1024×1024×1024)=465GB。

2. 主轴转速

在前面已经提到过，硬盘中的数据存储在磁盘片上，当硬盘工作时磁盘片开始高速旋转，然后由磁头对其进行读写操作，所以磁盘片的旋转速度，即主轴转速直接影响了硬盘的读写速度。

目前硬盘的主轴转速主要分为 5400 转/分钟(rpm)和 7200 转/分钟(rpm)两种，其中 5400 转/分钟的硬盘一般只用在笔记本电脑中，而在台式机中基本都是采用 7200 转/分钟的硬盘。

目前也有部分高端产品采用了 10000 甚至 15000rpm 设计，但作为消费级硬盘来说，高转速带来的高发热量和马达轴承的快速磨损也是明显的，这在一定程度上也降低了硬盘产品的可靠性，所以在目前 7200rpm 是一个性能与可靠性比较均衡的方案。

3. 单碟容量

单碟容量指的是包括磁盘片正反两面在内的每个盘片的总容量。

单碟容量越高就意味着在相同体积的磁盘片上可以容纳更多的磁道和扇区，从而提高硬盘的读写速度。在硬盘总容量相同的情况下，提升单碟容量还可以减少硬盘所使用的盘片和磁头数量，以降低硬盘的制造成本。

单碟容量是目前硬盘技术发展的重点，几乎就是决定硬盘档次的标准。目前硬盘的单碟容量多为 250GB、320GB、500GB 甚至 1TB，我们在选择相同容量的硬盘时，一般选择单碟容量大的更好。

4. 硬盘缓存

尽管目前硬盘的性能已经有了很大提高，但硬盘的工作速度相对于计算机中的其他硬件设备仍然是非常慢的。当计算机要运行一个程序时，首先就要将这个程序从硬盘调入内存，而且在程序的运行过程中，还要不断地将结果再写回硬盘保存。因而如果硬盘的工作速度与内存相差过大，势必会成为整个系统的瓶颈。如同解决 CPU 与内存速度不匹配的思路一样，在硬盘中也加入了一道缓存，使之成为硬盘与内存之间的中转站。

缓存的主要作用就是提高硬盘与外部数据的传输速度，缓存的应用对硬盘的影响非常大，它的容量大小直接决定了硬盘的整体性能。目前硬盘的缓存容量多为 16MB 或 32MB，某些大容量硬盘的缓存甚至已经达到了 64MB。

5. 内部传输速率和外部传输速率

内部数据传输率是指从硬盘磁头到高速缓存之间的数据传输速度，也就是指硬盘将数据从盘片上读取出来，然后存储在缓存内的速度。内部传输速率主要由硬盘的主轴转速和单碟容量决定，但由于硬盘固有技术的局限性，目前硬盘内部数据传输率还是停留在一个比较低的层次上，目前主流硬盘的内部数据传输率一般在 50～90MB/s，但在连续工作时会降到更低。

外部传输速率是指系统从硬盘缓冲区读取数据的速率，它的快慢主要由硬盘的接口类型决定，实际上也就是IDE接口和SATA接口的速率。IDE接口的传输速率最高为133MB/s，SATA接口的传输速率最高为750MB/s，都远远高于硬盘的内部传输速率。

从上面的分析中可以看出，如果内部传输速率不提高，那么即使有再高的外部传输速率也是无用的。所以内部传输速率才可以明确表现出硬盘的读写速度，它的高低是评价一个硬盘整体性能的决定性因素，有效地提高硬盘的内部传输率对硬盘的性能可以有最直接最明显的提升。但是由于技术的局限性，目前内部数据传输率过低已经成为影响硬盘以及整台计算机性能的最大瓶颈。

3.2.3 硬盘相关技术

目前硬盘已经成为制约整个计算机系统性能进一步提升的瓶颈，因而各硬盘厂商一直都在努力开发各种硬盘新技术，以进一步提升硬盘的工作性能。

1. RAID技术

RAID磁盘冗余阵列，通过该技术可以让多块硬盘协同工作，从而达到提升硬盘传输速率和安全性的目的。其意义类似于CPU的双核技术、内存的双通道技术以及显卡的互联技术。

RAID技术分为RAID0、RAID1和RAID5等多种模式，其中用于提升硬盘工作速度的主要是RAID0模式。要组建RAID0至少要用2块硬盘，组成RAID0之后就可以对这2块硬盘同时进行读写操作，从而大幅提高硬盘性能，其效果示意如图3-21所示。

要实现RAID技术需要有RAID控制器的支持，目前已经有很多主板上都集成了RAID控制器，如果主板未集成，也可以购买单独的RAID卡。另外在组建RAID时，需要两块硬盘必须都是相同规格。

2. 固态硬盘技术

固态硬盘是近几年最受关注的存储技术之一，它彻底颠覆了传统硬盘的存储模式。与传统硬盘采用磁头从旋转的磁盘片上读写数据的机械方式不同，固态硬盘采用了芯片作为存储介质，因此具有读写速度快、运行噪声小、热量产生少、功耗低的优点，此外由于不用担心磁头碰撞损坏，固态硬盘还有抗震、稳定性好的优势，如图3-22所示。

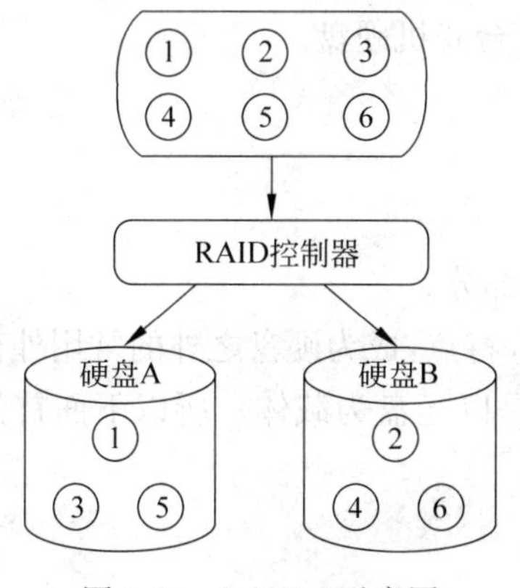

图3-21 RAID-0示意图

图3-22 金士顿SSDNow V 480GB固态硬盘

目前很多大型网站的服务器已经采用了固态硬盘,如百度在2008年就将其搜索服务器全部换成了固态硬盘,使得其单台存储设备的内部读写性能提升了100倍,整机性能提升了1倍,而能耗却要大大低于普通的硬盘存储,所以固态硬盘一致被看作未来存储技术发展的方向。

固态硬盘与传统硬盘内部结构的对比如图3-23所示。

图3-23 固态硬盘与传统硬盘内部对比

3.2.4 硬盘选购及主流产品介绍

目前市场上销售的硬盘都已经采用了SATA接口,主流硬盘容量达到了500GB。另外单碟容量和缓存大小是影响硬盘性能的两大因素,目前主流硬盘的单碟容量多为500GB或1TB,缓存则至少为16MB,在购买时注意不要选择性能太差的产品。

目前能够生产硬盘的厂家并不多,主要包括希捷Seagate、西部数据WD、三星和日立等,下面分别就几款主流产品予以介绍。

(1) 希捷Barracuda 1TB 7200转64MB单碟台式机硬盘。

(2) 西部数据WD 500GB 7200转16MB SATA3台式机硬盘。

3.2.5 光存储系统

光存储系统包括光盘和光盘驱动器(简称光驱)两部分。

光盘由于具有容易保存、携带方便以及成本低廉等特点,成为硬盘之外的常用外存储设备。尤其在购买一些软件时,其安装程序基本上都是以光盘为载体。所以下面首先介绍光盘。

1. 光盘的工作特性

光盘是通过激光的反射来存储和读取数据的。

在光盘上用一些凹凸不平的小坑和特殊颜料等来代表0和1，当光盘放到光驱里后，由光驱内部的激光头发出激光，光盘就会把激光反射回来，由于凹凸和特殊颜料等的存在，反射的光线会有所不同，光驱就通过识别这些不同的光线从而将之还原成二进制的0和1。光盘的这种工作特点，决定了绝大多数光盘都是只读光盘或者一次性刻录光盘，那种能够反复写入的可擦写光盘只是少数。

2. 光盘的分类

一般来讲，波长越短的激光就能够在单位面积上记录或读取更多的信息，所以各种不同类型光盘间的主要区别就在于所采用的激光波长不同。

(1) CD光盘

CD光盘算是光盘家族的"老前辈"了，它采用波长约780nm的近红外激光作为光源，容量一般在700MB。

CD光盘虽然技术古老而且存储容量一般，但是在VCD和Windows 98的时代，CD光盘一直是影音存储和计算机数据存储最主要的载体，直到现在也仍在大量使用。

(2) DVD光盘

DVD光盘是继CD光盘之后诞生的容量更大的光存储产品，它采用了波长更短的650nm红色激光作为光源，容量一般在4.7GB，大致相当于7倍普通CD光盘的容量，所以迅速取代了CD光盘的地位，成为目前应用最为广泛的光盘类型。

但随着各种应用技术的发展，DVD光盘已满足不了人们的需求，此时便出现了双层甚至多层的DVD盘片。这里所提到的层，指的是光盘中用于记录数据的数据层。单层光盘说明此光盘只有一层数据层；双层光盘表示此光盘具有两层数据层；而多层光盘则表明此光盘具有三层或三层以上的数据层。在使用多层光盘时，需要使光驱的光头聚焦在不同的位置以读取相应数据层中的数据。这样通过在光盘中集成更多的数据层，就可以在保持光盘存储密度不变的情况下实现光盘数据的翻倍存储。

另外随着技术的发展，DVD光盘的每一面也都可以被设计用来存放数据，所以目前使用的DVD光盘主要就被分为单面单层、单面双层、双面单层和双面双层四种物理结构，它们分别被命名为DVD-5、DVD-9、DVD-10和DVD-18。这四种不同规格DVD光盘的容量分别为4.7GB、8.5GB、9.4GB和17GB，其中目前使用最多的是DVD-5和DVD-9。另外需要注意，在读取双面光盘的时候，如果光驱只有一个光头，那么必须要把光盘取出翻转后才能读取另外一面的内容。

虽然这些新型的盘片从一定程度上提高了光盘的容量，延长了DVD技术的寿命，但是这毕竟还是基于DVD技术的，加上双层技术的生产和使用成本比较高，很大程度上限制了它的普及，所以基于DVD技术的光盘也终于无法满足人们的要求了，此时必然要求出现技术更为先进的更大容量的光盘。

(3) BD(蓝光)光盘

从DVD进化到BD的技术原理和当年CD向DVD的进化非常相似，都是通过缩短激光波长来实现的。蓝光光盘采用的是波长为405nm的蓝/紫色激光来读取和写入数据，单面蓝光光盘的存储容量就达到了25GB，而双面蓝光光盘的容量更是达到了50GB。蓝光光盘是目前最先进的光盘存储技术，已经大量应用于高清视频和大容量数据的存储。

从传统的CD光盘到目前最先进的BD光盘，既看到了光盘的演化也可以预见到光盘的未来，光盘技术未来也必将向着更大容量的方向发展。

3. 光驱

由于光盘种类繁多，而每一种光盘都要使用相应的光盘驱动器，因而光驱也大体上分为CD光驱、DVD光驱和蓝光光驱等各种类型。

一般来讲，每种类型的光驱都可以向下兼容，即DVD光驱也可以读取CD光盘，蓝光光驱也可以读取DVD和CD光盘。另外因为光盘又分为只可以读取的只读光盘、可以一次性写入的刻录光盘以及可以反复擦写的可擦写光盘，所以每种类型的光驱里又分成了只读光驱和刻录机两种形式。

下面就这些不同类型的光驱分别予以介绍。

(1) CD-ROM光驱与CD刻录机

CD-ROM光驱只可以读取CD光盘，随着DVD光盘的普及，CD-ROM光驱已经逐渐退出了市场。

衡量CD-ROM光驱性能的一个重要指标是读取速率，CD-ROM光驱的读取速率基本上都是52X，称为52倍速，这也是CD-ROM光驱所能够达到的最高读取速率。CD-ROM的基准倍速是指每秒可以读取150KB的光盘数据，所以52X CD-ROM光驱的读取速率为52×150KB/s=7800KB/s。

CD刻录机只可以刻录CD光盘，目前也基本已被淘汰。另外在一段时间里曾经出现过一种称为COMBO(康宝)的光驱，COMBO光驱既可以读取CD光盘也可以读取DVD光盘还可以进行CD光盘的刻录，因而是一种三合一的产品。直至目前，仍有部分低端笔记本电脑配备了COMBO光驱。

(2) DVD-ROM光驱与DVD刻录机

DVD光驱与DVD刻录机都是目前市场上的主流产品。同CD光驱一样，读取速率也是DVD光驱的一项重要的性能指标，目前DVD光驱的读取速率一般都为16X，DVD光驱的基准倍速是指每秒可以读取1358KB的DVD光盘数据，所以16X光驱的读取速率为16×1358KB/s=21.7MB/s。但当用DVD光驱读取CD光盘时，大多仍是按照52X的CD光盘速率读取的。

DVD光驱或DVD刻录机的外部结构目前大都类似，其前面板如图3-24所示。面板

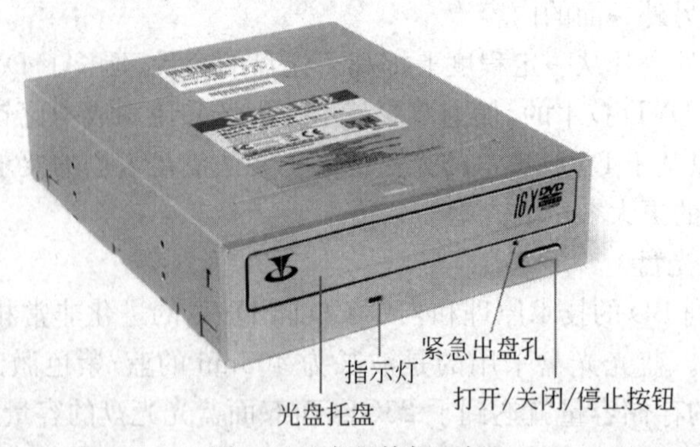

图3-24　光驱前部面板

中的指示灯用于显示光驱的运行状态;紧急出盘孔用于在断电或其他非正常状态下打开光盘托盘;打开/关闭/停止按钮用于控制光盘的进出。

(3) 蓝光光驱与蓝光刻录机

作为目前最先进的光驱产品,蓝光光驱也分为BD-ROM、BD康宝和BD刻录机等几种类型,而且所有的类型都可以向下兼容DVD光盘和CD光盘。

蓝光光驱如图3-25所示。

图3-25 蓝光光驱

另外无论在使用何种光驱时都要注意,当不读盘时尽量不要将光盘长时间放在光驱内,因为光驱的电机在光盘进入光驱之后,经一段时间后由低速转向高速并以高速转动,以保持对光盘的随机访问速度,所以即使光驱内的光盘并没有被使用,电机的转速仍会保持不变,这就加速了电机的老化。

3.2.6 虚拟光驱与光盘刻录

随着技术的不断进步,光盘被使用得越来越少,在一些笔记本电脑中,甚至已经取消了光驱。所以虚拟光盘以及虚拟光驱就越来越盛行。

虚拟光盘也称为光盘镜像,其原理是将整个物理光盘的内容刻录到硬盘上,以一个文件(扩展名为iso)的形式存放,这个iso文件就称为光盘映像文件,其内容与真实光盘一样。从网上可以下载到大量的iso映像文件,这已成为软件传播的一个重要渠道。

1. 虚拟光驱的使用

要直接使用光盘映像一般要通过虚拟光驱,虚拟光驱是通过工具软件在计算机中生成的模拟光驱。虚拟光驱有诸多优点,如节省计算机整机成本、实现更高的光盘读取速度、可以随意设置虚拟光驱的个数等。

目前使用最多的虚拟光驱软件是Daemon Tools,它是一款免费软件,可以在除Windows 95外所有的Windows系统上使用。下面以Daemon Tools Lite V4.30为例来介绍其使用方法,如图3-26所示。

首先安装软件,在安装的过程中需要重启计算机。安装完成之后,会发现计算机中新增加了一个光驱,如图3-27所示,其中的BD-ROM驱动器就是新增加的虚拟光驱。

运行程序之后,在任务栏的右下角会看到程序图标。单击图标,出现如图3-28所示的任务菜单。其中“设备0”表示用Daemon Tools增加的第一个虚拟光驱,编号为0,盘符

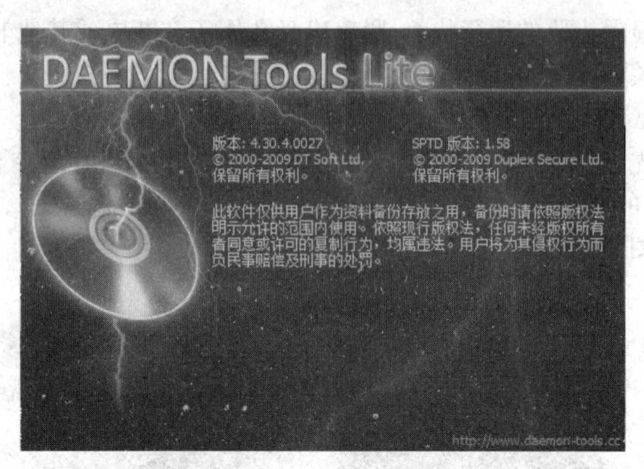

图 3-26　Daemon Tools Lite V4.30

为 I;"无媒体"表示虚拟光驱里还没有放入虚拟光盘。

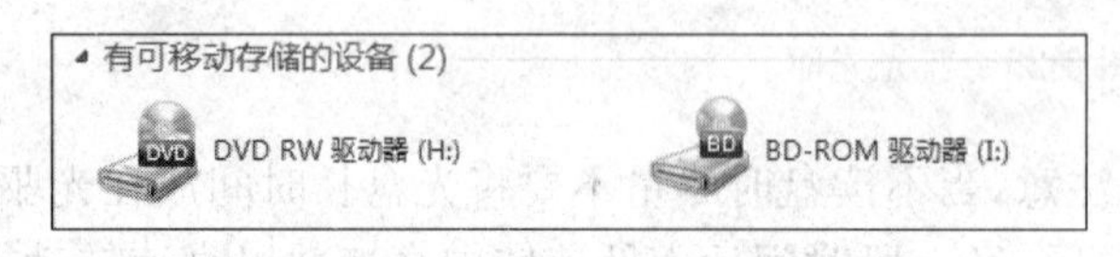

图 3-27　新增加的虚拟光驱

图 3-28　Daemon Tools 任务菜单

单击"设备 0:[I:] 无媒体"载入光盘映像，如图 3-29 所示。

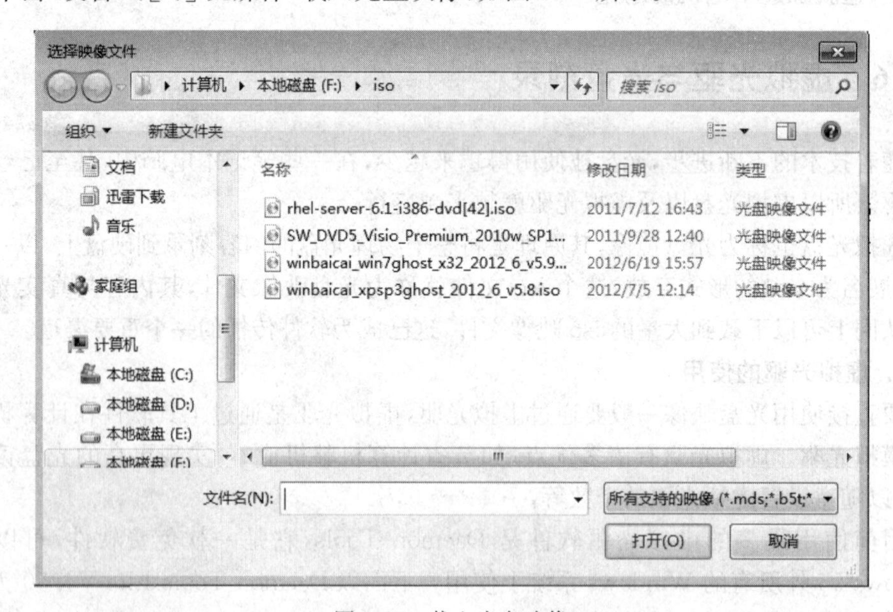

图 3-29　载入光盘映像

这样就将光盘映像放入了虚拟光驱中，下面就可以像使用普通光盘一样使用虚拟光盘了，如图 3-30 所示。

光盘使用完之后，如果要将虚拟光盘退出，只要在图 3-28 的任务菜单中单击"卸载所

▲ 有可移动存储的设备 (2)

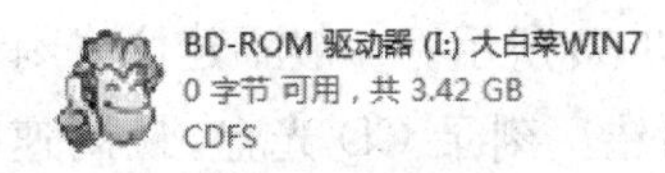

图 3-30 加载好的虚拟光盘

有驱动器”即可。

2. 光盘刻录

光盘刻录就是向光盘中存放数据，将 iso 映像文件刻录到光盘中，就可以得到一张真实的物理光盘。进行光盘刻录首先要购买刻录盘，CD 刻录盘的容量为 700MB，售价一般在 1 元。DVD 刻录盘的容量为 4.7GB，售价多为 1.5～2 元。要根据所要刻录的内容大小，选择合适的刻录盘。

在实际使用中最常被刻录的是系统工具盘，以便于安装系统和进行系统维护。如果是制作 XP 系统的工具光盘，一般用 CD 光盘即可，如果是制作 Windows 7 系统的工具光盘，则需要使用 DVD 光盘。

刻录光盘需要具备两个前提条件：刻录机和刻录软件。刻录机目前已基本普及，大多数计算机上安装的光驱都具备刻录功能。刻录软件最常用的则是由德国 Nero 公司推出的 Nero 软件，在 Windows 7 系统中比较常用的版本是 Nero 8。下面就以 Nero 8 为例介绍其使用方法。

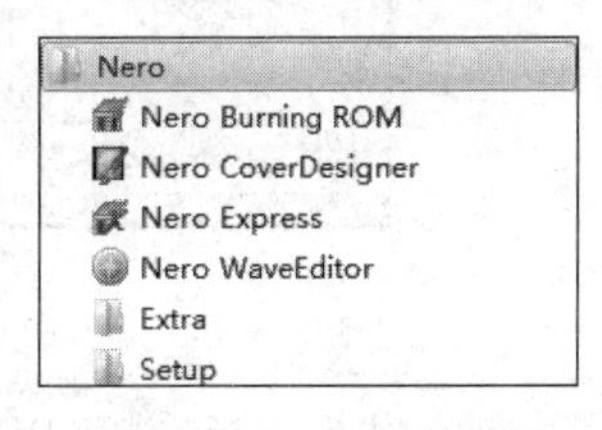

图 3-31 Nero 启动程序

Nero 8 安装好之后，在开始菜单中可以找到其启动程序，如图 3-31 所示。

其中的 Nero Express 是低级版本，功能简单，人机界面傻瓜化，设置很少，适合新手完成简单刻录。Nero Burning Rom 是高级版本，功能强大，设置专业。这里使用 Nero Burning Rom。

启动 Nero Burning Rom 之后，会自动出现一个向导界面，从中可以选择要刻录的光盘类型。因为要刻录 ISO 镜像，所以这里将向导关闭，然后选择“刻录器”菜单中的“刻录映像文件”，如图 3-32 所示。

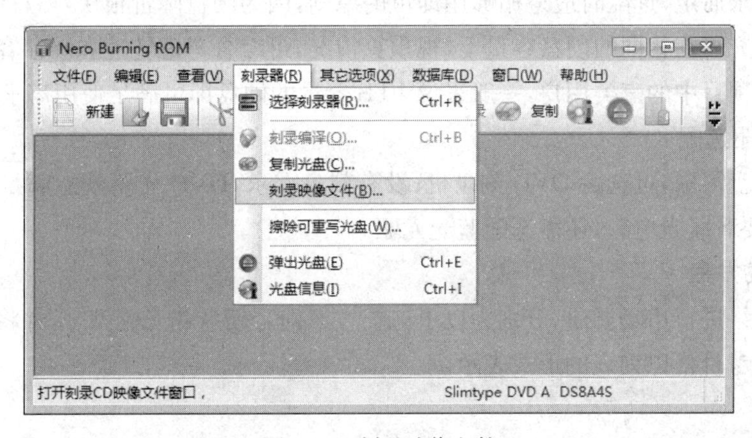

图 3-32 刻录映像文件

找到需要刻录的映像文件之后，便会出现刻录设置界面，在这里主要需要对刻录速度进行设置，如图 3-33 所示。一般不建议将刻录速度设得太高，速度太快，容易导致刻录失败或部分数据出错。刻录 CD 光盘，最高速度可达 32x，一般设置为不超过 16x。刻录 DVD 光盘，速度一般设置为不超过 8x。

图 3-33　设置刻录速度

刻录结束之后，就可以得到一张物理工具光盘了。

任务实施

1. 方案分析

(1) 硬盘选配

硬盘选配最主要的参数是硬盘容量，它直接决定了硬盘的价格区间。硬盘容量大小应视用户需求而定，选配时应遵循够用即可的原则，因为硬盘降价很快，如日后有需要，可即时购买扩充。在相同的硬盘容量下，视预算情况，可综合考虑转速和缓存容量两个参数选配。对于项目中的三类用户，一般来说 1TB 容量的硬盘即可满足使用需求。

(2) 光驱选配

如有刻盘需求，可选购 DVD 刻录机；没有刻盘需求，DVD 光驱就能满足日常使用要求，如果需要看蓝光电影，还需选配蓝光光驱。

2. 完成方案

通过网络进行市场调研，分别为以上三类方案确定硬盘和光驱型号，并将其主要的性能参数及参考价格以列表的形式表示。

思考与练习

一、填空题

1. 硬盘与主板相连的接口分为________和________两种类型，其中________接口已被淘汰，目前大多数硬盘都是采用________接口。

2. 硬盘的内部数据传输率是指________________________。

3. 在硬盘磁盘片的每一面上，以转动轴为轴心，以一定的磁密度为间隔，划分了若干个同心圆，这被称为________。

二、选择题

1. 计算机在往硬盘上写数据时寻道是从(　　)磁道开始。

A. 外　　B. 内　　C. 0　　D. 1

2. 一块标称容量为500GB的硬盘，其实际存储容量是(　　)。

A. 500GB　　B. 480GB　　C. 460GB　　D. 440GB

3. 通常台式计算机中使用的硬盘的尺寸是(　　)英寸。

A. 4.5　　B. 2.5　　C. 1.8　　D. 3.5

4. 固态硬盘与传统机械硬盘最主要的区别在于(　　)。

A. 传输接口不一样　　B. 尺寸大小不一样

C. 存储介质不一样　　D. 存储容量不一样

5. 主引导记录位于硬盘“磁头”/“柱面”/“扇区”(　　)。

A. 0,0,0　　B. 1,1,1　　C. 0,1,1,　　D. 0,0,1

三、简答题

1. 计算机在使用时一定要注意避免震动，请说明原因。

2. 为什么固态硬盘不怕震动，请说明原因。

3. 自己刻录一张系统工具盘。

任务3 了解计算机的其他外部设备

任务描述

本任务将从以下六个问题入手，介绍声卡等计算机的其他外部设备。

(1) 大部分主板都集成了声卡，是否还需要单独配置声卡？

(2) 针对三种不同类型的用户需求，应该怎样选择声卡和音箱呢？

(3) 体积小巧的机箱和正常体积的机箱哪个更好？

(4) 电源标示的功率是越大越好吗?

(5) 针对三种不同的用户需求,机箱和电源如何选配?

(6) 针对三种不同的用户需求,如何选配网络设备?

相关知识

一台计算机除了前面介绍的主要硬件之外,还有一些不是很重要、但也是计算机必不可少的设备,如声卡、音箱、机箱、电源、键盘、鼠标、网卡等。由于这些设备普遍功能较为简单,因此选购起来相对也要容易得多。

3.3.1 声卡与音箱

1. 声卡

声卡与音箱共同组成了计算机的音频系统。

1) 声卡的分类

声卡的作用与显卡类似,它首先要完成信号的转换工作。由于音箱和麦克风都是用的模拟信号,而计算机所能处理的都是数字信号,所以必须要通过声卡实现两者之间的转换。声卡一方面要完成数/模转换,将计算机内的数字声音信号转换为音箱等设备能使用的模拟信号;另一方要完成模/数转换,将麦克风等声音输入设备采到的模拟声音信号转换成计算机所能处理的数字信号。

另外声卡也要完成音频数据的处理工作,这主要是由声卡上的声卡处理芯片负责的,如同主板芯片组和显示芯片一样,声卡芯片也是声卡的核心,它的好坏决定着声卡的档次。但由于计算机中处理音频的数据量要远小于图像视频,所以声卡的工作量相比显卡要少得多,其在计算机中的地位也远不如显卡重要。

声卡主要分为集成声卡和独立声卡两种。

(1) 集成声卡

主板集成声卡按是否集成声卡主芯片,细分为集成软声卡和集成硬声卡,如图 3-34 所示。

图 3-34 主板上集成的声卡芯片

集成软声卡：在主板上只集成了编码解码芯片，完成声卡最基本的“数-模”和“模-数”转换的功能。无主芯片，主芯片的功能交由CPU来完成。由于目前主流微机的CPU性能比较强大，因此普通用户完全可以忽略这一点点CPU占用率产生的系统性能的下降。所以集成声卡的性能已经可以满足人们的基本需求，而目前几乎所有的主板上都集成有声卡芯片，所以除非特殊需要，否则在组装计算机时一般无须单独购买声卡。

集成硬声卡：从某种意义上来说，集成硬声卡非常接近于独立声卡，编码解码芯片和声卡主芯片都有。但由于编码解码芯片和主芯片是设计在同一个集成电路中，物理上没有分开，相互之间又一定的干扰，造成音质在一定意义上还不如软声卡，只是CPU占用率低于软声卡。集成声卡输入/输出端子也集成在主板上。

主板上的集成声卡大都符合AC'97或HD Audio标准。

AC'97的全称是Audio CODEC'97，这是一个由Intel、雅玛哈等多家厂商联合研发并制定的一个音频电路系统标准。它并不是一个实实在在的声卡芯片型号，而只是一个标准，所以很多主板不论集成的是何种声卡芯片，只要符合AC'97标准就都称为AC'97声卡。

HD Audio是High Definition Audio（高保真音频）的缩写，是Intel与杜比(Dolby)公司联合推出的新一代音频标准。HD Audio的制定是为了取代AC'97音频标准，它与AC'97有许多共通之处，某种程度上可以说是AC'97的增强版，但在AC'97的基础上提供了全新的连接总线，可以支持更高品质的音频以及更多的功能，理论上可以使计算机中播放的音频达到甚至超过高档家庭影院的音质效果。

在目前新购买的主板上，绝大部分都是集成的符合HD Audio标准的声卡。要注意的是，HD Audio与AC'97都只是音频的标准，主板上所集成的声卡芯片仍然有着各自不同的生产厂商和型号，在安装声卡驱动程序时尤其要注意辨别这一点。集成声卡芯片的生产厂商主要有Realtek（瑞昱）、C-Media（华讯）、VIA（威盛）和Analog Devices（美国模拟器件公司），其中Realtek（瑞昱）的产品最为常见。

(2) 独立声卡

独立声卡则由声卡芯片独立完成所有的声音处理和输出的工作，不需要CPU处理数据。

独立声卡的结构如下。

① 编码解码芯片：编码解码芯片的主要作用就是对音频信号进行“数-模”和“模-数”的转换。要特别强调的是，声卡最根本也是最基础的工作是由编码解码芯片完成的。

② 声卡的主芯片：声卡主芯片的作用是完成对数字音频信号的各种即时和后期的处理，例如混响回声等音效处理、MIDI的合成和回放、各种数字音频格式（WAV、MP3、RM）的回放等。

③ 输入输出端子：模拟音频输出（LINE OUT）端子，将模拟音频信号输出，一般连接有源音箱和耳机。

模拟音频输入端子（LINE IN），模拟音频信号通过该输入端子输入，通过声卡采集为数字音频信号，例如将录音机的音频输出端子和该端子直连，采集为数字格式的文件，在微机中存储和播放。

麦克风(MIC IN)输入端子,麦克风与该端子连接,用于输入人声和其他外部声音。

MIDI 及游戏手柄端子,用于连接专业的 MIDI 设备和游戏手柄。

④ 总线接口:由于声卡与微机系统数据交换的量不是很大,目前绝大部分独立声卡采用 PCI 总线接口与主板相连接。早期的独立声卡采用 ISA 总线接口。

2) 声卡的工作原理

计算机能够直接处理的数据都是数字信号,但是经由麦克风输入微机的信号和微机输出驱动音箱工作的信号却是模拟信号。既然微机系统输入和输出的都是模拟信号,微机中必定有一个设备是用来将输入的模拟音频信号转换为数字音频信号,再对数字音频信号进行处理和存储。另外,该设备还能将微机中的数字音频信号转换为模拟音频信号,再输出至音箱或耳机,让用户能听到声音。这个负责"数-模"和"模-数"转换的设备就是声卡,另外声卡还提供对音频信号进行各种特效处理的功能。

3) 声卡的主要参数

(1) 采样位数

采样位数也称采样精度,是指声卡在采集和播放声音文件时所使用数字音频信号的二进制位数。采样位数反映了数字音频信号相对于模拟音频信号描述的准确程度,位数越高越接近模拟信号。目前市场上主流声卡的采样位数都是 16 位,少数高端专业声卡能达到 24 位。

(2) 采样频率

采样频率是指声卡每秒钟取得声音样本的次数。采样频率越高,音质也就越好,声音在回放时就越真实。目前声卡的采样频率有以下几种标准值:8kHz,11.025kHz,16kHz,22.05kHz,37.8kHz,44.1kHz,48kHz 等。其中 11.025kHz,22.05kHz,44.1kHz 较为常见,分别对应人声语音、普通音乐和 CD 音质的采样。

(3) MIDI 与波表库

传统数字音乐与 MIDI 音乐都是数字格式的音乐,但两者区别很大。传统数字音乐必须通过采样才能存储下来。通过提高采样精度和加大采样位数虽然可以提高音质,但文件体积也相应变得庞大,不利于在网络上的传输。器乐,简单来说就是音色、音长(节奏)、音高(音调)和音强(响度)的组合,MIDI 数字音乐格式就是用数字符号来表达和记录这四者,所以 MIDI 音乐文件的体积很小。

声卡回放 MIDI 音乐时,按 MIDI 文件记录的音长、音高、音强,再调用波表库中的音色,达到完美回放。波表库也称硬波表,是声卡上的一个存储器,存储由真实采样得到的音色。音色越多,波表库就越大。

独立声卡一般都有自己的硬波表,而集成声卡则没有,只有操作系统或声卡驱动附带的软件波表,其音色的多样性和独立声卡比起来一般差很多。所以,一首 MIDI 乐曲在创作时加入了集成声卡软件波表库中没有的音色时,由集成声卡播放效果肯定会受到一定影响。但如果购买或下载专业的软件波表库,在使用集成声卡回放 MIDI 时,调用经过扩容的软件波表音色,可以达到和高档独立声卡一样的回放效果。MIDI 音乐通过波表的回放,可以完美表现真实器乐,唯一遗憾的是无法模拟人声。

因此,尽管几乎所有主板都附带了集成声卡,但其性能只能满足非专业用户的需要,对于专业用户来说一块专业级的高端独立声卡是必需的。

(4) 复音数量

复音数量表示声卡可以同时发出多少种声音。主流的复音数量一般有 32/64/128 个。通过采样记录的数字音频文件,哪怕有 1000 种乐器同时演奏,回放时也能完美播放,因为复音数量只是针对 MIDI 回放的一个技术参数。声卡在调用波表库音色播放 MIDI 文件时,最大同时发音数是多少个,该声卡就拥有多少个复音数量。

(5) 信噪比

信噪比是指声卡输出信号电压与同时输出的噪声电压的比值,其单位是分贝(dB)。音频信号输出时掺入的噪声越小,该数值就越大,音质就越纯净。当信噪比低于 75 分贝时,容易被人耳所察觉,会影响播放声音的效果。目前主流的声卡信噪比都在 85 分贝以上,一些高档的独立声卡甚至可以达到 120 分贝。

(6) 输出声道的数量

无论是独立或集成声卡,目前主流性能至少支持双声道(2.1 声道)输出,大部分支持 5.1 声道的输出,部分声卡甚至支持 7.1 声道的输出。声卡的多声道输出已经是主流,不再是高端独立声卡的专项特点。

2. 音箱

音箱是最终将声卡的音频信号进行播放的输出设备,它负责将音频信号经过放大处理之后再还原为声音。

(1) 音箱的分类

根据所采用的材质不同,音箱分为塑料音箱和木质音箱。塑料音箱的优点是加工容易,外形可以做得比较好看,在大批量的生产中可以降低成本,但缺点是音质较差,所以一般都属于中低端产品。木质音箱采用纯木板作为箱体材料,可以有效抑制声音共振,拓宽频响范围,减少失真,但缺点是价格较贵,所以一般都属于高端产品。塑料音箱与木质音箱的对比如图 3-35 所示。

图 3-35 塑料音箱和木质音箱

根据不同声道,音箱的结构也有所不同。一般立体声音箱都分为主音箱和副音箱两部分,副音箱连接在主音箱上,然后主音箱再通过信号线与声卡的输出接口相连接。

根据所支持的声道数不同,每种音箱所包含的音箱个数也不相同,主要有 2.0、2.1、

4.1、5.1、6.1 和 7.1 等几种类型。这些型号中前面的数字 2、4、5、6、7 代表的是环绕音箱的个数，2 是双声道立体声，4 是四点定位的四声道环绕，5 是在四声道的基础上增加了中置声道，6 是又增加了后中置声道，7 是增加了双后中置声道。后面的".1"或".0"代表是否配有超低音装置，通过专门设计的超低音声道可以专用于播放低频声音，效果要更为震撼。各种不同类型的音箱如图 3-36 所示。

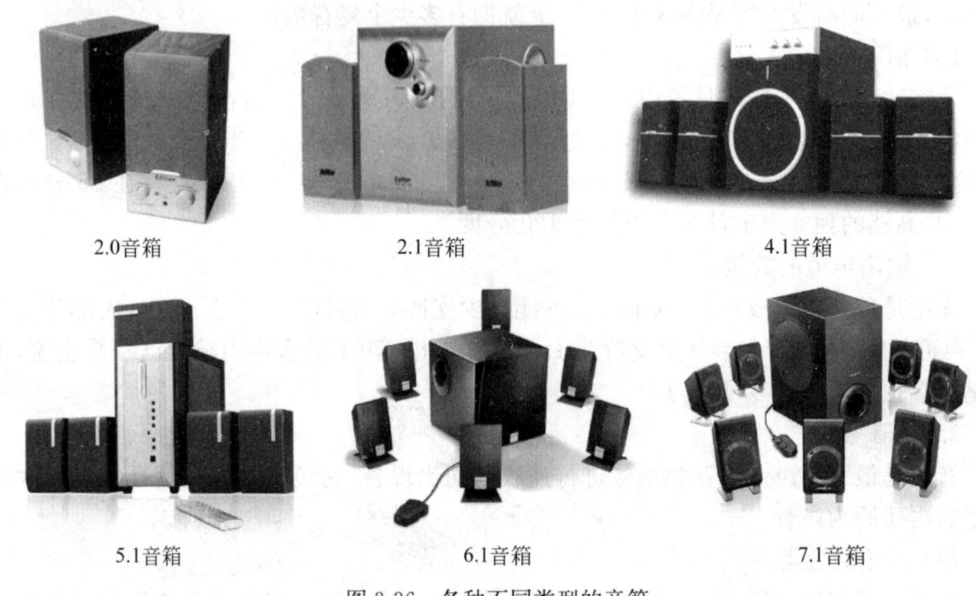

图 3-36　各种不同类型的音箱

由于大部分用户使用的都是集成声卡，因此对音箱也没有必要追求高端。音箱的品牌目前主要有漫步者、麦博、轻骑兵、多彩等，它们的低端 2.0 或 2.1 音箱的价格一般都在一二百元，在实际中还是以这两种类型的音箱应用得最多。

（2）音箱的主要参数

① 信噪比。信噪比是指音箱回放的正常声音信号与无信号时噪声信号（功率）的比值，用 dB 表示。信噪比数值越高，噪声越小。

信噪比低时，小信号输入时噪声严重，整个音域的声音明显感觉浑浊不清，所以信噪比低于 80dB 的音箱不建议购买，而低音炮信噪比低于 70dB 时，出于同样的原因考虑，不建议购买。

② 失真度。失真度主要分为谐波失真、互调失真和瞬态失真，它直接影响音质和音色的还原程度，是一项非常重要的技术指标，常以百分数的形式来表示，其数值越小则失真度就越小。一般来说，普通多媒体音箱的失真度以小于 0.5%为宜，低音炮的失真度小于 5%即可。

③ 频响范围。音箱的频响范围是指该音箱在音频信号重放时，在额定功率状态下并在指定的幅度编号范围内音箱所能重放音频信号的频响宽度。通俗地说，就是音箱所能发出的最低频率音和最高频率音之间的范围。

人能听到的音频信号在 20Hz～20kHz，如果音箱的频响范围把这段区间包含在内，就属于真正意义上的全频音箱。主流多媒体音箱的频响范围一般在100Hz～16kHz。

④ 音箱功能。多媒体有源音箱功率一般是指在扬声器正常工作的情况下，其功放的额定输出功率。一般为5～30W。要注意的是，不要盲目追求大功率的有源音箱，一个30平方米的房间，15W功率的音箱就足够了。

3.3.2　机箱与电源

机箱的主要作用是保护主机中的硬件设备，电源是计算机中的能量来源。计算机内的所有部件都需要电源进行供电，因此电源的质量好坏直接影响了计算机的使用。如果电源质量比较差，输出不稳定，不但经常会导致死机、自动重启等故障，还会损坏内部配件。

1. 机箱

机箱是安装主板、各种板卡和驱动设备的地方，并且对硬件起到固定和保护作用。此外，计算机机箱具有屏蔽电磁辐射的重要作用。机箱一般包括外壳、支架、面板上的各种开关、指示灯等。机箱外壳用钢板和塑料结合制成，硬度高，主要起保护机箱内部元器件的作用；支架主要用于固定主板、电源和各种驱动器等。

机箱主要有以下几种分类方法。

(1) 按机箱的外形分类

按机箱的外形可分为立式和卧式两种。按尺寸又可分为超薄、半高、3/4高和全高四种。立式机箱没有高度限制，理论上可以提供更多的驱动器槽，也便于箱内散热。而普通卧式机箱受厚度限制，一般只提供一个3.5英寸槽和两个5.2英寸槽，虽然在当前的标准配置中还算够用，但在市场上已经很难见到，只有部分品牌机还使用卧式机箱。

(2) 按机箱的结构分类

目前市场上销售的台式机机箱以ATX和Micro ATX结构为主。ATX机箱是遵循ATX规范的机箱，它是目前市场上最常见的机箱，支持现在绝大部分类型的主板。Micro ATX结构是ATX结构的简化版，Micro ATX机箱的驱动器仓位较少，总体体积也较小，多用于品牌机。从性价比考虑，中型立式ATX机箱是目前普通用户的理想选择。

2. 机箱的结构

机箱由金属的外壳、框架及塑料面板组成。机箱面板多采用硬塑料，厚实、色泽漂亮。机箱框架和外壳一般用双层镀锌钢板制成，钢板的厚度及材质直接关系到机箱的刚性、隔音和抗电磁波辐射的能力。正规厂家生产的机箱所使用的钢板厚度不小于1.3mm，但也有一些小厂采用厚度仅1mm左右的钢板，所以选择时在体积相同的前提下应选择较重的机箱。在材质方面，钢板要具备韧性好、不易变形、高导电率等特点，制作时要对边框进行折边和去毛刺处理，做到切口圆滑，烤漆均匀且不掉漆、无色差，对稍大一点的机箱还应加装支撑以防止变形。选购时要注意观察一下各部分有无不良之处。

目前绝大部分的机箱都是立式机箱，因为立式机箱在理论上可以提供更多的驱动器槽，而且更有利于内部散热。机箱的内部结构如图3-37所示。

机箱的技术含量相对较低，在选购机箱时主要要考虑的因素是机箱的材质和可扩

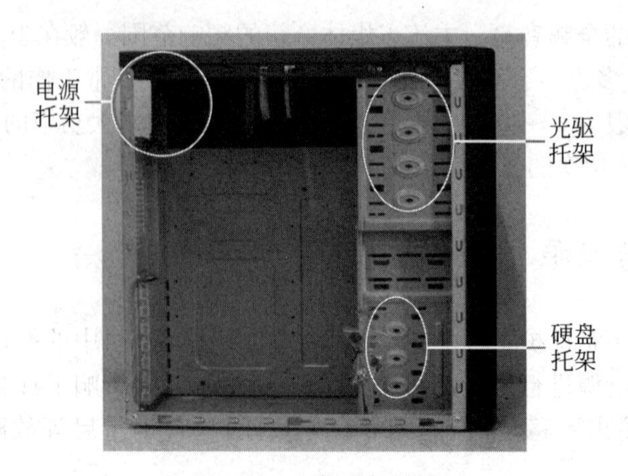

图 3-37 机箱内部结构

展性。

机箱的可扩展性是指机箱内要有较宽阔的空间,这样既可以为以后新增加的设备提供安装的空间,而且也更有利于通风散热。

(1) 机箱内的主要部件

无论是立式机箱还是卧式机箱,其各个组成部分都差不多,只是位置有些差异。各个部件的名称和作用如下。

① 支撑架孔和螺钉孔

要把主板固定在机箱内,需要一些支撑架和螺钉。支撑架用于将主板支撑起来,使主板不与机箱底部接触,避免短路。螺钉用来把主板固定在机箱上。

② 电源固定架

用来安装电源。市场上的机箱一般都带电源固定架,不用另外购买。

③ 插卡槽

计算机的各种插卡,可以用螺钉固定在插卡槽上。如果插卡有接口露在机箱外面,与计算机的其他设备连接,需将机箱上的槽口挡板拆卸下来。

④ 主板输入/输出孔

对于 AT 机箱,键盘与主板通过圆孔相连;对于 ATX 机箱,有一个长方形孔,随机箱配有多块适合不同主板的挡板。

⑤ 驱动器槽

驱动器槽用来安装软驱、硬盘、CD-ROM 驱动器等。要将软驱、硬盘灯固定在驱动器槽内还需要一些角架。角架通常为机箱配件。

⑥ 控制面板

控制面板上有电源开关、电源指示灯、复位按钮、硬盘工作状态指示灯等。

⑦ 控制面板接脚

控制面板接脚包括电源指示灯接脚、硬盘指示灯接脚和复位按钮接脚等。

⑧ 扬声器

有的机箱内固定有一个小扬声器,用于提示用户计算机的工作状态。

⑨ 电源开关孔

此孔用于放置电源开关。

⑩ 其他安装配件

在购买机箱时,除了固定在机箱内的零部件之外,还会配备一些其他零件,通常放在一个塑料袋或者一个纸盒内。主要有金属螺钉、塑料膨胀螺栓、3～5个带绝缘垫片的小细纹螺钉等。

(2) 机箱上的按钮、开关和指示灯

机箱上常见的按钮、开关和指示灯有电源开关、电源指示灯、复位按钮和硬盘工作状态指示灯等。

① 电源开关及指示灯

电源开关有接通和断开两个状态。不同机箱的电源开关位置略有不同,有的在机箱正面,有的在机箱右侧。一般机箱上的电源开关标有Power字样。当电源打开时,电源指示灯亮,表明已接通电源。

ATX机箱面板上一般没有机械式的电源开关,它通过主板上的PW-ON接口与机箱上相应按钮连接,实现开关机。有的ATX电源盒上有一个开关。

② 复位按钮

该按钮强迫计算机进入复位状态。当因某种原因出现死机或按Ctrl+Alt+Del组合键无效时,可按该按钮强迫计算机复位。当出现键盘锁死的情况时,应利用复位按钮使计算机复位,而不宜关机重新启动,因为频繁开关机容易使电源和硬盘损坏。复位按钮相当于冷启动。

③ 硬盘工作状态指示灯

当硬盘工作时,该指示灯亮,表示目前计算机正在读或写硬盘。

④ 前置USB和音频接口

现在使用USB接口的设备越来越多,为了方便插拔,许多机箱前面板上提供了USB接口和音频接口。需要将机箱提供的USB线连接到主板上的前置USB接口上。

3. 机箱的选购

在选购机箱时,不但要关心机箱的外观样式,还要关心其质量、是否防辐射,机箱关系着计算机和用户的安全。

(1) 机箱类型

目前常见的机箱类型有ATX和Micro ATX两种。Micro ATX机箱比ATX机箱小一些。在选购时最好选择标准立式ATX机箱,因为它空间大,安装槽多,扩展性好,通风条件也较理想,可适用大多数用户的需要。

(2) 箱体用料

机箱箱体用料是选择机箱的重要因素。

① 镀锌钢板。目前大部分机箱箱体采用镀锌钢板,这种钢板的优点是抗腐蚀能力比较好。

② 喷漆钢板。少数厂商的产品采用仅仅涂了防锈漆甚至普通漆的钢板，这样的机箱最好不要购买。

③ 镁铝合金。由于表面有致密的氧化层保护，抗腐蚀性最好，属于高档机箱的用料。

④ 前面板。前面板的用料也很重要。前面板大多采用工程塑料制成，用料好的前面板强度高，韧性大，使用数年也不会老化变黄；而劣质的前面板强度很低，容易损坏，使用一段时间会变黄。

(3) 机箱结构

① 基本架构。一款优秀的机箱应该有合理的结构，包括足够的可扩展槽位，能够让使用者方便地安装和拆卸配件的设计以及合理的散热结构。

② 拆装设计。对于需要经常打开机箱的硬件爱好者来说，方便拆装的设计更是必不可少的。目前在很多机箱上都有这种设计，如侧板采用手拧螺钉固定，3 英寸驱动器架采用卡钩固定，5 英寸驱动器配备免螺钉弹片，板卡采用免螺钉固定，机箱前面板加装 USB 接口等。

③ 散热设计。合理的散热结构是计算机能否稳定工作的重要因素。目前最有效的机箱散热解决方案时为大多数机箱所采用的双程式互动散热通道：外部低温空气被机箱前部进气散热风扇吸入机箱，经过南桥芯片，各种板卡，北桥芯片，最后到达 CPU 附近，经过 CPU 散热器后，一部分空气从机箱后的排气风扇抽出机箱，另外一部分从电源底部或后部进入电源，为电源散热后，再由电源风扇排出机箱。机箱风扇多使用 80mm 规格以上的大风量、低转速风扇，避免了过大的噪声，实现了“绿色”散热。

④ 电磁屏蔽性能。计算机在工作时会产生大量的电磁辐射，如果不加以防范会对人体造成一定伤害。选购机箱时要注意，机箱上的开孔要尽量小，而且要尽量采用圆孔。其次要注意各种指示灯和开关接线的电磁屏蔽。最后要注意的是细节部分的屏蔽设计，如在机箱侧板安装处、后部电源位置设置防辐射弹片，这种弹片会使设备之间连接更为紧密，可有效防止辐射泄漏。

检查电磁屏蔽性能最直接的方法是查看机箱是否通过了 EMI GB9245 B 级、FCC B 级以及 IEMC B 级标准的认证，这些民用标准规定了辐射的安全限度，通过这些认证的机箱一般都会有详细的证书证明。

4. 电源

计算机电源是一种安装在主机箱内的封闭式独立部件，它的作用是将交流电通过一个开关电源变压器换位＋5V，－5V，＋12V，－12V，＋3.3V 等稳定的直流电，供给主机箱内的系统板、各种适配器和扩展卡、硬盘驱动器、光盘驱动器等系统部件及键盘和鼠标使用。

电源有 AT 和 ATX 之分，分别对应于相应结构的主板，目前的计算机电源都已是 ATX 电源。

ATX 是由 Intel 制定的一种电源标准，最新的版本是 ATX 12V 2.3。符合这种标准电源的主电源接头共有 24 针，其中有 4 针专门为 CPU 供电，提供 12V 电压，其余 20 针则负责为主板供电，再由主板为它上面所安装的各个硬件提供电力。ATX 12V 2.3 电源上的各种接头如图 3-38 所示。

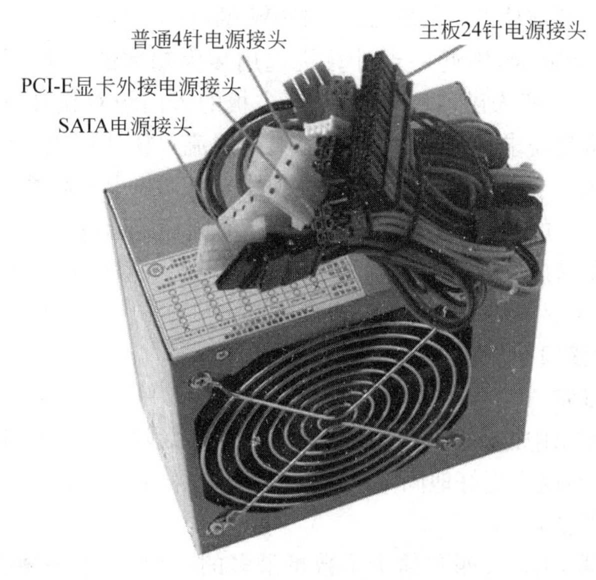

图 3-38　电源接口

ATX 电源主要有下列几种电源输出。

(1) +5V

传统的半导体电路供电——驱动各种驱动器的控制电路、主板连接设备、USB 外设等，为 P4 CPU 以前及部分 Socket-a CPU 供电，近两年又增加了为高端显卡供电的用途。

(2) +12V

传统的直流电动机驱动供电，新兴的 CPU 供电——驱动各种驱动器的电动机、散热风扇、部分主板连接设备等。从 Pentium 4 系统开始，由于 CPU 功耗增大，对供电的要求提高，增加了 4PIN 插头给主板提供+12V 电压，经变换后为 CPU 供电。

(3) +3.3V

传统的信号电压，新兴的芯片供电——经主板变换后驱动芯片组、内存等，驱动主板连接设备、SATA 驱动器的部分控制电路等。

(4) +5VSB

+5VSB 即+5Vstandby，是在系统关闭后保留的待机电压，用于对系统唤醒的支持。+5VSB采用一个单独的变换电路，只要输入正常电源开关闭合，+5VSB 就处在工作状态，可驱动待机负载。最初的 ATX1.0 标准只要求+5VSB 电流达到 0.1A，但随着 CPU 和主板功耗的提高，0.1A 已经无法满足系统要求，因此现在的 ATX2.1 标准中要求+5VSB 电流可达到 2A。

(5) −5V

用于驱动某些 ISA 板卡电路，极少用到，输出电流通常小于 1A。

(6) −12V

由于某些串口的放大电路需要用到+12V 和−12V 电源，但电流要求并不高，因此−12V 输出电流通常小于 1A。

在选购电源时，主要应考虑的因素是电源可以提供的最大额定功率，ATX 12V 2.3

电源可以提供的最大额定功率一般在200～450W的范围。就目前的计算机平台来看，耗电量最多的是CPU和显卡，因此一台计算机选用多大功率的电源，主要由其所配置的CPU和显卡来决定。一般来讲，对于使用整合主板的入门级双核计算机，一款200W功率的电源完全可以满足需求；对于采用独立显卡的主流双核计算机来说，一款额定250W功率的电源也可以满足要求；对于采用四核处理器与高端显卡的高端计算机平台，则至少应选择额定功率300W的电源，才能保证系统的长时间稳定运行。

电源的品牌主要有航嘉、金河田、百盛、长城等，电源一般随机箱整体销售，价格总体在二三百元。

5. ATX电源的接口

(1) 主板电源插头

此插头是电源输出中最大的一个接头，由20根电源线组成，在插头上还有一个扣子，将扣子扣在插座上，不仅能更好地固定插头，还能防止将插头接反。

(2) 大四芯电源插头

在电源的所有插头中，大四芯插头是数量最多的一种，由于该插头的两个边角是斜面，所以也叫"D形"头或D形插座。大四芯电源插头用于为硬盘、光驱、刻录机等IDE设备供电，这些设备上都有相应的D形插座。

(3) 小四芯插头

主要用于软件供电。软驱的电源插座与小四芯插头都没有采用"D形"设计，但在小四芯插头上有一个突出的棱，在背面有一个凸块，对应软驱的电源插座上也有相应的凹槽，一般情况下不会插反。

(4) 风扇电源插头和P4主板的专用插头

由于P4主板的耗电量非常大，加上其他板卡随着功能的增强，耗电量也不断增加。因此，Intel在发布P4的设计规格时，增加了一个四芯插头和一个六芯插头，并不是所有的P4主板都需要这两个辅助插头，许多P4主板只要原来的主板电源插头也可以使用。

6. ATX电源的主要参数

ATX电源的生产厂家不同，性能上会有很大的差异。用户在选用电源时，要注意以下参数。

(1) 电源功率

电源的功率是用户最关心的参数。在电源铭牌上常见的有最大功率和额定功率两种标称参数。其中最大功率是指电压、电流不断提高，直到电源保护起作用时的总输出功率，但它并不能作为选择电源的依据。用于有效衡量电源性能的参数是额定功率。额定功率是指电源在稳定、持续工作状态下的最大负载，额定功率代表了一台电源真正的负载能力。

一般PC主机稳定运行的额定功率为200～300W，高端机器则需要400W以上的电源。随着技术进步，现在电源厂商都把研发精力转移到提高电源转换效率上，而不是只提高电源的功率。

一般来说，功率越大的电源价格越贵，所以确定整机配件后，可以估算一下总功率，再选择相应功率的电源，一般大于总功率30～50W会比较合理，这样价格不会很贵，而且也不会让电源长时间工作在满负荷下，缩短电源寿命，影响长时间使用的稳定性。

(2) 输出电压稳定性

ATX电源的另一个重要参数是输出电压的误差范围，通常对+5V、+3.3V和+12V电压的误差率要求为5%以下，对-5V和-12V电压的误差率要求为10%以下。输出电压不稳定，或波纹系数大，是导致系统故障和硬件损坏的因素。

ATX电源的主电源基于脉宽调制原理，其中调整管工作在开关状态，因此又称为开关电源。这种电源的电路结构决定了其稳压范围宽的特点。一般地，市电电压为220V×(1±20%)波动时，电源都能够满足上述要求。

(3) 纹波电压

纹波电压是指电源输出的各路直流电压中的交流成分。作为计算机的供电电源，对其输出电压的纹波有较高的要求。纹波电压的大小，可以使用数字万用表的交流电压挡很方便地测出，测出的数值应在0.5V以下。

(4) 可靠性

衡量一台设备可靠性的指标，一般采用MTBF(Mean Time Between Failure，平均故障间隔时间)，单位为“小时”。电源设备的工作可靠性，应参照品牌PC的相关质量标准，其MTBF应不小于5000h。

一些商家为了节约成本，将构成EMI滤波器的所有元件都省去了，平滑滤波器的电容容量和耐压不足，元器件在装配之前也没有经过必要的筛选程序，电路制作工艺粗糙，以致电源故障率很高。

(5) 安全和质量认证

为了确保电源在使用中的可靠性和安全性，每个国家或地区都根据自己各自不同的地理状况和电网环境制定了不同的安全标准，而通过的认证规格越多，说明电源的质量和安全性越高。现在电源的安全认证标准主要有FCC、UL、CSA、GS和CCEE认证等。电源产品至少应具有这些认证标志之一，有了这些认证标志的产品，基本可以信任。

7. 键盘和鼠标

1) 键盘

(1) 键盘的结构

计算机键盘可以分为外壳、按键和电路板三部分。只有键盘的外壳和所有按键能看到，而电路板安置在键盘的内部。

① 键盘外壳。主要用来支撑电路板和为操作者提供一个方便的工作环境。多数键盘外壳上有可以调节键盘倾斜度的支撑架，通过这个支撑架，用户可以改变键盘的倾斜角度以使操作更为舒适。键盘外壳与工作台的接触面上装有防滑减震的橡胶垫。许多键盘外壳上还有一些指示灯，用来指示某些按键的功能状态。

② 按键。印有符号标记的按键安装在电路板上。有的直接焊接在电路板上，有的用特制的装置固定在电路板上，有的则用螺钉固定在电路板上。

对计算机键盘而言，一般都有几十个或者上百个按键，尽管按键数目有所差异，但按键布局基本相同，共分为4个区域，即主键盘区、副键盘区、功能键区和数字键盘区。

③ 电路板，是整个键盘的控制核心，它位于键盘的内部，主要担任按键扫描识别，编

码和传输接口的工作。主要由逻辑电路和控制电路组成。电路板上的控制电路由按键识别扫描电路、编码电路、接口电路组成在一些电路板的正面可以看到由某些集成电路或其他一些电子元件组成的键盘控制电路,反面可以看到焊点和由铜箔形成的导电网络;而另外一些电路板只有制作好的矩阵网络,没有键盘控制电路,它们将这一部分电路放到了计算机内部。

(2) 键盘的分类

① 按编码分类

从编码的功能上,键盘又可以分成全编码键盘和非编码键盘两种。

全编码键盘,是由硬件完成键盘识别功能的,它通过识别键是否按下以及所按下键的位置,由全编码电路产生一个唯一对应的编码信息(如 ASCII 码)。

非编码键盘,是由软件完成键盘识别功能的,它利用简单的硬件和一套专用键盘编码程序来识别按键的位置,然后由 CPU 将位置码通过查表程序转换成相应的编码信息。非编码键盘的速度较低,但结构简单,并且通过软件能为某些键的重定义提供很大的方便。

② 按应用分类

按照应用可以分为台式机键盘、笔记本电脑键盘、工控机键盘,速录机键盘,双控键盘、超薄键盘、手机键盘七大类。

③ 按工作原理分类

机械键盘(Mechanical),采用类似金属接触式开关,工作原理是使触点导通或断开,具有工艺简单、噪声大、易维护、打字时节奏感强,长期使用手感不会改变等特点。

塑料薄膜式键盘(Membrane),键盘内部共分四层,实现了无机械磨损。其特点是低价格、低噪声和低成本,但是长期使用后由于材质问题手感会发生变化。已占领市场绝大部分份额。

导电橡胶式键盘(Conductive Rubber),触点的结构是通过导电橡胶相连。键盘内部有一层凸起带电的导电橡胶,每个按键都对应一个凸起,按下时把下面的触点接通。这种类型键盘是市场由机械键盘向薄膜键盘的过渡产品。

无接点静电电容键盘(Capacitor),使用类似电容式开关的原理,通过按键时改变电极间的距离引起电容容量改变从而驱动编码器。特点是无磨损且密封性较好。

④ 按按键数分类

键盘的按键数曾出现过 83 键、87 键、93 键、96 键、101 键、102 键、104 键、107 键等。104 键的键盘是在 101 键键盘的基础上为 Windows 95/98 等平台增加了三个快捷键(有两个是重复的),所以也被称为 Windows 9X 键盘。但在实际应用中习惯使用 Windows 键的用户并不多。107 键的键盘是为了贴合日语输入而单独增加了三个键的键盘。在某些需要大量输入单一数字的系统中还有一种小型数字录入键盘,基本上就是将标准键盘的小键盘独立出来,以达到缩小体积、降低成本的目的。

⑤ 按文字输入分类

按文字输入同时击打按键的数量可分为单键输入键盘,双键输入键盘和多键输入键盘,大家常用的键盘属于单键输入键盘,速录机键盘属于多键输入键盘,最新出现的四节输入法键盘属于双键输入键盘。

⑥ 按键盘的外观分类

普通键盘,平直结构,价格便宜,市场占有量最大,主要用于学生机房、办公场所及网吧中。

人体工程学键盘,键盘的外形和键位设置尽量适合人体的自然形态,人在使用键盘时,身体和精神不需要任何主动适应,可减轻使用者的疲劳。对于经常使用键盘的用户,应使用人体工程学键盘,以减轻其对身体的伤害。

(3) 键盘的主要参数

键盘的许多参数有很大的主观性

① 外观设计。良好的键盘外观,不仅代表了精细的做工,而且也能给用户以视觉上的享受。

② 工作噪声。键盘使用时产生的噪声越来越被人所重视,键盘的工作噪声越小越好。

③ 按键舒适度。虽然打字的舒适度与个人所喜好的键程的长短有很大关系,但是不同材质、不同弹性的弹簧会带来不同的打字感受,用户应该选用符合自己打字习惯的键盘。

④ 使用舒适度。涉及用户的手、腕、肘等主要关节的舒适程度,这和键盘是否科学的进行了人体工程学设计有很大关系。

⑤ 扩展功能。键盘的扩展功能主要集中在热键和其他防护等方面,合理的热键、防水灯各种扩展功能可为用户带来方便。

2) 鼠标

鼠标是计算机的一种输入设备,也是计算机显示系统纵横坐标定位的指示器,因形似老鼠而得名"鼠标"。

"鼠标"的标准称呼应该是"鼠标器",英文名 Mouse,鼠标的使用是为了使计算机的操作更加简便快捷,来代替键盘烦琐的指令。

(1) 鼠标的分类

① 按接口类型

鼠标按接口类型分为串行鼠标、PS/2 鼠标、总线鼠标、USB 鼠标(多为光电鼠标)四种。串行鼠标是通过串行口与计算机相连,有 9 针接口、25 针接口两种。PS/2 鼠标通过一个六针微型 DIN 接口与计算机相连,它与键盘的接口非常相似,使用时注意区分。总线鼠标的接口在总线接口卡上;USB 鼠标通过一个 USB 接口,直接插在计算机的 USB 口上。

② 结构分类

鼠标按其工作原理及其内部结构的不同可以分为机械式、光机式和光电式。

机械鼠标:与原始鼠标相比,这种机械鼠标在可用性方面大有改善,反应灵敏度和精度也有所提升,制造成本低廉,成为第一种大范围流行的鼠标产品。但由于它采用纯机械结构,鼠标的 X 轴和 Y 轴以及小球经常附着一些灰尘等脏物,导致定位精度难如人意,加上频频接触的电刷和译码轮磨损得较为严重,直接影响了机械鼠标的使用寿命。

光机鼠标：它在机械鼠标的基础上，将磨损最厉害的接触式电刷和译码轮改为非接触式的LED对射光路元件。当小球滚动时，X、Y方向的滚轴带动码盘旋转，安装在码盘两侧有两组发光二极管和光敏三极管，LED发出的光束有时照射到光敏三极管上，有时则被阻断，从而产生两级组相位相差90°的脉冲序列。脉冲的个数代表鼠标的位移量，而相位表示鼠标运动的方向。由于采用了非接触部件，降低了磨损率，从而大大提高了鼠标的寿命并使鼠标的精度有所增加。光机鼠标的外形与机械鼠标没有区别，不打开鼠标的外壳很难分辨。

光电鼠标：没有传统的滚球、转轴等设计，其主要部件为两个发光二极管、感光芯片、控制芯片和一个带有网格的反射板(相当于专用的鼠标垫)。工作时光电鼠标必须在反射板上移动，X发光二极管和Y发光二极管会分别发射出光线照射在反射板上，接着光线会被反射板反射回去，经过镜头组件传递后照射在感光芯片上。感光芯片将光信号转变为对应的数字信号后将之送到定位芯片中专门处理，进而产生X-Y坐标偏移数据。

(2) 鼠标的主要参数

目前市场上能够见到的鼠标产品绝大多数都是光电鼠标，而能够反映光电鼠标性能的主要有以下几项指标。

① 分辨率。一款光电鼠标性能优劣的决定性因素在于每英寸长度内鼠标所能辨认的点数，即单击分辨率。目前，高端光电鼠标的分辨率已经达到了2000DPI的水平，定位精度要远远高于400DPI的老式光电鼠标。不过，并非DPI越大的鼠标越好。因为当鼠标的DPI过大时，轻微振动鼠标就可能导致光标“飞”掉，而DPI值小一些的鼠标反而感觉比较稳。

② 刷新率。这是描述鼠标光学系统采样能力的参数，发光二极管发出光纤照射到工作表面，光电二极管以一定的频率捕捉工作表面反射情况的快照，交由数字信号处理器(DSP)分析和比较这些快照的差异，从而判断鼠标移动的方向和距离。

③ 接口采样率。现在的鼠标大多都采用USB接口，理论上，接口采样率可达到125Hz。目前大多数鼠标都采用光学引擎+接口芯片的双芯片设计模式，这就要求接口芯片的采样率要尽量高，避免性能瓶颈出现在接口电路上。接口采样率对鼠标影响较大，且越大越好。

键盘和鼠标作为计算机硬件系统中最常用的输入设备，也是不可缺少的标准配件之一。但相对于其他硬件设备，它们的技术含量明显要少得多。

键盘目前通用的是104标准键盘，共有104个按键，接口主要分为PS/2及USB接口两种。鼠标目前大都是光电式鼠标，以前那种机械式鼠标基本已被淘汰。鼠标的接口也主要分为PS/2及USB接口两种。

在选购键盘和鼠标时，虽然可以考虑的因素不多，但不同品牌的键盘鼠标价格相差非常大，罗技、微软等名牌键盘鼠标无论在做工和质量上都要远远好于那些杂牌键盘鼠标，当然价格相对也要贵得多。

随着技术的不断发展，近年来无线鼠标逐渐进入了主流市场。按传输信号方式不同，无线鼠标可分为三类：27MHz无线鼠标、2.4GHz无线鼠标以及蓝牙无线鼠标。无线鼠标和计算机主机的连接方式，对性能、使用便利性等有很大的影响。

较早的无线鼠标都是采用27MHz信号和计算机主机通信，但由于这类鼠标功耗大、使用不便，在2.4GHz鼠标和蓝牙鼠标的双重挤压下，27MHz鼠标已经逐步退出市场。

蓝牙鼠标可以省去接收器，使用更方便、快捷。不过，设备制造商在生产蓝牙产品时需要交纳专利费，导致蓝牙无线鼠标的价格普遍较高。

同27MHz一样，2.4GHz也是一种无线传输技术所在频段，它在全球范围内都可以公开免费使用。采用2.4GHz无线技术的鼠标，抗干扰能力强，传输距离最大可达10米，功耗较低，接收器体积较小，携带也比较方便，因此受到厂商和消费者的一致青睐，目前已经发展成为无线鼠标的主流传输技术。

3.3.3　网络连接设备

1. 网卡

网络接口卡(Network Interface Card，NIC)，简称网卡，是局域网中的基本部件之一，也是计算机的必备硬件。网卡的主要功能是处理计算机发往网线上的数据，按照特定的网络协议将数据分解成为适当大小的数据包，然后发到网络上去；同时也接受网络上传输过来的数据帧，并将帧重新组合成数据，送给计算机处理。每块网卡都有唯一的物理网络地址，它保存在网卡的ROM中，是生产厂家在生产网卡时直接置入网卡芯片中的，该地址称为MAC地址或物理地址，一般用于在网络中标识网卡所介入计算机的身份。

根据传输介质不同，网卡可分为有线网卡和无线网卡。

(1) 有线网卡

有线网卡使用各种线缆作为传输介质，常见的有双绞线、同轴电缆等。不同的接口决定了网卡与什么样的电缆相连接。有线网卡常用外接接口主要有RJ-45接口(双绞线接口)、BNC接口(细缆接口)和AUI(粗缆接口)。在选购网卡时，一定要注意网卡所支持的接口类型是否与网络相对应。RJ-45接口是一个8针的收发器，通过双绞线将计算机串联到集线器进行网络连接。BNC接口是一种用于同轴电缆的连接器，通过同轴电缆将计算机进行并联。AUI是以太网上通过15针的收发器连接同轴电缆与网卡的标准接口。RJ-45接口是目前的主流接口。

按传输速率不同，又可分为10M网卡、10/100M自适应网卡和1000M网卡，目前常用的是10/100M自适应网卡，它根据网络连接对象的速度，自动确定是工作在10Mbps还是100Mbps速率下。

按照网卡总线类型不同，有线网卡可分为ISA网卡和PCI网卡。ISA网卡是早期的一种网卡，现已被淘汰。现在台式机上使用的网卡多是PCI网卡，此类网卡价格低廉，而且工作稳定。

(2) 无线网卡

无线网卡是随着最新的无线Internet技术的发展而产生的，它使用无线电波作为传输介质。

按照网卡总线类型不同，无线网卡可分为PCI无线网卡、Mini PCI无线网卡、USB网卡和PCMCIA网卡。PCI无线网卡和Mini PCI无线网卡是早期无线网卡，分别用于台式机和笔记本电脑。USB网卡时一种外置式网卡,移动方便。PCMCIA网卡时为了适应笔记本电脑小巧且利于携带的特点而专门设计的网卡,早期的PCMCIA网卡功能同PCI网卡没什么不同,现在随着技术的发展,已经出现了将几种功能(如Internet接入、收发传真及局域网连接)合在一起的PCMCIA卡。

无线网卡必须和无线路由搭配使用。无线网卡相当于信号接收器,无线路由器相当于信号发射器。无线网卡的数据传输速率同无线网卡遵循的无线协议标准有关。常见的无线协议有IEEE 802.11、IEEE 802.11a、IEEE 802.11b和IEEE 802.11n,其对应的传输速率为1～2Mbps、54Mbps、11Mbps和300Mbps。在无线网卡选择时,需注意其所支持的协议应被无线路由所支持。

(3) 集成网卡

目前基本所有的主板上都已经集成了网卡,采用集成网卡既可以降低成本,还有利于提高网卡的稳定性与兼容性,因而如果没有特殊需求一般没有必要再单独购买网卡。

目前的主流集成网卡品牌主要有Realtek、Marvell和Broadcom等,其中Realtek(瑞昱)不仅在集成声卡领域,而且在集成网卡领域也是一个最常见的品牌。它的集成网卡产品为RTL系列,如图3-39所示。Broadcom的产品主要集中在中高端集成网卡芯片中,而Marvell则在集成千兆网卡芯片领域有着较强的实力和较高的占有率。

图3-39 主板上集成的Realtek网卡

2. ADSL Modem

ADSL(非对称数字用户线)是一种利用电话线完成Internet连接的技术,ADSL Modem是连接计算机与电话线路的中间设备,是用户能够使用ADSL技术接入互联网的重要设备。

(1) ADSL Modem的类型

随着ADSL技术的不断发展,市场上已经出现多种不同类型的ADSL Modem。按照ADSL Modem与计算机的连接方式,可将其分为以太网ADSL Modem、USB ADSL Modem和PCI ADSL Modem三种。

① 以太网ADSL Modem:是通过以太网接口与计算机进行连接的以太网ADSL Modem,常见的以太网ADSL Modem大都属于这种类型。这种以太网ADSL Modem的性能最为强大,功能也较丰富,有的还带有路由器和桥接功能,其特点是安装与使用非常

简单,只要将各种线缆与其进行连接即可开始工作。

② USB以太网ADSL Modem:是在以太网ADSL Modem的基础上增加了一个USB接口,用户可以选择使用以太网接口或者USB接口与计算机进行连接。就内部结构、工作原理等方面来说,此类型ADSL Modem与以太网ADSL Modem没有太大差别。

③ PCI ADSL Modem:属于内置式ADSL Modem。相对于上面的两种外置式产品,该产品的安装稍复杂一些,用户需要打开计算机主机箱才能进行安装。PCI ADSL Modem大都只有一个电话线接口,线缆的连接较简单。PCI ADSL Modem的缺点是还需要安装相应的硬件驱动程序,但对于桌面空间比较紧张的用户来说,内置式ADSL Modem是一种比较好的选择。

(2) ADSL Modem的主要参数

① 比特率。比特率是指每秒钟调至解调器通过电话线传输的二进制位数,其单位为位/秒。

② 波特率。一般是指每秒钟传输的信息位数,用来衡量数据传输速率的快慢,该值越大,传输速率越快。在同步通信和波特率系数为×1的异步通信中,波特率与比特率相同;在波特率系数为×16、×64的异步通信中,波特率是比特率的1/16或1/64,目前常见的波特率为33.6Kb/s和56Kb/s。

③ CPS。CPS是指每秒钟传输的字符数。在传输中,若以8位来表示一个字符,1位表示字符的开始,1位表示字符的结束,则传送一个字符需要10位。

3. 宽带路由

宽带路由器内集成了路由器、防火墙、带宽控制和管理功能,具备快速转发、灵活的网络管理等特点,因此被广泛应用于家庭、学校、办公室、网吧等场所。宽带路由器的WAN口能够自动检测手工设定宽带运营商的类型,具备宽带运营商客户端发起功能,如可以作为PPPoE端,也可作为DHCP客户端,或者是分配固定的IP地址。

(1) 宽带路由器常见的功能

① 数据通道功能和控制功能是路由器的两大典型功能,数据通道功能包括转发决定、背板转发以及输出链路调度等,一般由特定的硬件来完成;控制功能一般用软件来实现,包括与相邻路由器之间的信息交换、系统配置、系统管理等。在价格相同的情况下,应选择功能指标更好的。

② 防火墙功能。网络安全是目前人们最关心的问题之一,路由器中内置的防火墙能够起到基本的防火墙功能,它能够屏蔽内部网络的IP地址,自由设定IP地址,过滤通信端口,可以防止黑客攻击和病毒入侵,用户不需要另外花钱安装另外的病毒防护软件就可以拥有一个比较安全的网络环境。因此,防火墙功能是家用宽带路由器的一个重要功能,如果没有防火墙进行安全防护,家庭网络受到病毒入侵和黑客攻击的概率就会增大,从而很可能造成网络的瘫痪,为用户带来很多麻烦。

③ 虚拟拨号功能。ADSL接入Internet有虚拟拨号和专线接入两种方式。采用虚拟拨号方式的用户采用类似MODEM和ISDN的拨号程序,在使用习惯上与原来的方式没有什么不同;采用专线接入的用户只要开机即可接入Internet。所谓虚拟拨号是指用ADSL接入连接的并不是具体的接入号码,而是通过专门的拨号程序与特定的网络服务

器建立连接。这项特性可以更有效地保障用户上网安全，合理利用网络资源。

④ DHCP功能。DHCP(动态主机分配协议)是一个简化主机IP地址分配管理的TCP/IP标准协议，可避免因手工设置IP地址及子网掩码所产生的错误，同时也避免了把一个IP地址分配给多个工作站所造成的地址冲突，是安全而可靠的设置。用户可以利用DHCP服务器管理动态的IP地址分配及其他的环境配置工作(如DNS、WINS、Gateway的设置)。使用DHCP服务器大大缩短了配置或重新配置网络中工作站所花费的时间，同时通过对DHCP服务器的设置可灵活地设置地址的租期。

(2) 宽带路由器的参数

① 处理器性能。路由器的处理器是路由器最核心的部件，处理器的好坏直接影响路由器的性能。除了处理器的主频外，总线宽度、Cache容量和结构、内部总线结构、是单CPU还是多CPU分布式处理、运算模式等，都会极大地影响处理器性能。

② 处理器内存容量。处理器内存的作用是存放运算过程中的所有数据，因此内存的容量大小对处理器的处理能力有一定影响。

③ Throughput(吞吐量)。吞吐量表示的是路由器每秒钟能处理的数据量。

(3) 无线路由器

无线路由器就是带有无线路由覆盖功能的路由器，它主要应用于用户上网和无线覆盖。无线路由器除具有上述宽带路由器的几大功能外，主要提供了计算机的无线接入功能。常见的无线路由器一般都有一个RJ-45口为WAN口，也就是UPLink到外部网络的接口，其余2～4个口为LAN口，用了连接普通局域网。因此，无线路由器也可以作为有线路由器使用。无线路由器提供的数据传输速率也同其所遵循的无线协议有关。

3.3.4 打印机与扫描仪

打印机和扫描仪是计算机比较常见的两种外设，主要用于办公领域。其中打印机是一种输出设备，用于打印输出；而扫描仪则是一种输入设备，用于扫描输入。

1. 打印机

打印机是一种重要的输出设备，用于将计算机处理结果打印到相关介质上。打印机种类很多，按打印元件对纸是否有击打动作，分为击打式打印机与非击打式打印机；按照工作方式分类分为针式打印机、喷墨式打印机、激光打印机等类型。

1) 针式打印机

针式打印机也称撞击式打印机，工作时通过打印机和纸张的物理接触来打印字符图形。

针式打印机的打印头由多支金属撞针依次排列组成，当打印头在纸张和色带上行走时，会指定撞针在到达某个位置后弹射出来，并通过击打色带将色素点转印在打印介质上。在打印头内的所有撞针都完成这一工作后，便能够利用打印出的色素点组成文字或图画。针式打印机通常打印效果较差，文字分辨率低，在普通家庭和办公领域已经基本被淘汰，但由于针式打印机及其耗材成本低廉，它还经常用于单据打印。

2）喷墨打印机

喷墨打印机是靠许多喷头将墨水喷在纸上而完成打印任务，其打印的精细程度取决于喷头在打印点时的密度和精确度。当采用每英寸上的墨点数量来衡量打印品质时，墨点的数量越多，打印出来的文字或者图像就越清晰、越精确。打印效果好而且噪声小，但是速度较慢。喷墨打印机价格便宜，但是所使用的墨盒一般都很贵，所以主要用于打印任务不是很多的家庭用户。

(1) 工作原理：当打印机喷头（一种含数百个墨水喷嘴的设备）快速扫过打印纸张时，其表面的喷嘴会喷出无数小墨滴，从而组成图像。

(2) 类型：根据喷墨打印头的不同，喷墨打印机大致可以分为热气泡式和压电式喷墨打印机两种类型。

① 热气泡式喷墨打印机：采用的是瞬间加热墨水，达到沸点后将其挤出墨水喷头，从而落在打印纸上形成图像。热气泡式喷墨打印机的优点是喷头密度高、成本低。

② 压电式喷墨打印机：喷嘴内安装有微型的墨水挤压器。当电流通过墨水挤压器时，便会驱动挤压器将墨水从喷头内挤出，从而在打印纸上形成图像。

3）激光打印机

激光打印机是一种非击打式打印机，当计算机通过电缆向激光打印机发送打印数据时，打印机会将接收到的数据暂存在缓存内，并在接收到一段完整数据后，由打印机处理器驱动各个部件，完成整个打印工作。

通过感光复印的方式进行打印，所用到的耗材是硒鼓，具有打印速度快、打印效果好并且噪声少等优点；缺点是价格较贵，主要用于企业办公领域。

打印机品牌主要有惠普 HP、佳能 Canon、爱普生 EPSON 等，三种类型的打印机如图 3-40 所示。

针式打印机

喷墨打印机

激光打印机

图 3-40 打印机

4）打印机的主要参数

(1) 打印分辨率。和显示器等产品一样，打印机也有分辨率问题。打印分辨率的单位是 dpi(dot per inch)，即指每英寸打印多少个点，它直接关系到打印机输出图像和文字的质量好坏，分辨率越高的打印机其图像精度就越高，其打印质量也相对越好。

(2) 打印速度与内存。打印速度指打印机每分钟可打印的页数，单位是 ppm。打印机实际输出的速度受到预热技术、打印机控制语言的效率、接口传输速度和内存大小等因素的影响。

(3) 耗材与打印成本。黑白激光打印机的耗材成本主要来自硒鼓及其碳粉和打印纸的消耗,而其中硒鼓是激光打印机最重要的部件,打印机的寿命长短、打印质量的好坏以及单页打印成本的高低,在很大程度上受硒鼓的影响。

2. 扫描仪

扫描仪用于将照片、图片、文件、报刊等纸质文稿扫描输入计算机中,然后再进行加工处理和存储,如图 3-41 所示。在用扫描仪扫描文字时需要用到 OCR 软件,OCR 软件可以对输入的多种字体的汉字、英文、标点符号甚至手写字进行判别,最后形成计算机中可以修改的文本文件。OCR 的使用减轻了手工录入的工作量,极大地提高了文字输入的速度。

图 3-41　扫描仪

(1) 扫描仪的分类

扫描仪种类繁多,按不同的分类标准可以划分出多种不同的类型。根据扫描图像的幅面大小可以将扫描仪分为小幅面的手持式扫描仪、中等幅面的台式扫描仪和大幅面的工程图扫描仪 3 种类型。

其中,手持式扫描仪的扫描幅面最小,但其拥有体积小、重量轻、携带方便等优点。相比之下,台式扫描仪的用途最广,功能最强,种类最多,其扫描尺寸通常为 A4 或 A3 幅面。工程图扫描仪,则是 3 种扫描仪中扫描幅面最大、体积最大的类型,主要是用于扫描测绘、勘探等方面的大型图纸。

按照扫描方式进行分类,可将扫描仪分为激光式扫描仪、平板式扫描仪和馈纸式扫描仪 3 种类型。激光式扫描仪是一种能够测量物体三维尺寸的新型仪器,主要在工业生产领域中检测产品尺寸与形状。平板式扫描仪是扫描仪设备的代表产品,人们日常工作、生活中见到的几乎都是平板式扫描仪。与其他类型的产品相比,平板式扫描仪具有适用面广、使用方便、性能优越、扫描质量好且价格低廉等优点。馈纸式扫描仪,也叫滚筒式扫描仪,通常应用于大幅面扫描领域,以解决平板式扫描仪在扫描大面积图稿时设备过大的问题。

按照成像方式的不同,可将扫描仪分为 CCD 扫描仪、CMOS 扫描仪和 CIS 扫描仪 3 中类型。

(2) 扫描仪的结构

目前,常见的平板式扫描仪通常都由光源、光学透镜、扫描模组、模拟/数字转换电路和塑料外壳组成。在扫描图稿的过程中,光源将光线照射到图像上,光学透镜将反射光汇聚在扫描模组上后,又扫描模组内的光电转换器件根据反射光的强弱将光信号转换为强度不同的模拟电信号。

接下来,模拟/数字转换电路将模拟电信号转换为 0 和 1 组成的数字信号,并由专门的扫描软件对数据进行处理,还原为数字化的图像信息。

(3) 扫描仪的主要参数

现阶段,人们主要从图像的扫描精度、灰度层次、色彩范围、扫描速度,以及所支持的最大幅面等方面来衡量扫描仪的性能。扫描仪有如下参数。

① 分辨率。分辨率是扫描仪最主要的技术指标，它表示扫描仪对图像细节的表现能力，即决定了扫描仪所记录图像的细致程度，其单位为DPI，即每英寸长度上扫描图像所含有像素点的个数。目前大多数扫描仪的分辨率为300～2400DPI。DPI数值越大，扫描的分辨率越高，扫描图像的品质越好，但这是有限度的，当分辨率大于某一特定值时，只会使图像文件增大，并不能使图像质量产生显著的改善。

② 灰度级。灰度级表示图像的亮度层次范围。级数越多扫描图像亮度范围越大、层次越丰富，目前多数扫描仪的灰度为256级。256级灰阶可以呈现出的灰阶层次比肉眼所能辨识出来的层次还多。

③ 色彩数。色彩数表示彩色扫描仪所能识别颜色的范围。通常用来表示每个像素点颜色的数据位数即比特位(Bit)表示。Bit是计算机最小的存储单位，以0和1来表示比特位的值，比特位数越高可以表现的图像资讯越复杂。例如常说的真彩色图像，指的是每个像素点由三个8比特位的彩色通道所组成，即以24位二进制数表示，红、绿、蓝通道结合可以产生$2^{24}\approx16.67$M种颜色的组合，色彩数越多扫描图像越鲜艳真实。

④ 扫描速度。扫描速度有多种表示方法，因为扫描速度与分辨率、内存容量、存取速度以及显示时间、图像大小有关，通常用指定的分辨率和图像尺寸下的扫描时间来表示。

⑤ 扫描幅面。表示扫描图稿尺寸大小，常见的有A4、A3、A0幅面等。

任务实施

1. 方案分析

(1) 声卡和音箱

① 声卡的选配

无论是类型A还是B或是C的用户，如果没有专业上的特殊需求，集成声卡完全可以满足用户的需求。对于专业音乐创作人来说，高端独立声卡96kHz的采样频率和24位的采样位数是绝对有价值的。

非专业音乐创作用户，使用几乎不花钱的集成声卡即可。专业用户，建议购买高端独立声卡，例如创新Sound Blaster X-Fi系列的声卡。

② 音箱的选配

类型A：对于游戏发烧友来说，好的音响也是必不可少的。可以选用全木质结构的高档5.1或7.1声道的音箱，但要注意接线要求以及位置摆放。也可以购买一个环绕立体声高档耳机。3D建模用户对声音无特殊要求，参考B方案。

类型B：建议家庭用户和平面设计人员采用外观时尚的中档2.1音箱，性价比较好。

类型C：商业办公用户建议使用小巧的2.0音箱，空间占用小，音质尚可。有些公司为了不影响工作，甚至不配备音箱。

(2) 机箱和电源

鉴于电源对于系统的平稳运行有至关重要的作用，结构合理的机箱便于拆装，而且能更有效地防止电磁辐射，因此对于三种类型的用户在预算充足的情况下，建议选择优质机箱和电源。

在预算有限的前提下，机箱的大小和形式应根据主板的大小和形式以及日后升级预留空间等因素决定。小巧美观的机箱的确比较漂亮，但同时对散热的要求也更高，如果后续散热条件跟不上，或许会引起机箱内部温度过高，造成系统的不稳定。所以一般建议中低档机、功耗相对小一些的微机平台，可以考虑使用美观的小机箱；功耗较大的高档微机平台，使用标准机箱更为合理。

选择电源时，要注意选择额定功率大于整机功率的电源，不可以按照电源的最大功率来搭配。A类用户对于主机的性能要求较高，伴随着高性能而来的自然是高功耗，因此需要选择大功率（额定功率400W以上）和稳定性好的电源。B类用户可选择额定功率300～400W的电源。C类用户选择额定功率300W的电源即可。

(3) 键盘和鼠标

除A类用户对于键盘和鼠标的精度和舒适性有较高的要求外，B类和C类用户使用普通光电鼠标和键盘即可，视需求和预算也可选用无线鼠标和键盘，其价格高于普通光电鼠标和键盘。

(4) 网卡和网络设备

三种类型的用户在网络设备的需求上没有太大的区别。网络设备的选择与所使用的ISP有关，一般要先确定ISP，再购买相应的设备。ADSL Modem多用于ISP提供。现在大多数的主板都集成有网卡芯片，并提供10/100/1000Mbps的数据传输速率，所以网卡在配置时不是必需的。如果要设置无线接入，则要考虑到无线路由器与无线网卡的速率匹配问题。

(5) 打印机和扫描仪

打印机和扫描仪视用户对这些设备的实际需求而定。

2. 完成方案

通过网络进行市场调研，分别为以上三类方案确定声卡和音箱等设备的型号，并将其主要的性能参数及参考价格以列表的形式表现。

思考与练习

一、填空题

1. 数据接口是键盘与主机通信的桥梁，目前的键盘大部分采用________接口，同时也有部分产品开始使用________接口。

2. ________与音箱共同组成了计算机的音频系统。

3. 根据所采用的材质不同，音箱分为塑料音箱和木质音箱，其中________音箱的音质较好。

4. 目前市场上常见的打印机有三大类，分别是________、________和________。

二、判断题

1. 打印机和扫描仪是计算机比较常见的两种外设，都属于输入设备。 （ ）

2. 音箱的作用是负责将音频信号经过放大处理之后再还原为声音。（　　）

3. ATX这种标准电源的主电源接头共有20针，其中有4针专门为CPU供电，提供12V电压，其余16针则负责为主板供电。（　　）

4. 网卡的主要功能是处理计算机发往网线上的数据，每块网卡都可有多个网络地址，它保存在网卡的RAM中。（　　）

项目4　组装计算机硬件系统

前面的项目已经详细介绍了计算机硬件的相关知识，包括计算机各部件的硬件结构、接口、性能参数等。本项目将完成计算机硬件系统的组装。

任务1　完成计算机配置方案设计

任务描述

前面项目中介绍了如何选购计算机各配件，接下来就要完成整机配置方案的设计。请根据前面的市场调研结果，权衡各方面因素，针对三类用户，从以下3个问题入手，分别完成整机配置方案。

(1) 确定硬件配置方案需要考虑的问题有哪些？

(2) 配置方案时需要注意哪些问题？

(3) 如何科学合理地调整配置方案？

相关知识

确定整机的配置方案时，除了要关注单个配件的性能参数和注意事项，还要考虑各配件间的兼容性和协调性问题。只有配件的组合达到平衡时，计算机才能发挥出最佳性能。

4.1.1　计算机配置方案设计流程

确定硬件配置方案的一般流程如下。

(1) 明确使用需求，并根据预算确定整机档次。

(2) 根据整机档次确定CPU型号。

(3) 根据CPU型号确定主板型号。

(4) 根据CPU和主板型号确定内存型号。

(5) 根据主板板载芯片情况，确定显卡、声卡、网卡的型号。

(6) 根据预算和需求，确定显示器、音箱、硬盘、光驱、键盘、鼠标以及其他外部设备型号。

(7) 计算方案是否超预算,如超预算则根据需求适当调整第(6)步中的设备的预算,如果实在难以调节,重新确定整机档次。

4.1.2 选购整机配件注意事项

在选购整机配件时需要注意以下事项。

1. 勿重价格、轻品牌

有些用户在选购时往往过分地看中价格因素而忽视计算机的品牌。知名品牌的产品虽然价格上贵一些,但无论产品的技术、产品的性能还是售后服务等都更有保证。而杂牌产品为了降低产品的成本,通常会使用一些劣质的配件,并且售后服务往往没有保障。

2. 勿重配置、轻品质

多数购买计算机的用户往往只关心诸如CPU的档次、内存容量的多少、硬盘的大小等硬件的指标,却经常忽视计算机的整体性。CPU档次、内存的多少、硬盘的大小只是局部参考标准,只有计算机中的各种配件的完美整合,即组成计算机的各种配件能够完全兼容并且各种配件都能充分发挥自己的性能,这样的计算机才是物有所值的。

3. 注意环保问题

计算机中很多部件都存在辐射问题,如主板、电源、显卡等。解决此类问题的最好方法是选择一款辐射屏蔽能力优越的机箱。此外,如果不是特别需要,建议不要选择高功耗产品,因为此类产品耗电、发热量大,噪声通常也较大。

4. 勿重硬件、轻服务

与普通的家电产品相比,计算机的售后服务显得更为重要,因为计算机像其他电器一样会出现问题。所以用户在选购计算机的时候,售后服务问题应该放到重要的位置上来考虑(特别是那些对计算机不是很了解的用户)。计算机的整体性能是集硬件、软件和服务于一体的,服务在无形中影响着计算机的性能。用户在购买计算机之前,一定要问清楚售后服务条款再决定是否购买。

任务实施

(1) 填写下表,并对该配置方案进行总体评价。

配　　件	数量	单价	品牌型号	选 配 理 由
CPU				
散热系统				
主板				
内存				
硬盘				
显卡				

续表

配　　件	数量	单价	品牌型号	选 配 理 由
声卡				
光驱				
键盘、鼠标套装				
显示器				
机箱				
电源				
其他配件				
总价				

(2) 按不同需求类别,分组讨论各自的选配方案,看看是否有改进的空间

任务2　计算机硬件组装

任务描述

本任务将介绍如何将购买来的计算机的一套硬件组装起来,使其正常工作。在组装前需考虑以下问题。

(1) 组装计算机需要做哪些准备?

(2) 如何安装硬件更合理?

(3) 安装时应注意哪些问题?

相关知识

组装计算机是一项细致严谨的工作,要求用户不仅要有扎实的基础知识,还要有极强的动手能力。除此之外,在组装计算机之前还需要做好充足的准备工作。

4.2.1　必备工具

一套顺手的安装工具可以让用户的装机过程事半功倍。在组装计算机前必须准备以下工具。

1. 旋具

旋具又称螺丝起子或改锥,是安装和拆卸螺钉的专用工具,建议用户准备一把十字旋具和一把一字旋具。

2. 尖嘴钳

准备尖嘴钳的目的是拆卸机箱上的各种挡板或挡片，以免机箱上的各种金属挡板划伤皮肤。

3. 镊子

镊子主要用于夹取螺钉、跳线帽和其他一些小零件。

4. 工作台

装机时最好在一个高度适合、面积足够宽敞的台子上进行，台面上应该保持干净整洁。

5. 导热硅脂

导热硅脂是安装CPU时必不可少的用品，其功能是填充CPU与散热期间的缝隙，帮助CPU更好地进行散热。因此，在组装计算机前需要准备一些优质的导热硅脂。

4.2.2 辅助工具

除了上面介绍的装机必备工具以外，在组装计算机的过程中往往还会用到一些辅助工具。如果在事先能够准备好这些物品，会使整个装机过程更为顺利。

1. 排型电源插座

计算机硬件系统有多个设备都要直接与市电进行连接，因此需要准备万用多孔型插座一个，以便在测试计算机时使用。

2. 器皿

在拆卸和组装计算机的过程中会用到许多螺钉及其他体积较小的零件，为了防止这些零件丢失，可以用一个小型器皿将它们盛放在一起。

4.2.3 机箱内配件

每个新买的机箱内都会附带一个小塑料包，里面装有组装计算机时需要用到的各种螺钉。

各种螺钉的作用如下。

1. 铜柱

铜柱安装在机箱底板上，主要用于固定主板。部分机箱在出厂时就已经将铜柱安装在底板上，并按照主板的结构添加了不同的使用提示。

2. 粗牙螺钉

粗牙螺钉主要用于固定机箱两侧的面板和电源，部分板卡也需要使用粗牙螺钉进行固定。

3. 细牙螺钉(长型)

长型细牙螺钉主要用于固定声卡、显卡等安装机箱内部的板卡配件。

4. 细牙螺钉(短型)

在固定硬盘、光驱等存储设备时，必须使用较短的细牙螺钉，以避免损伤硬盘、光驱等配件内的电路板。

4.2.4 装机注意事项

组装计算机是一项比较细致的工作,任何不当或错误的操作都有可能使组装好的计算机无法正常工作,严重时甚至会损坏计算机硬件。因此,在装机前还需要简单了解一下组装计算机的注意事项。

1. 释放静电

静电对电子设备的伤害极大,它们可以将集成电路内部击穿,造成设备损坏。因此,在组装计算机前,最好用手触摸一下接地的导体或通过洗手的方式来释放身体上所携带的静电电荷。

2. 防止液体流入计算机内部

多数液体都具有导电能力,因此,组装计算机的过程中,必须防止液体进入计算机内部,以免造成短路损坏配件。建议用户在组装计算机时,不要将水、饮料等液体摆放在计算机附近。

3. 避免粗暴安装

必须遵照正确的安装方法来组装各配件,对于不懂或不熟悉的地方一定要在仔细阅读说明书后再进行安装。严禁强行安装,以免造成因用力不当而造成配件损坏。

此外,对于安装后位置有偏差的设备,不要强行使用螺钉固定,以免引起板卡变形,严重时还会发生断裂或接触不良等问题。

4. 检查零件

将所有配件从盒子内取出后,按照安装顺序排好,并查看说明书是否有特殊安装要求。

任务实施

阅读各配件的说明书,尤其是主板的安装说明书,做到心中有数。将各配件归置整齐就可以开始计算机硬件系统的组装了。

1. 安装机箱电源

机箱和电源的安装,主要是对机箱进行拆封,并将电源安装在机箱内。从目前计算机配件市场的情况来看,虽然品牌、型号众多,但机箱的内部构造大致相同,只是箱体的材质及外形略有不同。现在的机箱上大多采用免工具拆卸螺钉,可以用手轻松将其拧下。在拧下机箱背面的4颗免工具拆卸螺钉后,向后拉动机箱侧面板即可打开机箱。完成后,使用相同方法卸下另一侧的机箱面板。

此时,放平机箱后将电源摆放到机箱左上角的电源仓位处,接下来先拧上一颗粗牙螺钉(无须拧紧),然后依次拧上其他的3颗螺钉,再将其逐一拧紧。

2. 安装CPU与内存条

CPU是计算机的核心部件,也是计算机各个配件中较为脆弱的一个,因此在安装时必须格外小心,以免因用力过大或其他原因损坏CPU。

在组装计算机时，通常都会在安装主板之前，直接将CPU和内存安装在主板上，这样可以避免在主板安装好后，由于机箱内空间狭窄影响CPU和内存的安装。

在包装盒中取出主板，将主板平放在安装台上，然后用手打开CPU插座，适当用力向下微压固定CPU的压杆，同时用力往外推压杆，使其脱离固定卡扣。待压杆脱离CPU插槽的卡扣后，轻轻将压杆拉起，将用于固定CPU的铁盒扣盖反方向提起，接着就可以看到主板上完全打开的LGA775插槽。将CPU印有三角标示的一角与主板上印有三角标示的一角对齐，然后将CPU压进槽位，将CPU安放到位后，盖好扣盖并反方向扣下CPU压杆。至此，CPU被稳固地安装到主板上。

安装散热器前，要先在CPU表面均匀涂上一层导热硅脂，如果主板与CPU接触的部分涂上了导热硅脂，这时就没有必要在CPU上涂了。

安装时，将散热器的四角对准主板相应的插孔位置，然后用十字旋具拧紧螺钉。

固定好散热器后，将散热器风扇的电源接口接到主板的供电接口上。找到主板上安装风扇电源的接口，将风扇插头插上即可完成。

在主板上安装好CPU后，接下来进行内存的安装。

将内存插槽两边的白色锁扣向外掰开，然后取出内存条，两手将内存平放在内存插槽上，用双手按住内存两端轻微向下压，将内存压入插槽中，此时如果听到"啪"的一声响，看见内存插槽两端的白色锁扣复位将内存卡住，说明内存已经装好。完成内存安装工作后，可以用手轻轻晃动一下内存，检查其是否已经被固定好。

主板上的内存插槽一般都采用两种不同颜色来区分双通道与单通道。将两条规格相同的内存插入相同颜色的插槽中，即可打开双通道功能。

3. 安装主板

主板的安装主要是将其固定在机箱内部。安装时，需要先将机箱背面I/O接口区域的接口挡片拆下，并换上主板盒内的接口挡片。完成这项工作后，观察主板螺孔的位置，然后在机箱内的相应位置处安装铜柱，并使用尖嘴钳将其拧紧。

固定好铜柱后，将安装好CPU和内存的主板放入机箱中。然后，调整主板位置，以便将主板上的I/O接口与计算机机箱背面挡板上的接口空位对齐。

接下来，使用长型细牙螺钉将主板固定在机箱底部的铜柱上，固定主板时，要在拧上所有螺钉后，再将它们一次拧紧。

4. 安装显卡

安装显卡时，先要将机箱背面显卡位置处的挡板卸下，此时应尽量使用旋具或尖嘴钳进行拆卸，避免被挡板划伤。接下来，将显卡金手指处的凹槽对准显卡插槽处的凸起隔断，并向下轻压显卡，使显卡金手指全部插入显卡插槽中。

将显卡插入插槽后，轻轻晃动显卡，查看是否安装到位。然后，将显卡挡板上的定位孔对准机箱上的螺孔，并使用长型细牙螺钉固定显卡。拧紧螺钉后，便可完成显卡的安装。

5. 安装光驱和硬盘

光驱和硬盘都是计算机系统中极其重要的外部设备，如果没有这些设备，用户将无法获取各种多媒体光盘上的信息，也很难长时间存储大量的数据。

光驱安装在机箱上半部的5.25英寸驱动器托架内，安装前还需要拆除机箱前面板上的挡板，才能将光驱从前面板上的缺口处放入机箱内部。

将光驱放至合适的位置后，使用短型细牙螺钉将其固定。在拧紧光驱两侧螺钉的过程中，应该按照对角方向分多次将螺钉拧紧，避免光驱因两侧受力不均匀而造成变形，甚至损坏等情况发生。

与安装光驱略有不同，硬盘安装过程全部在机箱内部进行。在安装时，应将数据接口和电源接口朝外，并将含有电路板的一面朝下，然后将硬盘推入机箱下半部分的 3.5 英寸驱动器托架上。

完成后，调整硬盘在驱动托架内的位置，使其两侧的螺孔与托架上的螺孔对齐。然后，使用短型细牙螺钉进行固定。

6. 连接各种线缆

在之前的安装过程中，已经将主机内的各种设备安装在了机箱内部。不过，组装主机的过程还没有结束，因为还没有将机箱内的设备连接起来，有的设备仅仅是固定在了机箱中，还称不上真正意义上的安装。

在机箱中，需要进行连线的线缆主要分为以下几种类型。

数据线：光区和硬盘与主板进行数据传输的串口线缆或并口扁平线缆。

电源线：从电源处引出，为主板、光驱和硬盘提供电力的电源线。

信号线：主机与机箱上的指示灯、机箱扬声器和开关进行连接时的线缆，以及前置 USB 接口线缆与前置音频接口线缆等。

(1) 安装主板与 CPU 电源线

随着 CPU 性能的不断提升，CPU 耗电量也在持续不断的增长，早期依靠主板为 CPU 供电的方式已经无法满足目前 CPU 的用电需求。为此，如今的主板上都装有两个电源插座，一个是双排 24 针长方形主板电源插座，专门为内存、显卡、声卡等设备进行供电；另一个则是只负责为 CPU 进行供电的双排 4 针正方形插座。

在了解了主板电源插座与 CPU 电源插座的样式后，接下来介绍相应电源接头的样子。目前，市场上常见电源所提供的电源接头共有 5 种样式，分别为双排 24 针长方形接头、双排 4 针正方形接头、单排大 4 针电源接头、单排小 4 针电源接头和 SATA 串口设备专用电源接头。其中，前三种电源接头是目前所有电源上都有的接头类型，分别用于主板、CPU，以及采用 LED 电源接口的硬盘或光驱进行供电；单排小 4 针电源接头则为软驱进行供电，但随着软驱的淘汰，配备该接头的电源也越来越少。

仔细观察电源接头后可以发现，主板电源接头的一侧设计有一个塑料卡，其作用是与主板电源插座上的凸起卡合后固定电源插头，防止电源插头脱落。因此，在安装主板电源时，要在捏住电源插头上的塑料卡后，将电源插头上的塑料卡对准电源插座上的凸起，然后平衡向下压电源插头，当听见“咔”的声音时，说明电源插头已经安装到位。

安装好主板电源插头后，从主机电源上找到双排 4 针的正方形电源插头。可以看出，该插头的一侧也有一个起固定作用的塑料卡。安装时，将电源插头上的塑料卡对准插座上的凸起，将插头按压到位即可。

(2) 安装光驱、硬盘的电源线与数据线

目前，市场上常见光驱和硬盘上的数据接口主要分为两种类型，一种是 SATA 接口，另一种是IDE接口,与它们相对应的数据线也有所差别。IDE数据线较宽,插头由多个针孔组成,插头上的一侧有一个凸起的塑料块,且数据线上会有一根颜色不同的细线。相比之下,SATA数据线较窄,其接头内部采用了"L"形防差错设计。

在将IDE数据线与光驱进行连接时,应该将IDE插头上凸起的塑料块朝上,使之与光驱IDE接口上的缺口相对应。然后,将数据线上的IDE插头慢慢推入光驱的IDE接口处。接下来,将IDE数据线上的蓝色插头压入主板的IDE接口内,安装时同样应该让IDE接头上的凸起塑料块对准IDE插座上的缺口。

接下来,将一个单排大4针电源接头插入光驱的接口内,在连接电源时,应将电源上的红线紧邻IDE数据线,如果插错方向则有可能烧毁整个光驱。

为光驱连接好电源线与数据线后,便可以开始连接硬盘了。将SATA专用电源接头插入SATA硬盘上的电源接口处,最后,将SATA数据线的两端分别插入硬盘及主板上的SATA数据接口,即可完成硬盘数据线的连接。

(3) 连接信号线

由于机箱上的信号线接头大都较小,主板上与之对应的信号线插座也都较小,加上机箱内的安装空间有限,因此稍有不慎便会插错位置。重要的是,如今机箱附带的各种信号线不仅数量众多,而且种类也大不相同,这使得连接信号线称为很多用户在组装计算机时比较头疼的事情之一。

但实际上,只要真正了解各种信号线的名称及其含义,连接信号线并不困难。因为机箱内各种信号线的名称早已经统一,并且从接头名称便可轻松了解到它们的作用。在了解了信号线接头的名称和作用后,下列来看一看主板上与之对应的信号线插座。

只需要根据信号线接头的标识将它们插在对应的信号线插座上即可。

至此,主机内各种设备与线缆的连接全部结束,接下来安装机箱侧面板。

7. 安装机箱侧面板

侧面板俗称机箱盖,因此这一过程又常被称为"盖上机箱盖"。为机箱安装侧面板操作顺序与拆卸时正好相反。

首先平放机箱,将侧面板平置于机箱上,并使侧面板上的挂钩落入机箱上的挂钩孔内,然后,向机箱前面板方向轻推侧面板,当侧面板四周没有空隙后即表明侧面板已经安装到位。

在用相同方法将另一块侧面板安装到位后,用螺钉将它们牢牢固定在机箱上。

8. 主机与其他设备的连接

经过以上步骤,最为复杂的主机已经组装完成,接下来只需将主机与显示器、鼠标、键盘等外部设备进行连接,组装计算机的过程便可宣告完成。

(1) 连接显示器

显示器有VGA、DVI、HDMI等接口,这里以最常见的VGA接口为例。将显示器数据线的一端插头对准显卡的VGA接口,将插头插入接口内,并用手旋转插头两侧的螺钉,拧紧固定后,数据线的连接就完成了。

将数据线的另一端插头连接到显示器的接头上,显示器的数据线连接与显卡数据线的连接基本相同。完成显示器数据线的连接后，就可以开始安装显示器电源线。显示器电源线的安装方法非常简单，电源线的两头，将外插头的一端连接到电源插座，另一端连接到显示器上即可。

(2) 连接键盘与鼠标

目前由于键盘和鼠标都采用了PS/2接口设计，因此使得初学者往往容易插错，以至业界不得不在PC99规范中用两种不同的颜色将其区别开来。

连接键盘时，将键盘接头内的定位柱对准主机背面相同颜色的定位孔，并将接头轻轻推入接口内即可；连接鼠标也是使用相同的方法。

9. 开机测试

硬件设备全部连接完成后，要再重新检查一遍线路，尤其是电源线的连接，然后就可以进行开机检测。

如果按下电源按钮后，设备连接有误，或者设备有故障，则主板会报错，蜂鸣器会发出不同长短组合的声音，例如两短一长或者连着三个短促的“嘟”声，其含义对于不同的主板有所不同，可查阅主板手册，找出问题所在。

如果所有设备连接正确，在按下开机按钮后，计算机将开始自检，自检成功后会听到“嘟”的一声响，并且显示器会显示一些列信息，至此，就完成了计算机硬件的组装。

综合实训二　计算机整机的组装

1. 实训目的

(1) 掌握计算机整机的组装流程。

(2) 掌握计算机所有硬件的安装连接方法以及注意事项。

2. 注意事项

(1) 在对计算机的硬件进行拆装之前，一定要切断电源，千万不能带电操作。

(2) 在对板卡进行拆装之前，最好先释放身体静电，可通过洗手或摸自来水管、暖气片等方式释放静电。

(3) 在对各种板卡或连线进行插拔的时候，要尽量轻柔，不要用蛮力，注意各种防插反设计。

3. 实训中用到的工具

(1) 螺丝刀：分十字螺丝刀和一字螺丝刀两种，用于安装或拆卸各种螺丝。

(2) 尖嘴钳：用来拆卸各种挡板或挡片。

(3) 镊子：用来夹取各种跳线、螺丝或者一些较小的零散物品。

4. 实训步骤

(1) 安装CPU和内存

CPU和内存的安装方法见项目综合实训一。

(2) 安装主板

安装主板即将主板安装固定到机箱中。在安装主板之前，先将机箱提供的主板垫脚螺母安放到机箱主板托架的对应位置(有些机箱购买时就已经安装)。然后双手平行托住主板,将主板放入机箱中,如图 4-1 所示。

图 4-1　双手平行拖住主板,放入机箱中

在安装主板时,要注意将主板上的螺丝孔与机箱背板上的螺丝柱对齐。另外要处理好主板 I/O 接口区,使所有的接口能露出来。确认主板安放无误后,拧紧螺丝,固定好主板。在装螺丝时,最好按照对角线的顺序进行。另外要注意每颗螺丝不要一次性拧紧,等全部螺丝安装到位后,再将每粒螺丝拧紧,这样做的好处是随时可以对主板的位置进行调整。

(3) 安装硬盘

安装硬盘即将硬盘固定在机箱的 3.5 英寸硬盘托架上,拧紧螺丝使其固定即可,如图 4-2 所示。

图 4-2　将硬盘固定在硬盘托架上

(4) 安装光驱和电源

安装光驱的方法与安装硬盘的方法大致相同,一般只需将机箱 5.25 英寸托架前的面板拆除,并将光驱插入对应的位置,拧紧螺丝即可,如图 4-3 所示。

机箱电源的安装方法比较简单，放入到位后，拧紧螺丝即可，不做过多的介绍。安装好的电源如图 4-4 所示。

图 4-3　光驱安装一般从机箱的前面插入

图 4-4　安装好的电源

（5）安装显卡

目前，PCI-E 显卡已经是市场的主流，AGP 显卡已被淘汰，因此下面以 PCI-E 显卡为例介绍其安装过程。

在主板上找到 PCI-E 16x 显卡插槽，用手轻握显卡两端，垂直对准主板上的显卡插槽，向下轻压到位后，再用螺丝固定即完成了显卡的安装过程，如图 4-5 所示。

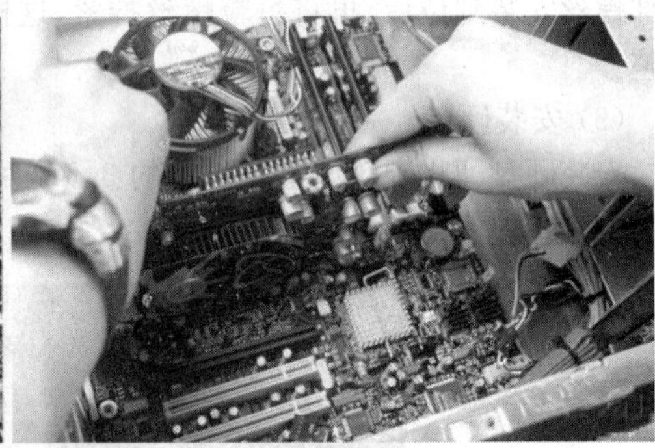

图 4-5　显卡安装过程

（6）连接各种线缆

至此，各个主要的硬件设备基本已经安装完毕了，下面为它们集中连接各种连线或电缆。

① 安装硬盘数据线和电源线

首先为硬盘安装数据线和电源线，图 4-6 所示是一块 SATA 硬盘，右边红色的为数据线，黑黄红交叉的是电源线，安装时将其接入即可。接口全部采用防呆式设计，反方向无法插入。

② 安装光驱数据线和电源线

然后为光驱安装数据线和电源线，图 4-7 所示是一个采用 IDE 接口的光驱。光驱电

图 4-6　安装硬盘的数据线和电源线

源线和数据线也均采用了防呆式设计。在安装数据线时可以看到 IDE 数据线的一侧有一条蓝或红色的线，这条线应该位于电源接口一侧。数据线的另一端要安装到主板的 IDE 接口上。

图 4-7　安装光驱的数据线和电源线

③ 安装主板供电电源接口

下面安装主板供电电源接口，目前大部分主板都采用了 24PIN 的供电电源设计。在安装时要注意在电源的插头和插座上都有塑料的卡扣，如图 4-8 所示。

图 4-8　安装主板供电电源接口

④ 安装信号线

机箱上的各种信号线较为复杂,每种信号线的作用如图 4-9 所示,在安装时需要根据提示分别将其插到主板的相应位置。

安装信号线时要注意分清正负极,一般红色或彩色信号线对应正极,黑色或白色信号线对应负极。

最后注意对机箱内的各种线缆进行简单的整理,以提供良好的散热空间,并盖上机箱盖,如图 4-10 所示。

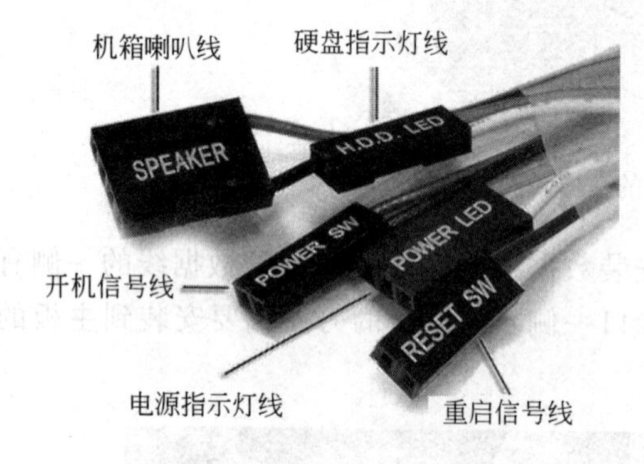

图 4-9　各种信号线的作用

图 4-10　对机箱内的线缆进行简单整理

项目 5　BIOS 设置

经过前面课程的学习,已经在硬件方面选配并组装好了一台计算机,但这并不意味着已经可以使用它了,像这样只具备了硬件系统而没有安装任何软件的计算机被称为“裸机”。

在后面的课程中,将在此基础上,通过进一步的硬盘分区、系统安装等软件方面的工作,以使“裸机”变成一台切实可用的工作系统。在进行这些操作之前,首先必须通过 BIOS 设置程序对计算机的参数进行设置,然后才能顺利启动计算机进行系统安装等操作,这是实际组装计算机过程中的必要步骤。

任务 1　了解 BIOS 的作用与原理

任务描述

小孙选购的计算机已经组装好了,接下来该为计算机安装操作系统,但在这之前还必须先进行 BIOS 设置。到底什么是 BIOS? 而且还经常听说 BIOS 设置也叫 CMOS 设置,CMOS 又是什么呢?

在本任务中,将了解 BIOS 的作用与工作原理,以及 BIOS 与 CMOS 的关系。

相关知识

1. BIOS 的作用

BIOS(Basic Input Output System,基本输入输出系统)是计算机中最基础、最重要的程序,是计算机硬件与软件之间的桥梁。实际上像光驱、硬盘、显卡等硬件设备都有自己的 BIOS,但通常所说的 BIOS 都指的是主板上的 BIOS 程序。

主板 BIOS 是计算机系统启动和正常运转的基础,对 BIOS 的设置是否合理在很大程度上决定着主板、甚至整台计算机的性能。

BIOS 之所以这么重要,是因为当计算机开机之后,首先运行的就是 BIOS 程序,它负责对计算机中安装的所有硬件设备进行全面的检测,这称为 POST 自检。通过 POST 自检,BIOS 能够识别出计算机中安装的所有硬件设备以及这些硬件是否存在问题。如果自检顺利通过,BIOS 便将这些硬件设置为备用状态,然后启动计算机中安装的操作系统,把计算机的控制权交给用户。如果在自检的过程中发现了问题,比如说某个硬件设备不存在或者 BIOS 无法对其识别,那么 BIOS 将会进行报警提示,同时停止计算机的启动。

所以如果计算机中的某个硬件出现故障，可以通过BIOS的报警提示准确地对故障进行定位。另外还可以通过对BIOS进行某些方面的设置，以达到直接控制和操作硬件设备的目的，从而实现很多强大的功能。

2. BIOS与CMOS

BIOS本身是一段程序，它必然需要有一块存储的空间，在主板上用来存放BIOS的是一块ROM芯片，称为BIOS芯片，如图5-1所示。

图5-1 主板BIOS芯片

存放在ROM芯片中的BIOS程序只允许读取而不能被改写，从而对BIOS程序起到保护作用。但需要注意的是，存放BIOS程序的ROM芯片并非完全不能被写入，目前基本所有主板上采用的BIOS芯片都是FLASH ROM，通过专用软件可以对其重写。因为在使用计算机的过程中，有时是必须要对BIOS程序进行升级更新的，比如计算机中新安装了某个硬件，而主板却无法正确识别，这时就可以使用主板厂商发布的专门BIOS更新程序对BIOS进行升级。对BIOS的改写升级具有一定的风险，除非特殊需要否则一般用户不建议随便升级。因为如果稍有不慎升级失败，那么BIOS很难修复，而计算机也将无法启动。

另外BIOS程序还专门提供了一些设置参数，通过对这些参数的设置可以达到控制或操作硬件设备的目的。调整设置BIOS的参数本身也是一个对BIOS程序进行改写的过程，而这又是一种经常性的操作。所以为了方便操作，将对BIOS所进行的所有参数设置的数据都保存在另外一个CMOS芯片中，而在BIOS芯片中只存放了BIOS程序。

CMOS是一块RAM芯片，因而它是可读可写的，通过CMOS芯片才可以方便地对其中存放的BIOS参数进行调整，所以BIOS设置也称为CMOS设置。

这样在计算机中就存在两块与BIOS有关的芯片，它们的特点可以总结如下。

- BIOS芯片：这是一个只读存储器ROM，里面存放着BIOS程序，需要通过专门的软件才可以改写升级。BIOS芯片存在于主板上。
- CMOS芯片：这是一个随机存储器RAM，里面存放着BIOS的设置参数，可以随时进行调整设置。CMOS芯片集成于主板的南桥芯片中。

需要指出的是，CMOS芯片是需要持续供电才可以保存信息的，所以在主板上会看到有颗纽扣电池，这就是专门为CMOS供电的CMOS电池，如图5-2所示。如果一块主板使用了好几年后频频出现关机后BIOS设置参数丢失的现象，则说明纽扣电池的电能已经耗完，需要马上进行更换。

图5-2 CMOS电池

任务实施

根据老师演示过程，通过网络及课本知识学习，将CMOS和BIOS的原理写入实验报告。

任务 2　进行 BIOS 相关设置

任务描述

在学习本任务的过程中请思考以下两个问题。

(1) 如何进入 BIOS 进行相关设置?

(2) BIOS 实现哪些内容的设置? 设置过程是什么?

相关知识

通过对 BIOS 进行设置,可以实现控制计算机的开机引导顺序以及禁用或启用某些硬件设备的目的,这也是在安装操作系统之前所必须要进行的一项操作。由于 BIOS 与 CMOS 之间的联系,所以 BIOS 设置也称作 CMOS 设置。

目前主板 BIOS 程序主要是由 Award Software、AMI 和 Phoenix 三家公司设计研发的,其中由于 Phoenix 公司已被 Award Software 兼并,所以它们的 BIOS 程序合称为 Phoenix-Award BIOS,这也是目前应用最为广泛的主板 BIOS 程序。AMI BIOS 虽然也应用较多,但其设置内容与方法与 Phoenix-Award BIOS 大同小异,所以下面就以 Phoenix-Award BIOS 为例介绍主板 BIOS 的设置方法。

5.2.1　进入 BIOS 设置

由于 BIOS 程序不同于常见的应用软件,所以也无法像应用软件那样随时可以调用执行。只有在计算机刚刚开机或者重新启动的一瞬间,才可以进入 BIOS 对其进行设置。方法是在开机或是重启时,在“滴”的一声响屏幕刚刚显示出开机画面后,快速按下 Del 键(笔记本电脑一般是按 F2 键)就可以进入 BIOS 设置界面。

Phoenix-Award BIOS 程序设置主界面如图 5-3 所示。

进入 BIOS 程序的设置界面后,可以用键盘方向键来移动光标,选择需要的 BIOS 选项后,按 Enter 键可以进入下级子界面,按 Esc 键则可以返回上级界面。在选定了调节选项后,用+/-键或者 PageUp/PageDown 键切换选项值。在设置选项中一般用 Enabled 表示启用某项功能,用 Disabled 表示禁用某项功能。

不同类型或品牌的主板其 BIOS 设置主界面中所包含的项目有所区别,子界面可能也会不同,但大体功能基本相同,计算机用户应记住各选项对应的功能,而非位置。以图 5-3 为例,其中部分选项介绍如下。

- Standard CMOS Features(标准 CMOS 功能设置):使用该选项可对基本的系统配置进行设定,如时间、日期、软硬盘规格等。
- Advanced BIOS Features(高级 BIOS 特性设置):使用此选项可对系统的高级特性进行设定,如病毒警告、开机引导顺序等。

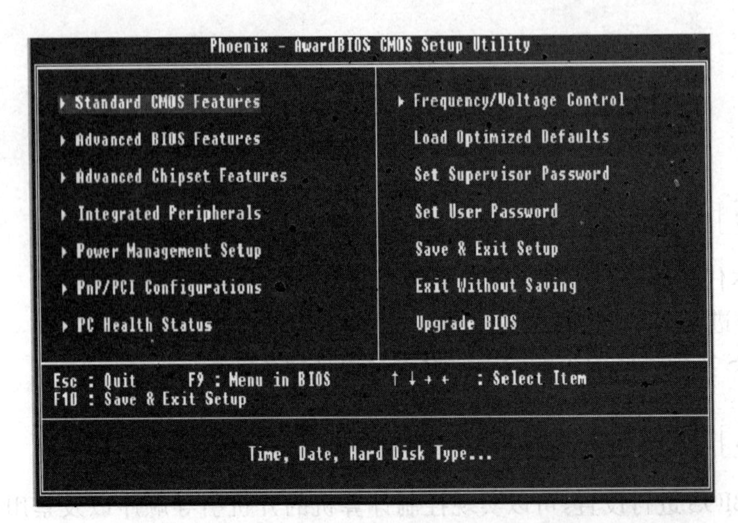

图 5-3 Phoenix-Award BIOS 设置主界面

- Advanced Chipset Features(高级芯片组功能设置)：使用此选项可以修改 CPU 及其他一些芯片组工作的相关参数，优化系统的性能表现。
- Integrated Peripherals(集成设备配置)：使用此选项可对主板上的集成设备进行设定，如声卡、网卡、USB 接口是否打开等。
- Power Management Setup(电源管理设置)：使用此选项可以对系统电源管理进行设置。
- PNP/PCI Configurations(即插即用/PCI 参数设置)：用来设置 ISA 以及其他即插即用设备的中断以及其他差数，一般很少使用。
- PC Health Status(PC 当前状态)：此项显示了 PC 的当前状态，如温度、风扇转速等。
- Frequency/Voltage Control(频率/电压控制)：此项可以调整 CPU 或内存的工作频率及电压。
- Load Optimized Defaults(载入高性能默认值)：使用此选项载入经过优化的系统默认值。
- Set Supervisor Password(设置管理员密码)：使用此选项可以设置管理员的密码。
- Set User Password(设置用户密码)：使用此选项可以设置用户密码。
- Save & Exit Setup(保存后退出)：保存对 CMOS 的修改，然后退出 Setup 程序。
- Exit Without Saving(不保存退出)：放弃对 CMOS 的修改，然后退出 Setup 程序。

5.2.2 进行 BIOS 基本设置

下面对 BIOS 中一些常用的设置项目进行介绍。

1. 标准 CMOS 功能设置

进入 CMOS 设置界面的第一项 Standard CMOS Features 标准 CMOS 功能设置，可

以看到系统中安装的硬盘、光驱、软驱、内存容量等各种基础信息，如图 5-4 所示。

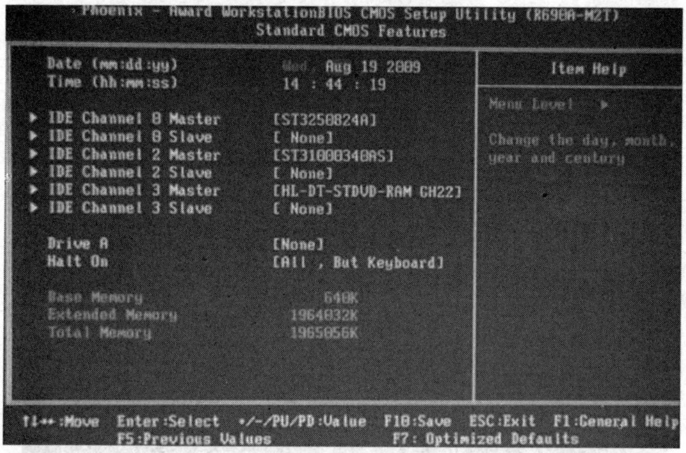

图 5-4 Standard CMOS Features 设定界面

(1) Date：修改系统日期。

该选项用于设置计算机中的日期，格式为“星期，月/日/年”，星期由 BIOS 定义，为只读属性。

(2) Drive A：对软驱进行设置。

考虑到软驱已经被绝大部分用户淘汰，因此可以将 Drive A 设置为 None，把软驱设备禁用，这样计算机在启动时可以跳过不必要的软驱设备检测，加快系统运行速度。

(3) Halt On：停止引导设置。

该项用于设置系统引导过程中遇到错误时，系统是否停止引导。

可选项有：All Errors，侦测到任何错误，系统停止运行，等候处理；No Errors，侦测到任何错误，系统不会停止运行；All，But Keyboard，除键盘错误以外侦测到任何错误，系统停止运行；All，But Diskette，除磁盘错误以外侦测到任何错误，系统停止运行；All，But Disk/Key，除磁盘和键盘错误以外侦测到任何错误，系统停止运行。

通常将它设置为 All，But Keyboard，这样可以避免因为系统识别不了键盘而无法开机。

2. 设置开机引导顺序

在计算机上连接有各种驱动器，如光驱、硬盘、USB 闪存等。设置开机引导顺序就是指计算机开机时通过存储在哪种驱动器里的操作系统启动引导计算机，针对不同的应用环境，应设置相应的开机引导顺序。

譬如，对于新购买的计算机，需要将开机引导顺序设置为优先从光盘或 U 盘启动，然后才能用相应的工具盘启动计算机，从而来安装操作系统。因而设置开机引导顺序是 BIOS 设置中最重要、最常用的一项操作。

开机引导顺序一般是在 Advanced BIOS Features 中设置，如图 5-5 所示。

进入 Advanced BIOS Features 设置界面，可以看到其中有 4 项与开机引导顺序相关的设置，其中最重要的是第一项 First Boot Device（第一引导设备），只有当 BIOS 从第一引导设备启动失败之后，才会从后续的 Second Boot Device、Third Boot Device 等继续引导。

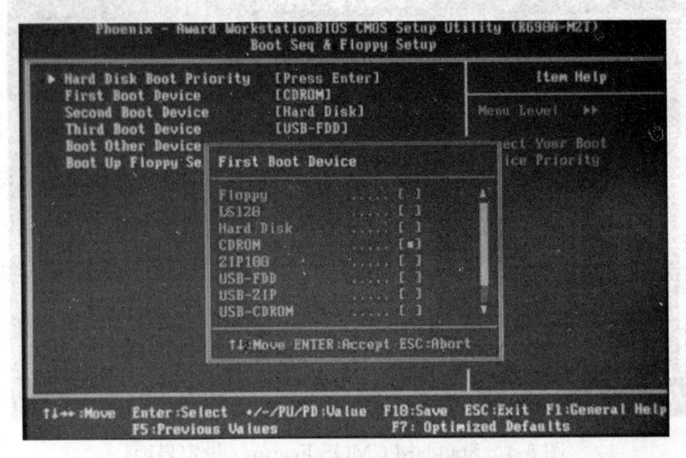

图 5-5 设置开机引导顺序

在 First Boot Device 中可以设置用来引导计算机的设备主要有：CDROM，代表光驱设备；Hard Disk，代表硬盘；Floppy 代表软盘；以 USB-开头的各项则代表各种不同类型的 U 盘。

如果需要为计算机安装操作系统，则需要将 First Boot Device 设置为 CDROM 或 USB-HDD，表示从光盘或 U 盘引导计算机，如图 5-6 所示。

如果计算机已经安装好了操作系统并且运行稳定，那么可以将 First Boot Device 设为 Hard Disk 硬盘，这样在开机时就可以直接从硬盘启动，省去了对光驱或 U 盘等设备的搜索和访问时间，加快开机速度。

图 5-6 设置从 U 盘引导

不同类型的主板对开机引导顺序的设置方法也有所不同，有的主板设置方法如图 5-7 所示，其中的 1st Drive 代表第一引导设备，其中的设置项目是 U 盘的产品型号，代表优先从 U 盘启动。

图 5-7 设置从 U 盘引导

虽然不同主板的 BIOS 设置不尽相同，但用来设置开机引导顺序的选项一般有 1st Boot device、Boot sequency、Boot Device Priority 等，基本离不开 Boot 这个名称，所以设置起来并不困难。

另外，有的主板比较新，BIOS 会把 U 盘完全当作硬盘，因此在 BIOS 中没有 USB-HDD 的选项，这种 BIOS 设置 U 盘启动就需要同时设置 Hard Disk Boot Priority 和 First Boot Device”两个选项才行。

首先在 Hard Disk Boot Priority(硬盘启动顺序)选项的菜单中，选中 USB-HDD0：USB Flash DRIVE PMAP，并将其移动到最上方，将 U 盘排列在其他硬盘前面启动，如图 5-8 所示。

图 5-8 设置 Hard Disk Boot Priority

然后在 First Boot Device 选项的菜单中选择 Hard Disk，让硬盘最先启动，如图 5-9 所示。这样就可以从 U 盘启动了。

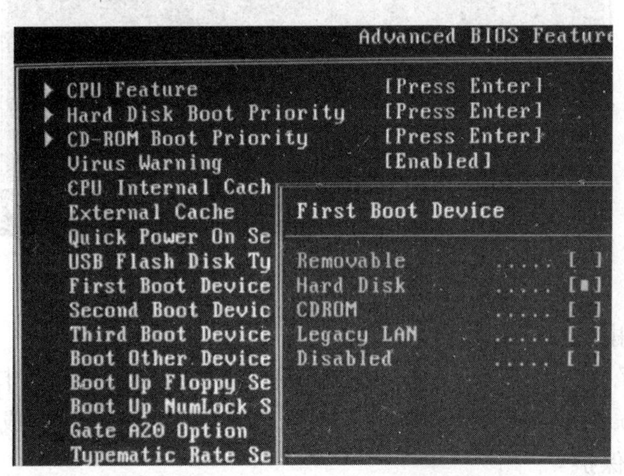

图 5-9 将 Hard Disk 设为第一引导设备

3. 禁用主板上集成的某些设备

在 BIOS 的 Integrated Peripherals(集成设备配置)中提供了对主板上所集成设备的控制功能，可以通过设置它们来开启或者关闭主板上集成的某个设备或者接口，如图 5-10 所示。

在 Integrated Peripherals 中选择进入 Onboard Device(板载设备)，如图 5-11 所示。

如果将 USB Controller 设置为 Disabled，那么就会将主板上的 USB 接口全部关闭，

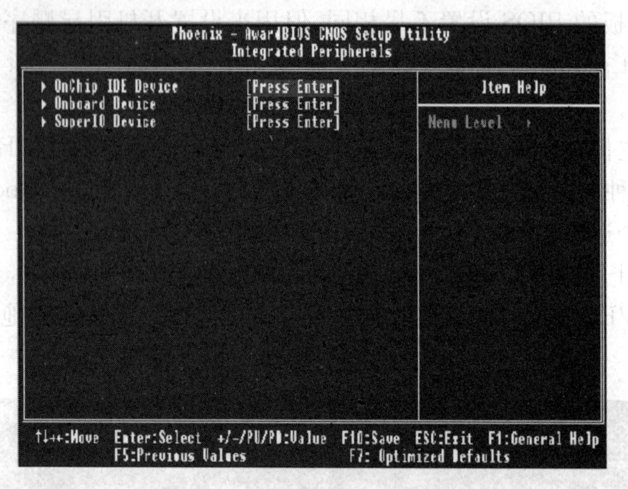

图 5-10 Integrated Peripherals

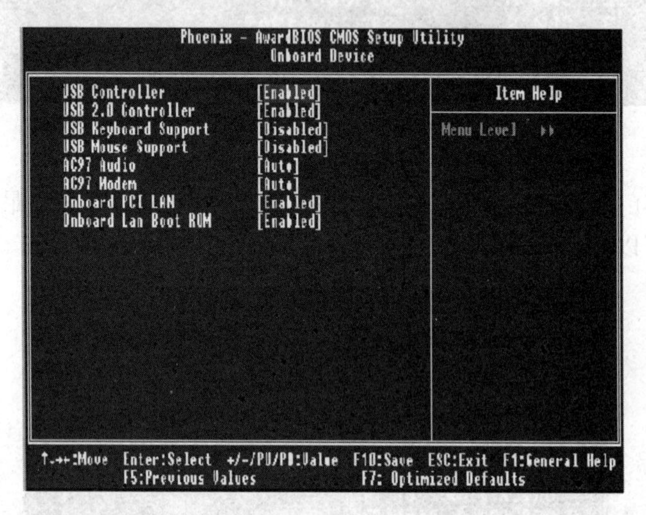

图 5-11 Onboard Device

计算机将无法使用任何 USB 设备。

如果将 AC97 Audio 设为 Disabled，那么将关闭主板上集成的声卡。

如果将 Onboard PCI LAN 设为 Disabled，那么将关闭主板上集成的网卡。

4. 设置密码保护

由于 BIOS 设置功能强大，因而一般不希望被别人随意改动，这时可以通过设置 BIOS 密码来保护 BIOS 设置，如图 5-12 所示。

在 BIOS 设置的主界面上，可以看到有 Set Supervisor Password(设置管理员密码)和 Set User Password(设置用户密码)等设置。

管理员密码和用户密码的区别在于对 BIOS 设置的权限不同。使用管理员密码进入 BIOS 设置界面，会拥有修改设置 BIOS 所有项目的权限；而用用户密码则只有进入 BIOS 设置界面的权限，没有对 BIOS 的修改权限。

当设置了管理员密码或者是用户密码之后，如果再将 Advanced BIOS Features 中的

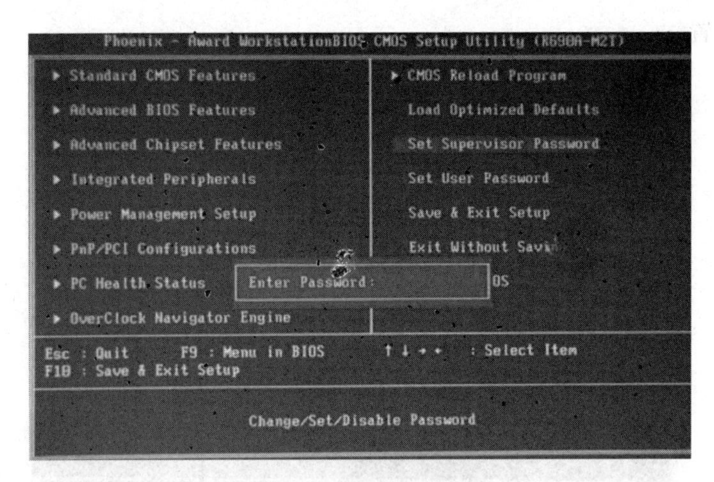

图 5-12　设置 BIOS 密码

Security Option(安全选项)设置为 System(默认值为 Setup)，那么就会开启开机密码功能，如图 5-13 所示。

这样当计算机开机时，进行完 POST 自检之后，就会出现输入密码提示框，这时必须要输入管理员密码或用户密码。如果不输入密码或密码错误，则无法进一步启动系统。这样就可以防止陌生人开机进入系统，加强对计算机中数据的保护，如图 5-14 所示。

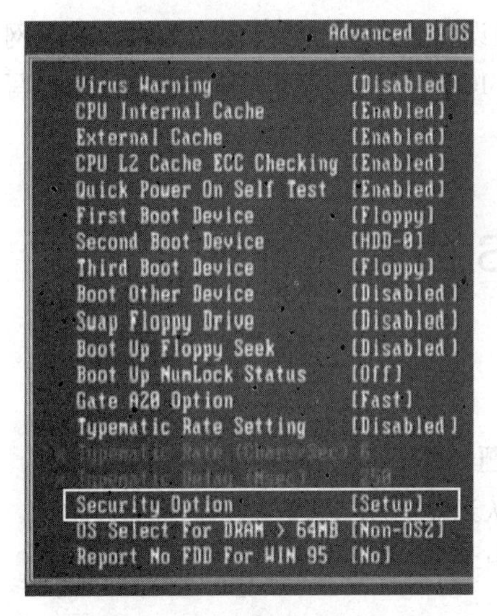

图 5-13　开启开机密码功能

图 5-14　要求输入开机密码

5. 保存设置

当所有的参数选项都已经设置完毕后，就需要在设置主界面选择 Save & Exit Setup 保存并退出设置并确认，这时会弹出一个对话框，提示“SAVE to CMOS and EXIT (Y/N)?”，如图 5-15 所示。如果输入 Y 并确认，系统会储存已经修改的参数并退出设置；如果输入 N 并确认，系统会保留此次修改前的原有参数并退出 BIOS 设置(通常情况下默认是 Y)。如果在 CMOS 设置主界面选择 Exit Without Saving，也是不保存修改的参数并退出 BIOS 设置。

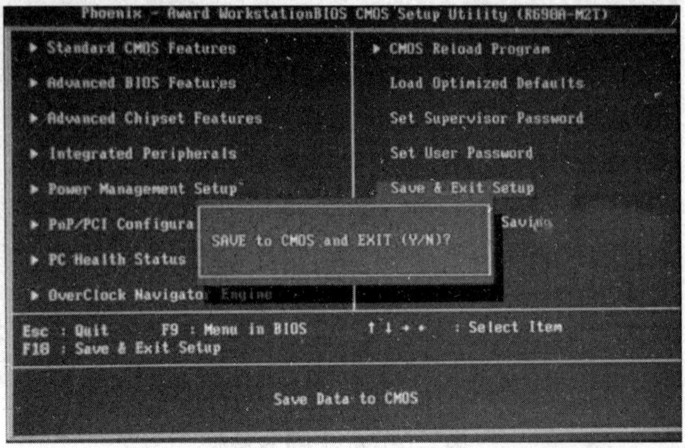

图 5-15　保存 BIOS 设置

对于保存 BIOS 设置，还有一个更加快捷的方法。那就是设置完后不必回到主界面，直接按 F10 功能键，选择 Y 就可以保存参数并退出设置。

任务实施

根据老师演示过程，通过动手实践练习，掌握设置选项的含义及设置过程；通过网络搜索了解不同品牌计算机、不同主板型号，进入 BIOS 的方式是否相同，将实践过程写入实验报告。

任务 3　了解 BIOS 的其他特性

任务描述

在学习本任务的过程中，请思考以下两个问题。

（1）系统默认从硬盘启动，如何将其设置为从光盘启动，以安装操作系统？

（2）主板带有集成声卡，但又需要安装独立声卡，应该怎么办？

相关知识

5.3.1 BIOS 报警铃声

BIOS 程序在进行 POST 自检的过程中，如果发现问题将会通过机箱喇叭进行报警提示，所以了解 BIOS 的报警铃声将有助于用户定位硬件故障并进行排除。

Phoenix-Award BIOS 和 AMI BIOS 的报警铃声各不相同，其常见铃声与故障含义对照如表 5-1 和表 5-2 所示。

表 5-1 Phoenix Award BIOS 常见铃声与故障含义对照表

报警方式	故障含义
1 短	系统正常启动
1 长 1 短	内存或主板出错(可用替换法排查故障)
1 长 2 短	显示器或者显卡故障
1 长 3 短	集成在主板上的键盘控制器发生故障,检查主板
不断地响(长声)	内存损坏或未插好
无声音	电源有问题

表 5-2 AMI BIOS 常见铃声与故障含义对照表

报警方式	故障含义
1 短	内存刷新失败,主板内存刷新电路故障,可尝试更换内存条
5 短	CPU 故障,检查 CPU
6 短	键盘控制器错误
8 短	显存错误,换显卡或显存
1 长 3 短	内存错误,内存损坏,更换即可

由于内存是计算机中最容易出现故障的一种硬件设备,所以在 BIOS 报警铃声中有很多是专门针对内存的,如 Phoenix-Award BIOS 中的"不停地响(长声)"和"1 长 1 短"及 AMI BIOS 的"1 短"和"1 长 3 短"等。

遇到这种报警铃声,通常的解决方法是:打开机箱将内存条取下来,用软毛刷对内存插槽部位进行清理,同时清理内存条表面的灰尘,接着用橡皮轻轻擦除金手指上的氧化层。如果故障还是没有排除,可以用好的内存条替换检查,若故障消失,则可判定原先的内存条已损坏,此时就必须更换新的内存条了。

5.3.2 清除 CMOS 数据

有时对 BIOS 进行设置之后可能会出现一些意外的情况,如因为错误设置而导致计算机无法启动,又如忘记了开机密码等,所以必须得提供一种机制以在这种意外的情况下能够清空 CMOS 中存储的 BIOS 设置信息,使 BIOS 程序还原到初始状态。

由于 BIOS 的设置信息都储存在 CMOS 芯片中,所以只要给 CMOS 放电就可以强行将其中存放的数据清除,使其恢复成出厂设置。

可以通过短接 CMOS 跳线的方式为 CMOS 放电。一般在主板纽扣电池的旁边会有一组清除 CMOS 信息的 3 针跳线,如图 5-16 所示。

默认情况下,跳线帽扣在第一、二个针脚上,使它们处于短接状态,此时就是保存 CMOS 信息。如果将跳线帽取下扣到第二、三个针脚上,将它们短接,此时就是清除信息。

但要注意的是,将 CMOS 放电之后,一定要将跳线帽插回第一、二针脚上,否则 CMOS 就一直处于放电状态,而计算机也将无法启动。

现在不少新主板都采用了按钮清空 CMOS 信息的设计,只需要按一下按钮就可以清空 CMOS 中的数据了,操作起来更加方便,如图 5-17 所示。

图 5-16　CMOS 跳线

图 5-17　CMOS 跳线按钮

5.3.3　BIOS 新技术

BIOS 在经历了几十年发展之后,已经显出了龙钟老态。随着硬件技术的发展,BIOS 制约了计算机性能的提升,显然已不合时宜。还有很重要的一点是,BIOS 晦涩难懂、技术门槛较高的特点也与目前简单、易用的计算机流行趋势格格不入。所以目前已经出现了对传统 BIOS 的替代升级方案——EFI 可扩展固件接口。

EFI 是由 Intel 推出的一种在计算机系统中替代 BIOS 的升级方案,与传统 BIOS 相比,EFI 给用户最直观的两个感受是图形化界面和支持鼠标操作,并且支持中文显示,如图 5-18 所示。EFI 的使用必将大大简化计算机的操作,提升计算机的整体性能。预计 EFI 有望在未来几年内取代传统 BIOS,成为主导性的固件接口。

任务实施

1. 设置系统启动顺序

安装系统一般要从光盘启动。现在也有用 U 盘启动安装系统,如一些上网笔记本电脑不带光驱,则可设置成由移动设备启动系统来进行安装,但应注意采用这种方法安装系统,需要把 U 盘或移动硬盘做成可自启动模式。本书以光盘为例。

(1) 不进入 BIOS 设置程序直接选择从光盘启动

现在很多主板的 BIOS 都支持不进入 BIOS 设置程序直接选择启动顺序。一般是按

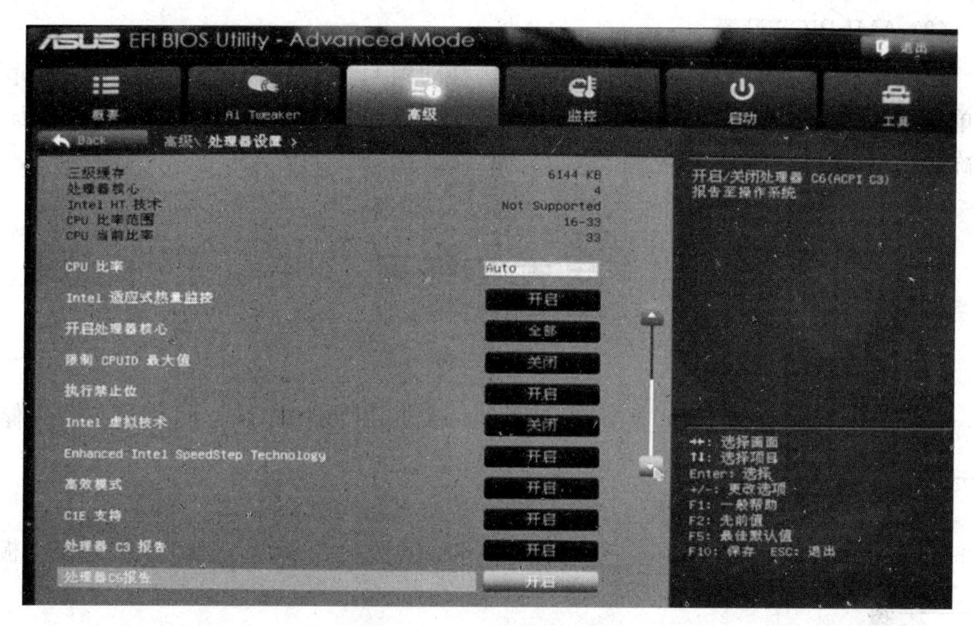

图 5-18 EFI 可扩展固件接口

电源开关启动计算机，出现主板的 LOGO 画面时，马上按 Esc 键(或者 F8、F12，各主板的规定不同，需查阅主板手册)，出现启动菜单，按键盘方向键选择“1. CD-ROM/DVD”，然后按 Enter 键，即可从光盘启动。

(2) AWARD BIOS 设置从光盘启动

开机进入 BIOS 主界面，使用键盘方向键移动到 Advanced BIOS Features 选项，按 Enter 键后就会出现一个方框。方框内的四条选项分别为第一、第二、第三、其他启动设备，如果设置光驱为第一启动顺序，就可以移动光标到 First Boot Drive，然后按 Enter 键，用方向光标选择 CD-ROM，然后按 Enter 键确定即可。

还有一种比较老的 AWARD 的界面，设置从光盘启动时可以选择 BIOS FEATURES SETUP 并确认，在接下来的界面中选择 Boot Sequence，用方向键将光标顺序调整为 CDROM，C，A。

(3) AMI BIOS 设置从光盘启动

AMI 和 Phoenix 的 BIOS 设置比较类似。设置从光盘启动时，移动选择菜单到 BOOT 菜单，然后选择 Boot Device Priority 并确认进行启动顺序的调整，调整到光驱启动，最后保存并退出即可。

2. 禁用板载芯片

如果需要安装独立声卡，就需要在 BIOS 中禁用板载的声卡芯片。

(1) AWARD BIOS 设置

开机进入 BIOS 主界面，使用键盘方向键移动到 Integrated Peripherals 选项，按 Enter 键确定后，选择 Onboard Device 选项，然后选择 HD Audio 并按 Enter 键，选择 Disabled，按 Enter 键确认，保存并退出后即禁用板载声卡。

(2) AMI BIOS设置

开机进入BIOS主界面，使用键盘方向键移动到Devices选项，选择Audio Setup子菜单并展开，按Enter键选择Onboard Audio Controller后，选择Disabled选项，按Enter键确认。保存退出后即禁用板载声卡。

思考与练习

一、填空题

1. BIOS程序存储在________芯片内，而通过BIOS程序设置的相关参数存储在________芯片内。

2. 目前主流BIOS厂商有________和________等。

3. CMOS芯片是一个________存储器，里面存放________设置参数，集成于主板的________中。

4. 通过短接CMOS跳线的方式为________，就可以强行将其中存放的数据清除，使其恢复成出厂设置。

二、简答题

1. 什么是BIOS?
2. 简述BIOS与CMOS的区别?
3. 用光盘安装操作系统，需要对BIOS进行哪些设置?
4. 每次开机时，系统时间总是恢复到同一默认值，这是什么原因造成的?
5. 如何清除CMOS密码?

综合实训三　BIOS的设置与清除

1. 实训目的

(1) 掌握常用BIOS项目的设置方法。

(2) 掌握BIOS数据的清除方法。

(3) 熟悉常见的BIOS报警铃声。

2. 实训中用到的工具

螺丝刀、镊子。

3. 实训步骤

1) BIOS芯片的识别

(1) 从主板上找到BIOS芯片，并指出其生产厂商。

(2) 从主板上找到CMOS电池。

(3) 在 CMOS 电池旁边找到 CMOS 跳线(跳线旁边一般有 CLR_CMOS 的标记)。

2) BIOS 界面的常规操作

(1) 进入 BIOS 设置界面

① 开机,观察屏幕上相关提示。

② 按屏幕提示,按 Del 键或 F2 键,启动 BIOS 设置程序,进入 BIOS 设置界面。

③ 观察启动的 BIOS 设置程序属于哪一种。

(2) 尝试用键盘选择项目

① 观察 BIOS 主界面相关按键使用的提示。

② 依照提示,分别按方向键,观察光条的移动。

③ 按 Enter 键,进入子界面。再按 Esc 键返回主界面。

④ 尝试主界面提示的其他按键,并理解相关按键的含义。

(3) 逐一理解主界面上各项目的功能

① 选择第一个项目,按 Enter 键进入该项目的子界面。

② 仔细观察子菜单。

③ 明确该项目的功能。

④ 依次明确其他项目的功能。

3) 常用 BIOS 项目的设置

完成以下常用的参数设置。

- 修改系统日期、时间
- 禁用软驱
- 设置从光驱引导系统
- 禁用 USB 接口、禁用网卡
- 设置用户密码
- 开启开机密码功能
- 还原 BIOS 默认值、保存退出 BIOS 设置

4) 清空 CMOS 数据

通过 CMOS 放电的方法将存储在 CMOS 中的数据全部清空。

注意:*CMOS 放电之后要把跳线帽重新插回原处。*

5) BIOS 报警铃声

将内存条拔下或故意接触不好,开机仔细分辨 BIOS 的报警铃声。

项目 6　硬盘分区与格式化

在前面的课程中已经介绍过，硬盘必须要经过分区和格式化之后才可以使用，这也是在安装操作系统之前必须要进行的工作。

在对硬盘进行分区之前首先要先规划好分区方案，这在一定程度上将决定以后系统的性能及浪费程度；另外还要确定每个分区所采用的文件系统，不同文件系统的分区也会影响系统的性能以及安全性。

任务 1　了解硬盘分区的基础知识

任务描述

（1）了解硬盘的分区类型。

（2）了解硬盘分区的文件系统。

（3）能够根据需要合理地规划硬盘分区方案。

相关知识

6.1.1　硬盘的物理结构及分区类型

要对硬盘进行分区和格式化操作，就要先了解硬盘的物理结构，了解常见的分区类型和分区格式。

1. 硬盘的物理结构

硬盘的物理结构一般由磁头与碟片、电动机、主控芯片与排线等部件组成；当主电动机带动碟片旋转时，副电动机带动一组（磁头）到相对应的碟片上并确定读取正面还是反面的碟面，磁头悬浮在碟面上画出一个与碟片同心的圆形轨道（磁轨或称柱面），这时由磁头的磁感线圈感应碟面上的磁性与使用硬盘厂商指定的读取时间或数据间隔定位扇区，从而得到该扇区的数据内容。

（1）磁道

当磁盘旋转时，磁头若保持在一个位置上，则每个磁头都会在磁盘表面划出一个圆形轨迹，这些圆形轨迹就叫作磁道（Track）。

(2) 柱面

在有多个盘片构成的盘组中,由不同盘片的面,但处于同一半径圆的多个磁道组成的一个圆柱面(Cylinder)。

(3) 扇区

磁盘上的每个磁道被等分为若干个弧段,这些弧段便是硬盘的扇区(Sector)。硬盘的第一个扇区,叫作引导扇区。

(4) 避免故障

硬盘碟片转速极快,与碟片的距离极小;因此硬盘内部是无尘状态,硬盘有过滤器过滤进入硬盘的空气(最新的技术是把硬盘密封、内部充氦,以降低能耗及废热,提高容量;但只有少数高级硬盘使用此技术)。为了避免磁头碰撞碟片,厂商设计出各种保护方法;目前硬盘对于地震有很好的防护力(20 世纪 90 年代的一些硬盘,若在使用中碰到略大的地震,就很可能损坏),防摔能力也大幅进步,电源关闭及遇到较大震动时磁头会立刻移到安全区(近期的硬盘也开始防范突然断电的情况);而许多笔记本电脑厂商也开发出各种笔电结构来加强硬盘的防摔性。但硬盘在通电时耐摔度会降低,也只能温和地移动,许多人也已经养成在关闭硬盘后 30 秒至一分钟内不会移动硬盘(及笔电)的习惯。

2. 硬盘的分区类型

硬盘分区包括主分区、扩展分区和逻辑分区三种不同类型。

在“磁盘管理”工具中可以清楚地查看到不同的分区类型,如图 6-1 所示。

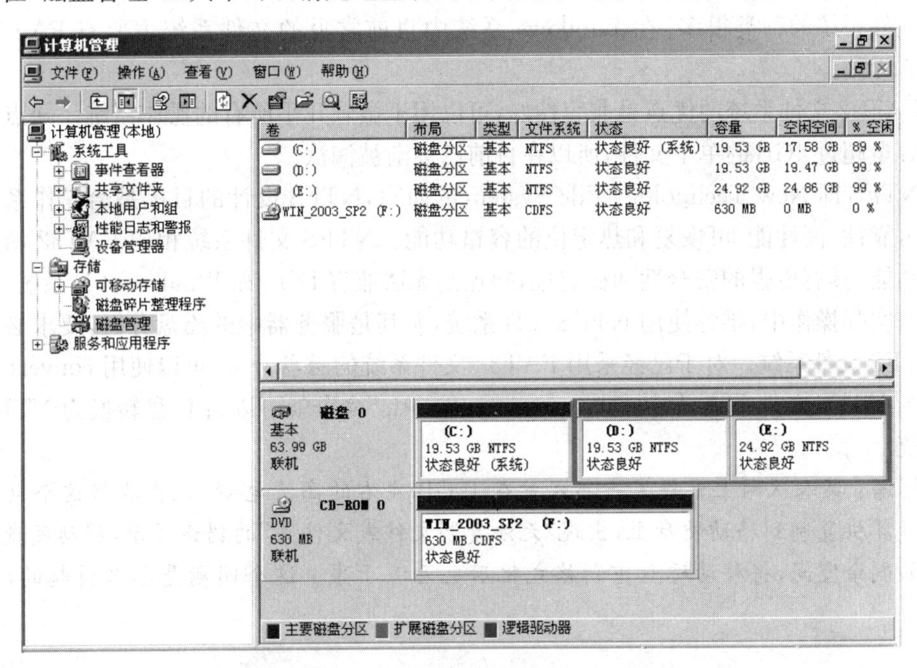

图 6-1 通过“磁盘管理”工具查看硬盘分区类型

主分区是包含有操作系统启动文件的硬盘分区,硬盘上至少要有一个主分区用以安装操作系统。主分区最多可以有四个,但只能有一个主分区是活动的,通常情况下在硬盘中只创建一个主分区,也就是 C 盘。

扩展分区是除主分区之外的其他所有分区的统称，它又被划分为若干个逻辑分区，逻辑分区也就是D盘、E盘、F盘……

思考：如果一块硬盘分成3个分区，分别是：C盘40GB、D盘60GB、E盘80GB，则默认情况下主分区、扩展分区、逻辑分区的容量分别是多少？

在逻辑分区上也可以安装操作系统，但操作系统的启动文件仍然是存放在主分区上。所以如果在C盘安装了Windows 7系统，在D盘安装了Windows XP系统，那么将C盘格式化的话，D盘的Windows XP系统也将无法启动。

一般来讲，在对新硬盘建立分区时要遵循以下顺序进行：建立主分区→建立扩展分区→建立逻辑分区。

6.1.2 硬盘分区的文件系统

文件系统的全称是文件管理系统，是操作系统中管理和存储文件数据的软件系统。文件系统由文件管理软件、被管理文件、文件管理所需要的数据结构组成，具体一点来说，它的作用是为用户创建文件、写入文件、读取文件、修改文件、转储文件、控制文件。

硬盘中的每个分区在使用前必须要建立文件系统，硬盘分区的格式就是文件系统的种类。给硬盘分区初始化文件系统叫作格式化分区（高级格式化）。如果分区已经存在，而且已经有文件，格式化后所有文件将丢失。

文件系统的种类很多，在Windows系统中目前常见的文件系统主要有FAT32和NTFS两种。

FAT32文件系统的优点是兼容性好，可以用于微软几乎所有的操作系统。缺点是不支持容量超过4GB的单个文件，所以在目前已逐渐被淘汰。

NTFS即New Technology File System的简写，NTFS设计的目标是给操作系统提供高可靠性、高性能、可恢复和热定位的容错功能。NTFS文件系统相比FAT32增加了很多功能，具有更强的安全性和稳定性，缺点是无法兼容DOS和Windows 9X系统。

在实际操作中，推荐使用NTFS文件系统，尤其是服务器中的磁盘分区，要求必须使用NTFS文件系统。对于已经采用FAT32文件系统的磁盘分区，可以使用convert命令转换为NTFS文件系统，如执行“convert c:/fs:ntfs”命令就可以将C盘转换为NTFS文件系统。

思考：某人从网上下载了一部容量在10GB左右的高清电影，现在要将这个电影文件从计算机复制到移动硬盘上，出现“无法复制文件或文件夹”的错误提示，移动硬盘中有足够的剩余空间，将移动硬盘重新格式化后也无济于事。这个问题是怎么引起的，怎样解决？

6.1.3 硬盘的分区方案

目前的硬盘容量都比较大，因而如何才能做到合理分区，以最大限度发挥硬盘性能是一个非常值得探讨的问题。

对硬盘分区没有既定规则，每个人都可以根据自己的喜好制订硬盘分区方案。下面以目前主流的500GB硬盘为例就如何分区给出如下建议。

(1) 分区数量最好不要超过5个，以方便管理。

(2) C盘作为主分区，用来安装操作系统，分区容量建议不要超过50GB。另外在平时使用计算机的过程中也要注意养成一个好的习惯，即除非是重要的系统软件，否则其他软件一律安装到C盘以外的磁盘分区中，这样可以尽量减少C盘中的数据量，减轻系统运行负担。

(3) D盘用来存放学习、工作用的软件，容量120GB。

(4) E盘用来存放游戏或者音乐、视频文件，容量160GB。

(5) F盘可以专门用来存放从网上下载的数据，容量80GB。

(6) G盘可以用来存放各种备份数据，容量50GB。

(7) 以上所有分区全部采用NTFS文件系统。

在对硬盘分区时需要注意，硬盘分区后硬盘中原先存储的数据将全部丢失，所以硬盘分区操作最好在刚购买回计算机时进行，在分区之前，要先制订好合理的分区方案，以后要尽量避免再次分区或对分区进行调整。

任务实施

拆机，了解硬盘的外部结构和状态，通过网络了解硬盘的物理结构，分区类型和格式化，设计符合用户需求的分区方案。

任务2　用不同的方法对硬盘进行分区

任务描述

一般通过对硬盘进行分区的操作，将一块大容量的硬盘根据用户的需求分为几个容量较小的分区，以提高硬盘的利用率和实现资源的有效管理。重新分区后一般需要对新的分区进行格式化操作，在学习本任务时，注意思考以下两个问题。

(1) 分区方案应该如何设计?

(2) 具体怎么实现硬盘分区和格式化?

相关知识

硬盘的分区方法很多，比较古老的是使用DOS命令Fdisk进行分区，由于操作复杂，目前已很少使用。下面介绍两种目前比较常用的分区方法，它们操作起来都比较简单，并且分区非常稳定。

6.2.1　使用 DiskGenius 软件进行硬盘分区

DiskGenius 是一款优秀的国产全中文硬盘分区维护软件，采用纯中文图形界面，支持鼠标操作，具有磁盘管理、磁盘修复等强大功能。

由于硬盘分区操作需要在操作系统之外进行，所以往往都是将 DiskGenius 集成在一些系统工具光盘中，用这些工具光盘启动计算机之后，再运行 DiskGenius 进行硬盘分区操作，如图 6-2 所示。

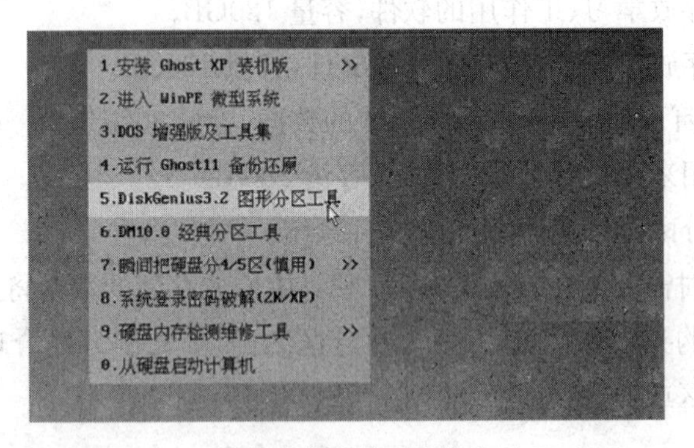

图 6-2　工具光盘启动界面中的 DiskGenius

进入 DiskGenius 主界面之后，可以看到当前磁盘未进行任何分区。在硬盘上面右击，执行“建立新分区”，如图 6-3 所示。

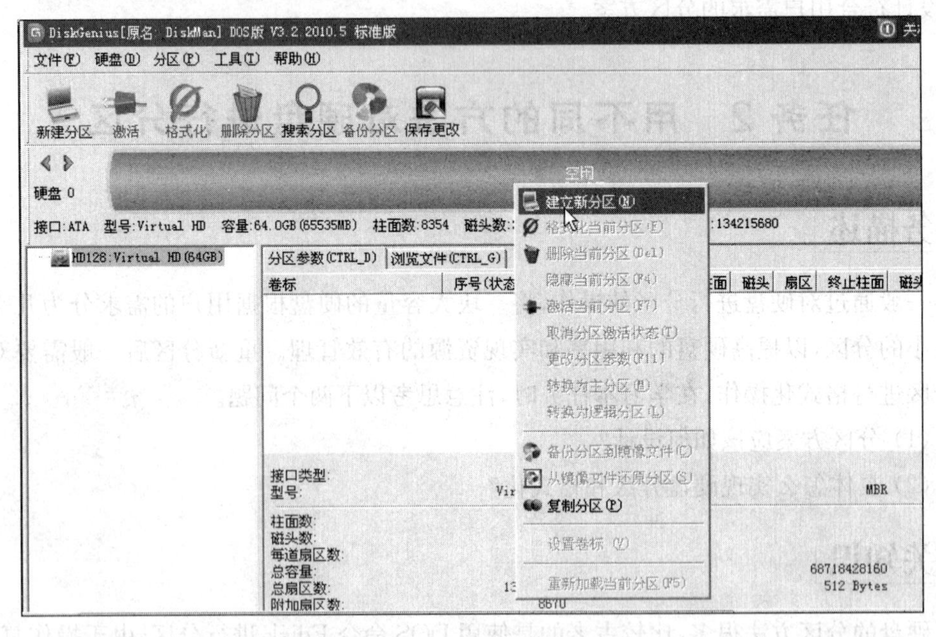

图 6-3　建立新分区

首先应建立主磁盘分区，也就是 C 盘，选择好分区类型、文件系统、分区大小，如图 6-4 所示。

然后选中剩余的硬盘空间，继续建立新分区。在图 6-5 的界面中应将所有的剩余空间都划分为扩展磁盘分区。

图 6-4　建立主磁盘分区

图 6-5　建立扩展磁盘分区

然后继续在扩展磁盘分区上再创建逻辑分区，最终分完区之后的效果如图 6-6 所示。

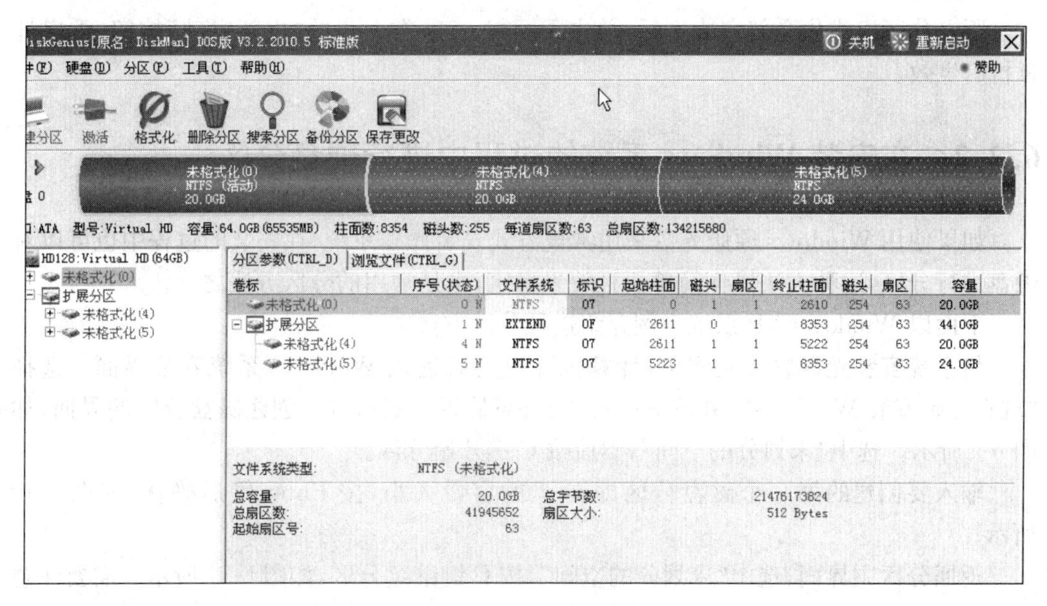

图 6-6　分区结束

然后还需要对每个分区进行高级格式化，在分区上右击，执行“格式化当前分区”，如图 6-7 所示。

在图 6-8 的界面中选择文件系统以及簇大小（建议采用默认值），然后单击“格式化”按钮。

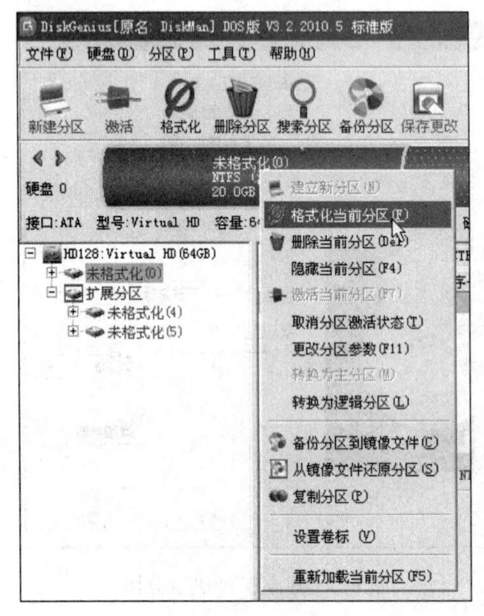

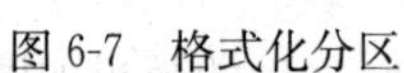
图 6-7　格式化分区

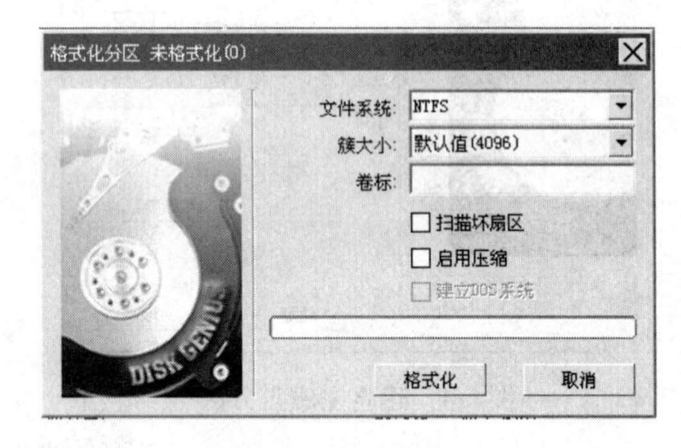

图 6-8　格式化分区

所有分区格式化全部完成之后，单击 DiskGenius 右上角的“重新启动”按钮，重启计算机后生效。

6.2.2　在安装 Windows 系统的过程中进行硬盘分区

如果使用 Windows 原版光盘采用常规方式安装操作系统，在安装的过程中也可以对硬盘进行分区，这种方法操作简单而且效果稳定，也是常用的分区方法之一。

下面以 Windows XP 系统为例介绍这种分区方法。

将系统安装光盘放入光驱中，计算机开机之后进入 Windows 系统安装界面。选择“现在开始安装 Windows”，并按 F8 键同意许可协议。然后进入创建磁盘分区的界面，如图 6-9 所示。选中“未划分的空间”，然后按 C 键开始分区。

输入要创建的第一个磁盘分区即 C 盘的容量大小，按 Enter 键后确认，如图 6-10 所示。

返回分区主界面，选中“未划分的空间”，按 C 键继续分区，如图 6-11 所示。需要注意的是，使用这种分区方法不需要创建扩展分区，而是可以直接建立逻辑分区。

分区全部结束后的效果如图 6-12 所示。可以看到最后仍然剩余了 8MB 的未划分区域，这 8MB 空间是系统保留的，可以不用考虑。

Windows XP Professional 安装程序
以下列表显示这台计算机上的现有磁盘分区
和尚未划分的空间。
用上移和下移箭头键选择列表中的项目。
◎ 要在所选项目上安装 Windows XP，请按 ENTER。
◎ 要在尚未划分的空间中创建磁盘分区，请按 C。
◎ 删除所选磁盘分区，请按 D。
65531 MB Disk 0 at Id 0 on bus 0 on atapi [MBR]
未划分的空间 65531 MB
ENTER=安装 C=创建磁盘分区 F3=退出

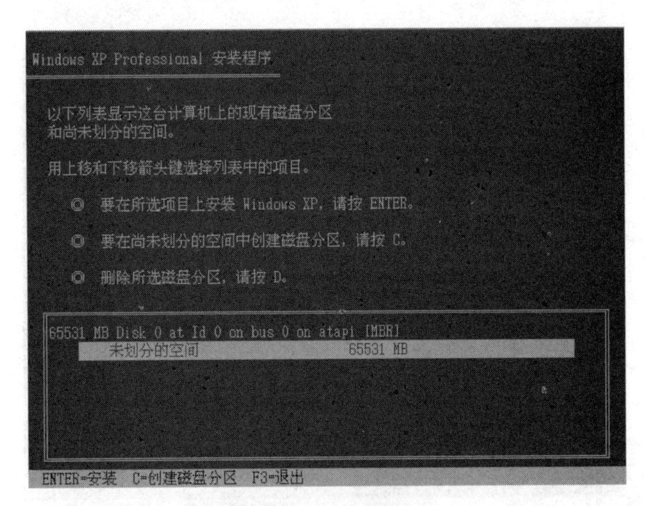

图 6-9 为磁盘分区

Windows XP Professional 安装程序
您已要求安装程序在 65531 MB Disk 0 at Id 0 on bus 0 on atapi [MBR]
上创建新的磁盘分区。
◎ 要创建新磁盘分区，请在下面输入大小，然后按 ENTER。
◎ 要回到前一个屏幕而不创建新磁盘分区，请按 ESC。
最小新磁盘分区为 8 MB。
最大新磁盘分区为 65523 MB。
创建磁盘分区大小(单位 MB)：20000_
ENTER=创建 ESC=取消

图 6-10 输入分区大小

Windows XP Professional 安装程序
以下列表显示这台计算机上的现有磁盘分区
和尚未划分的空间。
用上移和下移箭头键选择列表中的项目。
◎ 要在所选项目上安装 Windows XP，请按 ENTER。
◎ 要在尚未划分的空间中创建磁盘分区，请按 C。
◎ 删除所选磁盘分区，请按 D。
65531 MB Disk 0 at Id 0 on bus 0 on atapi [MBR]
C: 分区 1 [新的(未使用)] 20003 MB (20002 MB 可用)
未划分的空间 45528 MB
ENTER=安装 C=创建磁盘分区 F3=退出

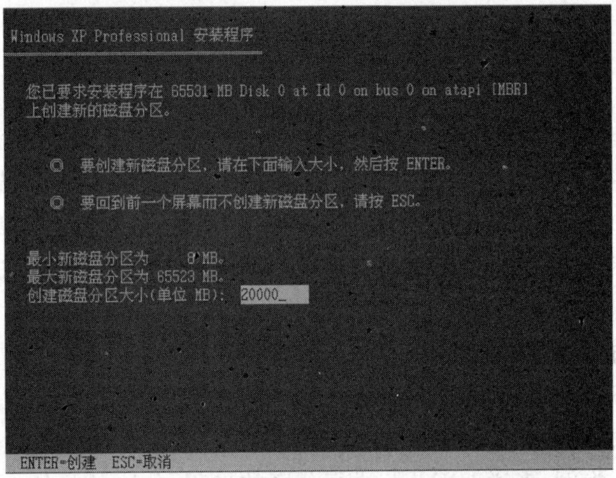

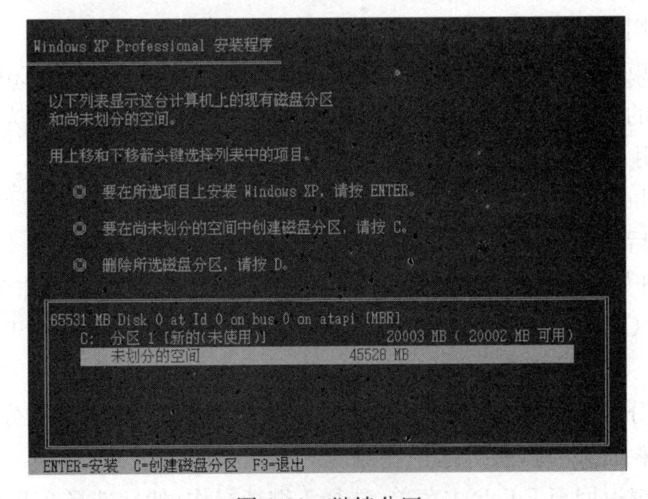

图 6-11 继续分区

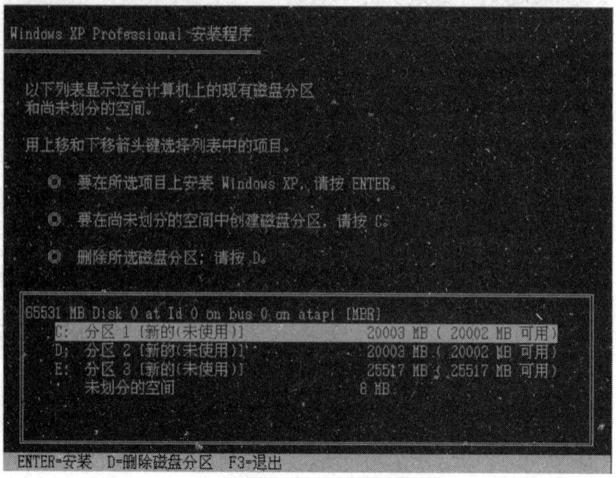

图 6-12　分区结束

任务实施

由于分区操作在计算机日常使用中并不常用，且对实体硬盘进行反复分区和格式化操作容易损坏硬盘，为熟练掌握硬盘分区技术，推荐在安装操作系统后，安装 VMware Workstations、Virtual PC 等虚拟软件平台，在虚拟机上进行模拟练习，本任务使用 Windows 系统安装盘自带的 Fdisk 和专业分区软件 PartitionMagic 进行分区和格式化操作。

1. 用 Fdisk 进行分区和格式化

Fdisk 是 DOS 下的分区程序，用该程序分区是最基础的分区方法，虽然现在更多使用其他的分区方法，但掌握这种最基础的分区方法还是有必要的。以在虚拟机上练习对 80G 硬盘进行分区为例，来说明 Fdisk 进行分区的过程，分区的具体要求为：C 盘占总磁盘空间的 30%，剩余的空间平分给逻辑盘 D 和 E。

(1) 首先利用 U 盘或光盘启动计算机。

(2) 启动结束，在屏幕上输入启动 fdisk 的 DOS 命令 fdisk 并按 Enter 键。

(3) 在出现的界面中，英文大意是说磁盘容量已经超过了 512M，为了充分发挥磁盘的性能，建议选用 FAT32 文件系统，按 Y 键后按 Enter 键。

(4) 进入 Fdisk 的主画面，进行操作时应注意选项含义。

(5) 选择 1 后按 Enter 键。

(6) Fdisk 开始检测硬盘，检测完成询问是否希望整个硬盘空间作为主分区并激活。主分区一般就是 C 盘，随着硬盘容量的日益增大，很少有硬盘只分一个区，所以按 N 键并 Enter 键。

(7) 设置主分区的容量，可以直接输入分区大小，以 MB 为单位或分区所占硬盘容量的百分比，然后按 Enter 键，主分区创建成功。

(8) 按 Esc 键返回至 Fdisk 主菜单，选择 1 继续操作，然后选择 2 开始创建扩展分区。

习惯上将除主分区之外的所有空间划为扩展分区，直接按 Enter 键即可。如果想安装微软之外的操作系统，则可根据需要输入扩展分区的空间大小或百分比。

（9）接下来创建逻辑分区，逻辑分区在扩展分区中划分，在此输入第一个逻辑分区的大小或百分比，最高不超过扩展分区的大小，然后按 Enter 键确认。

逻辑分区 D 创建完成，按照以上方法继续创建逻辑分区 E，创建完成后按 Esc 键返回。

（10）按 Esc 键返回至 Fdisk 主菜单，选 2 设置活动分区。

（11）按 Esc 键返回，再按 Esc 键退出 Fdisk 程序，这时弹出必须重新启动计算机的提示窗口，重启后分区才能够生效。

（12）当分区完成，重启计算机后进入 DOS 命令行后，还需格式化硬盘才能使用此逻辑盘。格式化用 Format 命令，如格式化 C 盘并传输必要的启动文件，只要在 A:\>后输入“format c:/s”，按 Enter 键确认后，会出现“格式化会丢失在磁盘上的所有数据”的警示提示，按 Y 键确定，开始格式化硬盘。

（13）在格式化完成后，format 显示总磁盘空间、标记为错误的空间以及文件可用的空间的消息。

2. 使用 PartitionMagic 软件进行分区和格式化

分区思路：80G 硬盘，分三个区，C 盘 10G，D 盘 30G，E 盘为余下的部分，其中 C 盘、D 盘格式化为 NTFS 格式，E 盘格式化为 FAT32 格式。具体过程如下。

（1）DOS 版 PQ 在很多系统或工具光盘上都有，用此光盘启动，并选择魔术分区师 PQ 软件。

（2）启动界面。

（3）选中该磁盘单击“作业”→“建立”。

（4）设置主要分区，分区格及分区大小，设置完成后单击“确定”按钮，完成 C 盘分区。

（5）按与以上介绍的同样步骤，划分逻辑分区 E 盘和 D 盘，注意按分区要求设置逻辑盘的属性。

（6）分好所有区后，一定要激活主分区，如果忘记激活，会造成无法从硬盘启动。激活主分区：选定划分好的第一个分区，然后选择“作业”→“进阶”→“设定”，在弹出的对话框窗口单击“确定”按钮，这样第一个分区就设置为活动分区了。

（7）单击“执行”按钮，并在弹出的对话框中单击“是”按钮，使刚才所有设置生效。

（8）单击“结束”按钮，退出 PQ 软件，重启计算机后，硬盘已按照预定的要求完成分区和格式化工作。

3. 系统安装完成后的分区

事实上，系统安装完成后，也可以在运行的操作系统中对硬盘进行分区操作，可以使用系统自带的磁盘管理工具，或者 DM、PartitionMagic、DiskGenius 等专业硬盘分区软件。

Windows XP 自带的磁盘管理工具的启动方式是：打开控制面板，双击“管理工具”按钮，再双击“计算机管理”按钮，单击打开的“计算机管理”窗口左侧树状图中的“磁盘管理”即可。

Windows XP 自带的磁盘管理工具的功能较弱，只能将大的分区缩小为若干小的分区且对于空闲磁盘空间有特殊要求，具体操作为：在需要缩小的分区上右击，选择“压缩卷”命令，然后按提示确定新分区的大小即可。

专业分区软件的功能比较强大，分区操作也比较简单，在系统中运行主程序后，用鼠标选择相关的操作即可。如要从硬盘的未分配空间创建一个新的分区，则单击“创建一个新分区”，弹出“创建新的分区”对话框，按照对话框的提示，进行下一步操作即可。

思考与练习

一、填空题

1. Windows 系统中目前常见的文件系统主要有________和________两种。对于目前的硬盘分区，建议采用________文件系统。

2. 硬盘分区由主分区、________和________组成。

3. 格式化分为低级格式化和________。

4. ________文件系统的缺点是不支持容量超过 4GB 的单个文件。

二、简答题

1. 简述 Windows 系统中常用的文件系统类型与特点。

2. 简述如何使用 DiskGenius 软件进行硬盘分区。

三、实践题

1. 用不同的方式对一台计算机的硬盘删除原有分区后进行重新分区。

2. 试将硬盘的分区格式化为 Linux 格式。

综合实训四　硬盘的分区和格式化

1. 实训目的

(1) 能够根据实际情况制定硬盘分区方案。

(2) 掌握用 DiskGenius 软件对硬盘进行分区的方法。

(3) 掌握在安装 Windows XP 系统过程中为硬盘分区的方法。

2. 实训中用到的工具

系统工具光盘、Windows XP 系统安装光盘。

3. 实训步骤

(1) 制定硬盘分区方案

① 进入 BIOS 设置界面，查看硬盘大小，制定相应分区方案。

② 将 BIOS 设置成首先从光盘引导。

(2) 用 DiskGenius 对硬盘进行分区

① 启动计算机,将系统工具光盘放入光驱。

② 进入光盘引导界面,选择执行 DiskGenius。

③ 按照制定的分区方案对硬盘进行分区。

④ 对所有分区进行格式化。

⑤ 重启系统。

(3) 用 Windows XP 系统安装光盘为硬盘分区

① 启动计算机,将 Windows XP 系统安装光盘放入光驱。

② 开始系统安装过程,进入硬盘分区的步骤。

③ 将硬盘中原有的分区全部删除。

④ 按照制定的分区方案对硬盘进行分区。

⑤ 分区之后重启系统(不必继续系统安装过程)。

项目 7　安装操作系统及常用软件

在经过前面的 BIOS 设置、硬盘分区与格式化的操作之后，便可以为计算机安装操作系统了。安装操作系统是一项非常重要的计算机基础维护操作，通常情况下，计算机的操作系统发生崩溃时，一般都需要重装操作系统来解决计算机出现的故障。安装操作系统并不是一个孤立的操作，在装完系统之后还需要安装设备驱动程序、各种常用软件等。

任务 1　安装单操作系统

在前面的准备工作都完成后，就可以正式安装操作系统了。

任务描述

在完成了前面的 BIOS 设置、硬盘分区和格式化这些准备工作之后，张建同学要顺利工作、学习，必须安装合适的操作系统，如微软公司的 Windows 系列操作系统，有 XP、Vista、Windows 7 等版本，Linux 操作系统，以及苹果公司的 Mac OS 等。具体应该选择哪一种操作系统，又该如何安装呢？

相关知识

7.1.1　操作系统的概念及系统的版本

1. 操作系统概念

操作系统(Operating System，OS)是软件系统的核心，它的主要作用是管理计算机系统的全部硬件资源、软件资源及数据资源，控制程序运行，为其他应用软件提供支持等，使计算机系统所有资源最大限度地发挥作用，为用户提供方便、有效、友善的服务界面。

操作系统内包含了大量的管理控制程序，主要实现以下 5 个方面的管理功能：进程与处理器管理、作业管理、存储管理、设备管理、文件管理。

进程和处理器管理，根据一定的策略将处理器交替地分配给系统内等待运行的程序。

作业管理，是为用户提供一个使用系统的、良好的环境，使用户能有效地组织自己的工作流程，并使整个系统高效地运行。

存储管理功能，是管理内存资源，主要实现内存的分配和回收、存储包含以及内存扩充。

设备管理功能，是负责分配和回收外部设备，以及控制外部设备按用户程序的要求进行操作。

文件管理，向用户提供创建文件、撤销文件、读写文件、打开和关闭文件等功能。

2. 常见操作系统简介

(1) Windows 系列操作系统

计算机操作系统目前有很多种，最常用的就是微软公司(Microsoft)的 Windows 系列。该系列有很多个型号，如 Windows XP、Windows 7、Windows 8 等。目前使用最多的是 Windows XP 和 Windows 7。Windows Vista 因为对硬件要求高，运行速度慢等原因，目前市场的普及率较低。

Windows XP 中文全称为视窗操作系统体验版，是微软公司发布的一款视窗操作系统。它发行于 2001 年 10 月 25 日，原来的名称是 Whistler。微软最初发型了两个版本，家庭版和专业版。字母 XP 表示英文单词的"体验"。Windows XP 是基于 Windows 2000 的用户安全特性，并整合了防火墙，以增强系统的安全性和稳定性。

Windows 7 是微软目前面向个人和家庭用户的主流操作系统，Windows 7 系统的版本众多，其中最主要的版本有 3 个，分别是：家庭版、专业版、旗舰版。

Windows 7 家庭版主要面向家庭用户，拥有华丽的特效以及强大的多媒体功能。

Windows 7 专业版主要面向企业用户，拥有加强的网络功能和更高级的数据保护功能。

Windows 7 旗舰版具有家庭版和专业版的全部功能，是功能最全面的一个 Windows 7 系统版本，当然也是价格最贵的一个版本。

在上述三个版本中，推荐使用旗舰版。

另外，所有版本的 Windows 7 系统又分为 32 位和 64 位两个类别。64 位的系统支持 3.2GB 以上容量的内存，性能更为强大。但是由于目前的大多数应用软件还是基于 32 位系统开发的，所以 64 位的系统在软件兼容性方面还会存在一些问题，因此对大多数人来说还是推荐使用 32 位的系统，但是估计在未来几年之内，操作系统将全面过渡到 64 位。

(2) UNIX 操作系统

UNIX 是一个强大的多用户、多任务操作系统，支持多种处理器架构，最早由 Ken Thompson、Dennis Ritchie 和 Douglas McIlroy 于 1969 年在 AT&T 的贝尔实验室开发。早期的 UNIX 拥有者 AT&T 公司以低廉甚至免费的许可将 UNIX 源码授权给学术机构做研究或教学之用，许多机构在此源码基础上加以扩充和改进，形成了所谓的 UNIX 变种，这些变种反过来也促进了 UNIX 的发展，最终形成了一系列操作系统，统称为 UNIX 操作系统。主要分为各种传统的 UNIX 系统，如 FreeBSD、OpenBSD、SUN 公司的 Solaris，以及各种与传统 UNIX 类似的传统，例如 Minix、Linux、苹果公司的 Mac OS 等。UNIX 因为其安全可靠，高效强大的特点在服务器领域得到了广泛的应用，但除 Mac OS 和部分 Linux 发行版本外，很少使用在微型计算机上。

(3) Linux 操作系统

Linux 是 UNIX 系统的一个变种,但值得注意的是,Linux 是以 UNIX 为原型开发的,其中并没有包含 UNIX 源码,是按照公开的 POSIX 标准重新编写的。Linux 最早由 Linus Torvalds 在 1991 年开始编写,之后在不断地有程序员和开发者加入 GNU 组织中去,逐渐发展完善为现在的 Linux。

Linux 操作系统的内核的名字也是 Linux,它是自由软件和开放源代码发展中最著名的例子之一。严格来讲,Linux 这个词本身只表示 Linux 内核,但实际上人们已经习惯用 Linux 来形容整个基于 Linux,并且使用 GNU(GNU 代表 GNU's Not UNIX,它既是一个操作系统,也是一种规范,符合 GNU 许可协议的程序都是自由软件,都可以在网络中免费下载)工程各种工具和数据库的操作系统。Linux 是一个内核,但一个完整的操作系统不仅仅只有内核,许多个人、组织和企业开发了基于 GNU/Linux 的 Linux 发行版。目前,国内 PC 上使用较多的发行版为 Ubuntu、Fedora 等。

(4) Mac OS

Mac OS 是苹果计算机专用的操作系统,是基于 UNIX 内核的图形化操作系统。该操作系统只能够安装在苹果计算机上。但是苹果公司也推出了 for X86 的版本。需要注意的是,Mac OS 非 X86 版本是没有办法安装在非苹果计算机上的。因为它们使用的硬件结构不同。苹果的 CPU 和 Intel、AMD 的 CPU 不一样,执行的命令也不一样。

3. 常见的操作系统优缺点比较

目前,UNIX、Linux、Mac OS 等系统的普及率都远低于 Windows 操作系统。这是因为使用 UNIX、Linux 操作系统有一定技术上的要求,且早期版本人性化程度较低。但是在全球自由软件爱好者的共同努力下,Linux 也越来越人性化,使用更加接近人们的日常习惯,如 Ubuntu 系统就是其中的代表。而 Mac OS 则是因为使用其特有的硬件设备,扩充性差,得不到更多的生产厂商的支持。

Windows 操作系统易用性好,容易上手,很人性化,但是安全性差,本身有很多漏洞,有很多针对 Windows 平台的病毒和恶意代码。Linux 和 UNIX 操作系统界面易用性不如 Windows 操作系统,但是安全性很好,针对它们的病毒不多。目前使用 Linux 和 UNIX 操作系统基本上不需要安装杀毒软件和防火墙,因为即使将 Windows 操作系统下的病毒复制到 Linux 和 UNIX 操作系统下,病毒也无法执行,因为 Windows 操作系统和后两者的文件结构完全不一样。

各主流操作系统的主要优缺点比较见表 7-1。

表 7-1 各主流操作系统的主要优缺点

操作系统	优点	缺点
Windows XP	市场普及率高,价格相对 Windows 7 低廉,人性化,易操作,兼容性好,有大量的软件支持该系统	安全性差,容易遭到病毒的感染
Windows 7	运算速度较 Windows Vista 快,安全性较 Windows XP 高,人性化,易操作,对大容量、高频率设备的支持较 Windows XP 好	对硬件配置要求高,对于很多游戏和软件不兼容,价格较高

续表

操作系统	优　点	缺　点
UNIX	稳定性、安全性高，可扩展性好，多用于服务器等	易用性差，界面不够人性化
Linux	免费、开源、可扩展性好，多用于服务器	易用性差，界面不够人性化
Mac OS	界面华丽，易操作，稳定性好	价格高昂，支持的软件少

7.1.2　用常规方法安装 Windows 7 系统

Windows 7 系统对计算机的基本配置要求如下。

- 1GHz 32 位或 64 位处理器。
- 1GB 内存(基于 32 位)或 2GB 内存(基于 64 位)。
- 16GB 可用硬盘空间(基于 32 位)或 20GB 可用硬盘空间(基于 64 位)。

下面以安装 Windows 7 SP1 简体中文旗舰版为例来介绍 Windows 7 系统的安装过程。

(1) 首先设置 BIOS 从光盘启动计算机，将 Windows 7 系统安装光盘放入光驱，启动计算机后，显示如图 7-1 所示的界面。

图 7-1　加载文件界面

(2) 选择语言类型、时间和货币格式及键盘和输入方法。这里采用默认设置，如图 7-2 所示。

(3) 在图 7-3 的界面中，单击“现在安装”按钮，开始系统安装过程。

(4) 同意许可条款，选中“我接受许可条款(A)”后，单击“下一步”按钮，如图 7-4 所示。

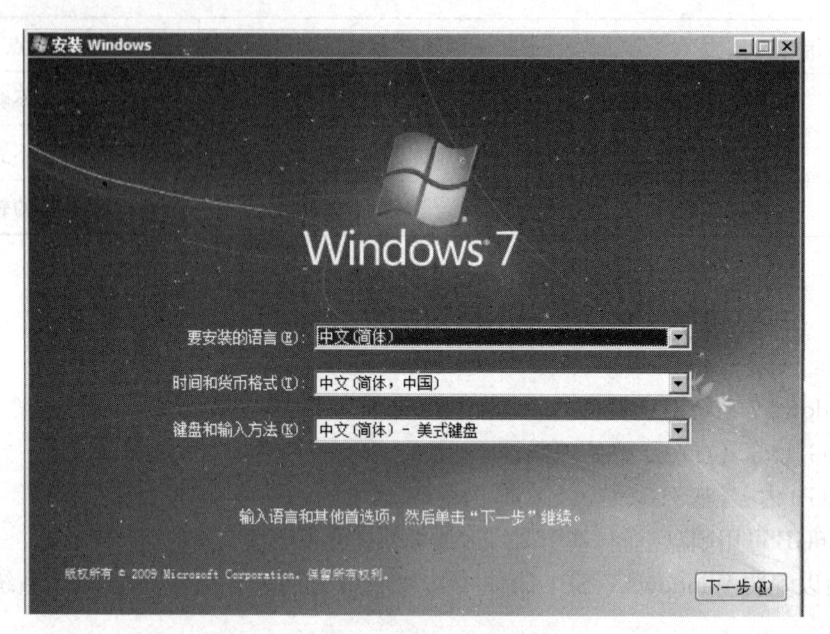

图 7-2 语言、时间和货币、键盘设置界面

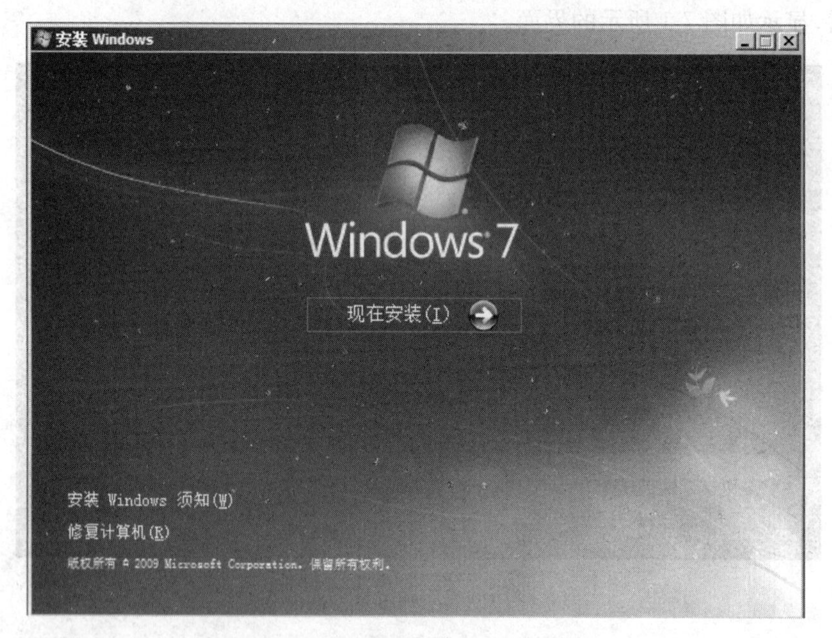

图 7-3 单击“现在安装”按钮

(5) 进入安装类型选择界面，此处有两个选项“升级(U)”和“自定义(高级)(C)”，根据需要进行选择，这里选择“自定义(高级)(C)”，如图 7-5 所示。

(6) 进入分区界面，单击“驱动器选项(高级)(A)”按钮。在这里也可以对硬盘进行分区，但是在 Windows 7 系统的安装过程中，只能创建主分区，而无法创建逻辑分区。也

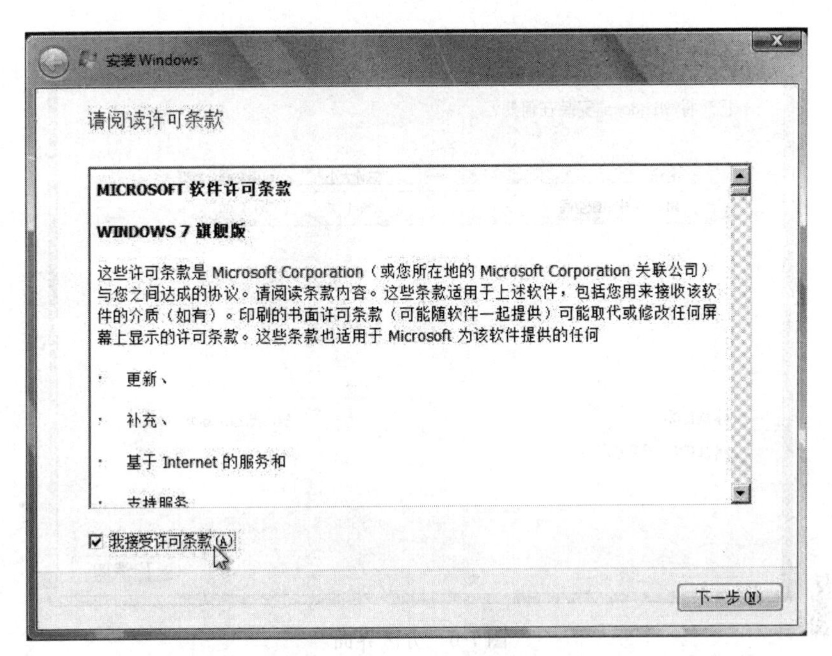

图 7-4　许可条款界面

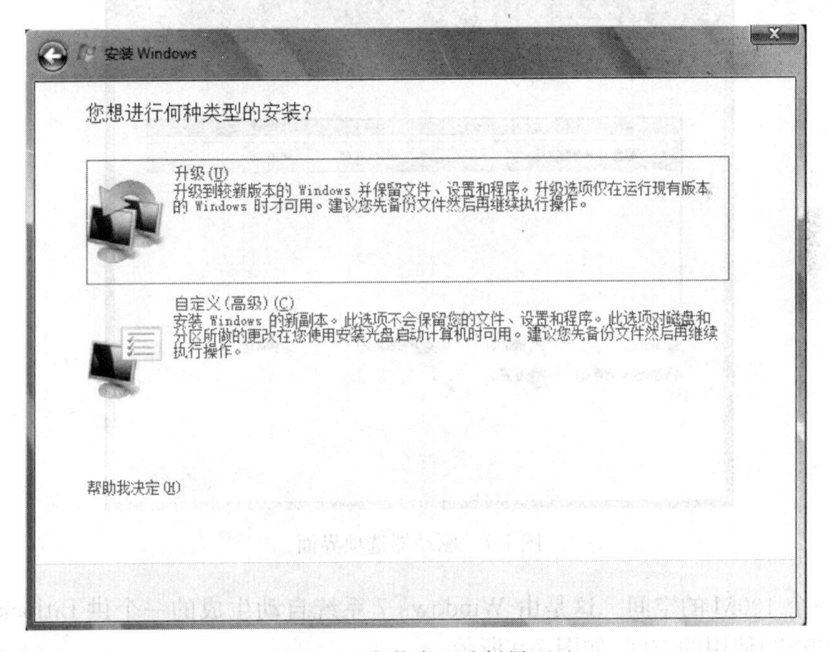

图 7-5　安装类型选择界面

就是说，在这里最多只能创建 4 个分区，而且分区类型全部为主分区，如图 7-6 所示。

(7) 单击“新建(E)”按钮，创建分区，如图 7-7 所示。

(8) 设置分区容量并单击“下一步”按钮，如图 7-8 所示。

(9) 创建好主分区后的磁盘状态。这时会看到，除了创建的 C 盘和一个未划分的空

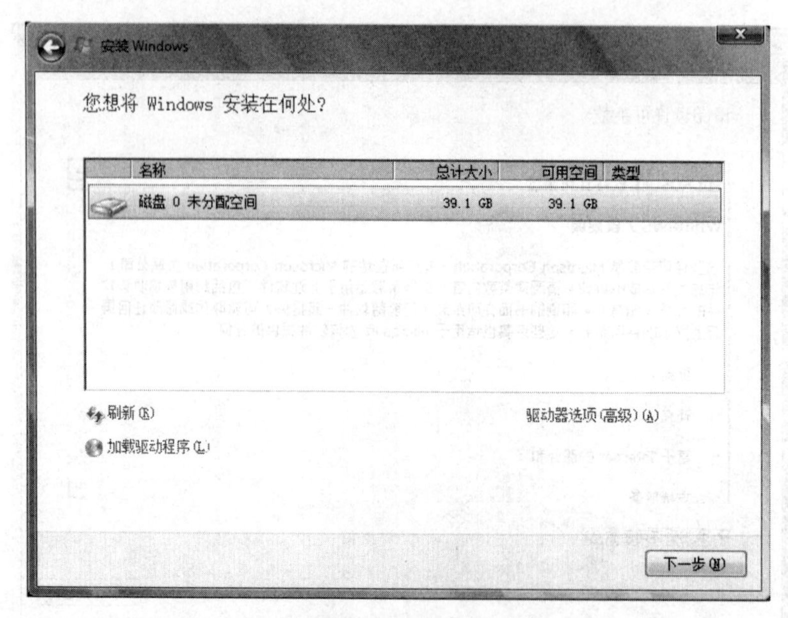

图 7-6　分区界面

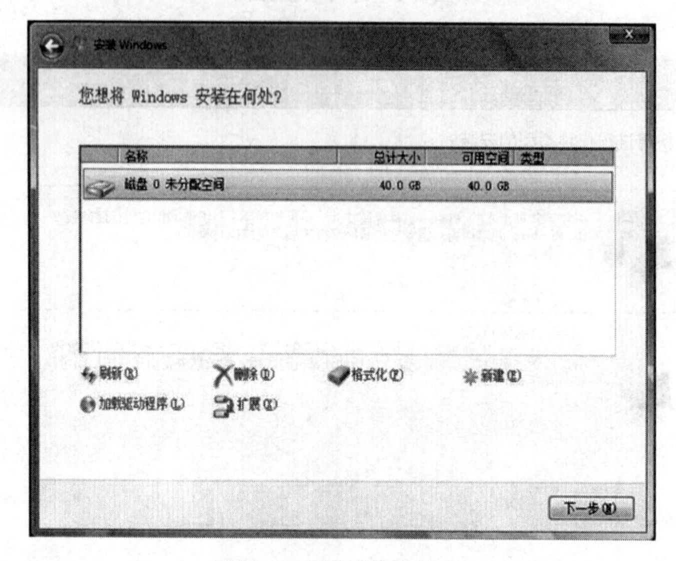

图 7-7　驱动器选项界面

间，还有一个 100M 的空间。这是由 Windows 7 系统自动生成的一个供 Bitlocker（一种磁盘加密方法）使用的空间，如图 7-9 所示。

（10）选中未分配空间，单击“新建(E)”按钮，创建新的分区，如图 7-10 所示。

（11）将剩余空间全部分给第二个分区，也可以根据实际情况将硬盘分成多个分区，如图 7-11 所示。

（12）创建第二个分区完成，选择要安装系统的分区，单击“下一步”按钮，如图 7-12 所示。

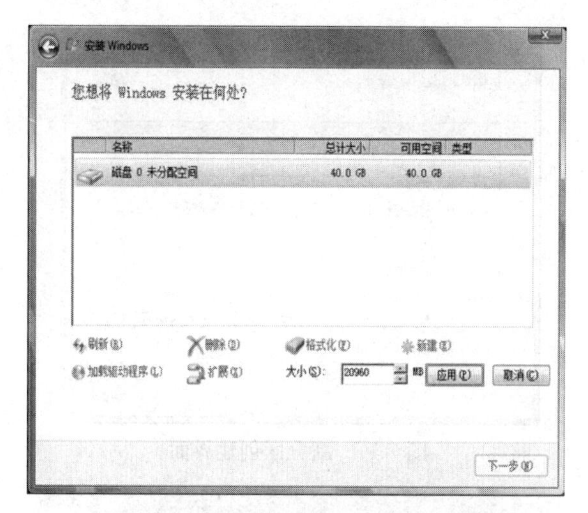

图 7-8　新建分区界面

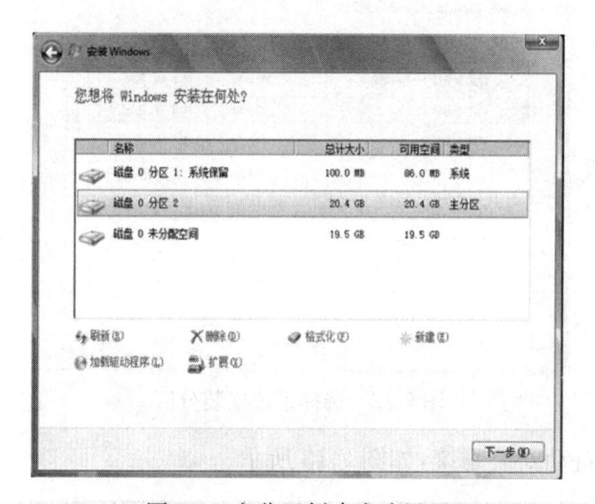

图 7-9　主分区创建成功界面

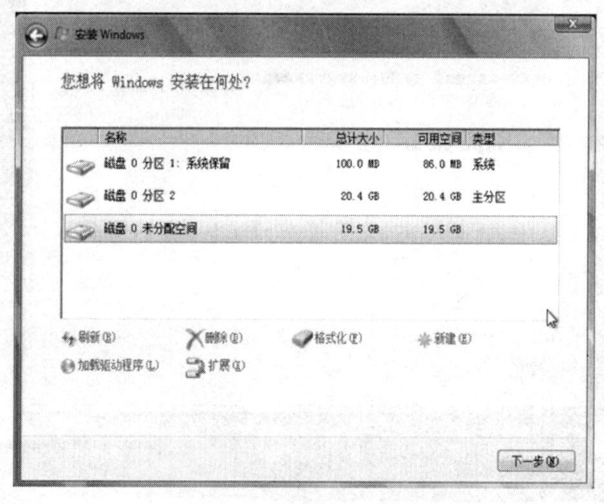

图 7-10　硬盘分区界面

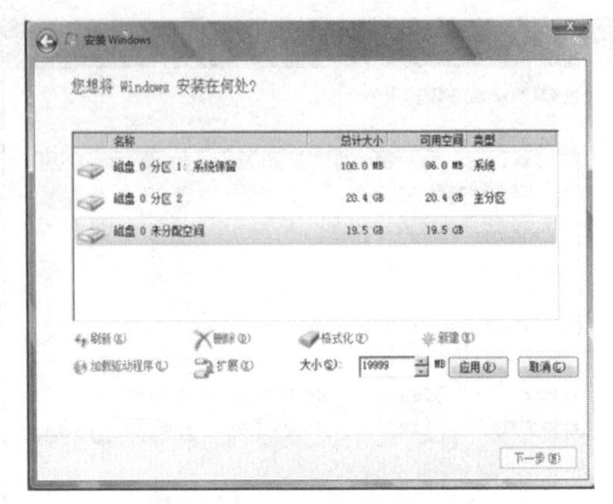

图 7-11　新分区创建界面

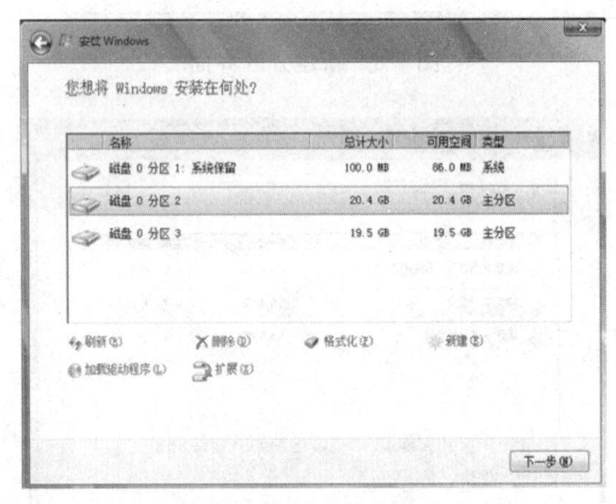

图 7-12　选择系统安装分区

(13) 系统开始自动安装系统,如图 7-13 所示。

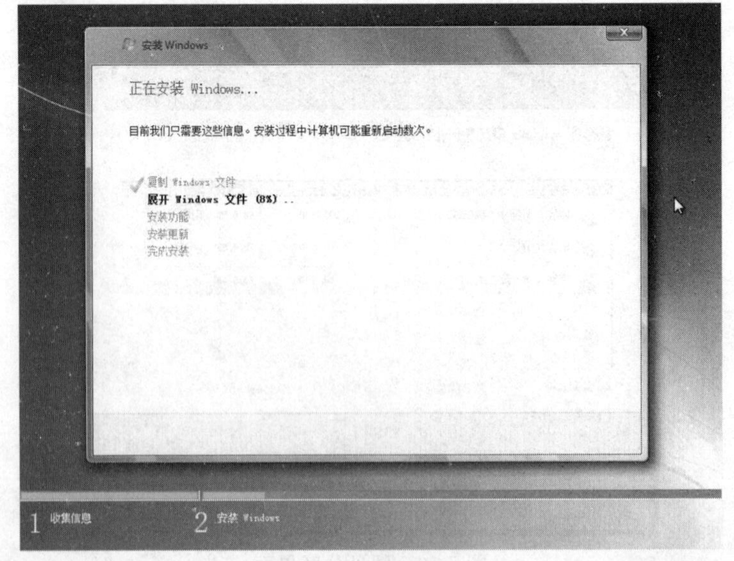

图 7-13　安装界面

(14) 系统安装完成后,会自动重启,如图7-14所示。

图7-14 系统重启

(15) 安装程序准备工作完成后,显示"设置 Windows"对话框,如图7-15所示。在"输入用户名"文本框中输入用户名,在"输入计算机名称"文本框中输入计算机名称,然后单击"下一步"按钮。

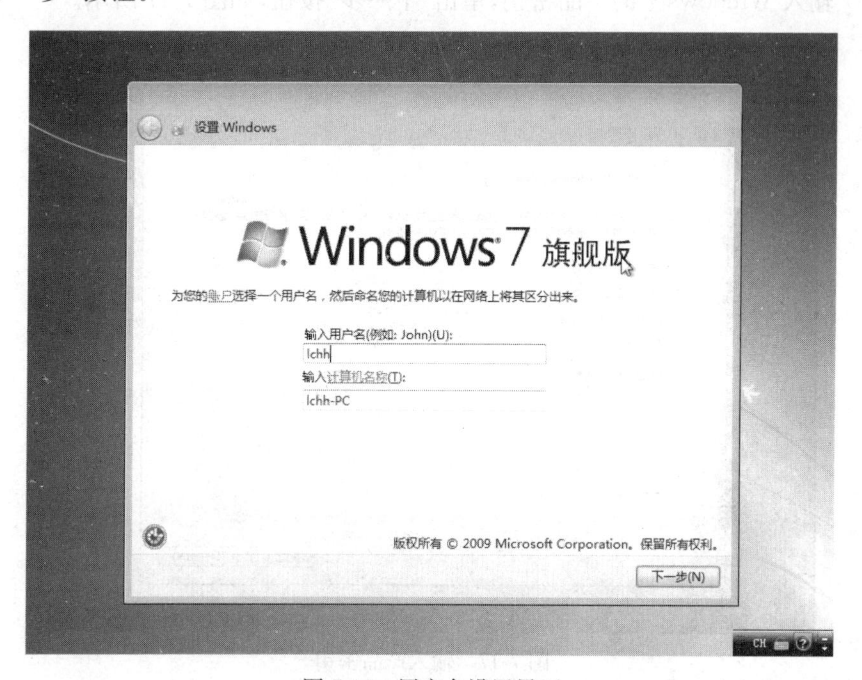

图7-15 用户名设置界面

(16) 打开“为账户设置密码”对话框，如图 7-16 所示，在“输入密码”文本框中输入密码。需要注意的是，如果设置密码，那么密码提示也必须设置。如果觉得麻烦，也可以不设置密码，直接单击“下一步”按钮，进入系统后再到“控制面板”→“用户账户”中设置密码。

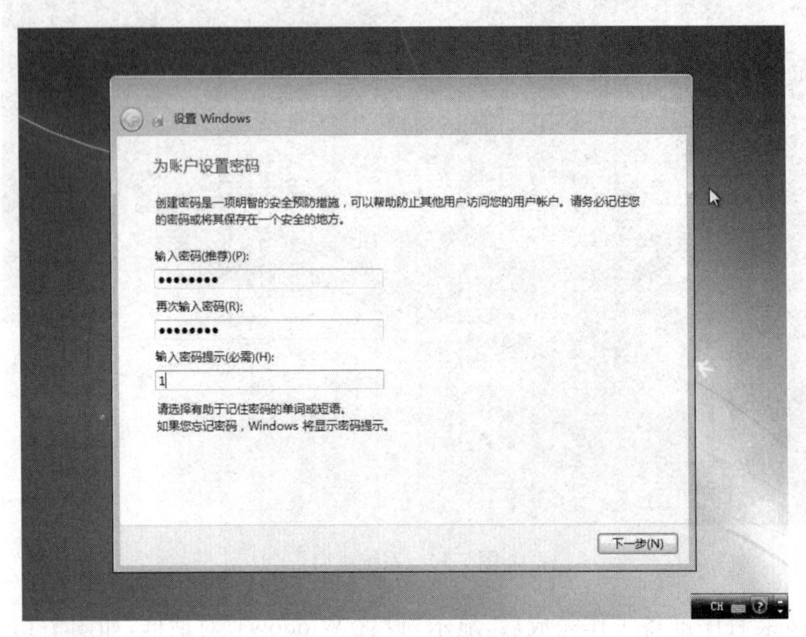

图 7-16　账户密码设置界面

(17) 输入 Windows 7 的产品密钥，单击“下一步”按钮，如图 7-17 所示。

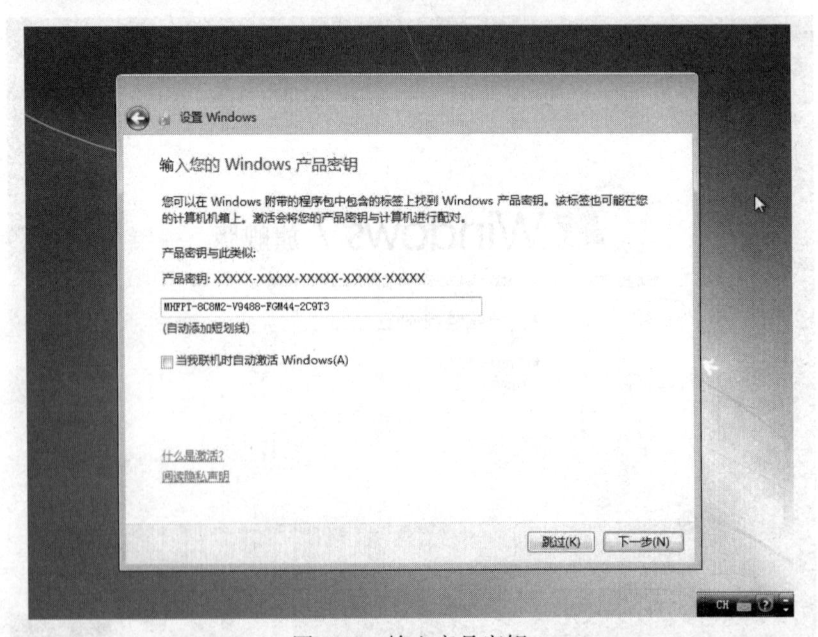

图 7-17　输入产品密钥

(18) 帮助您自动保护计算机以及提高 Windows 的性能，选择“使用推荐设置(R)”，如图 7-18 所示。

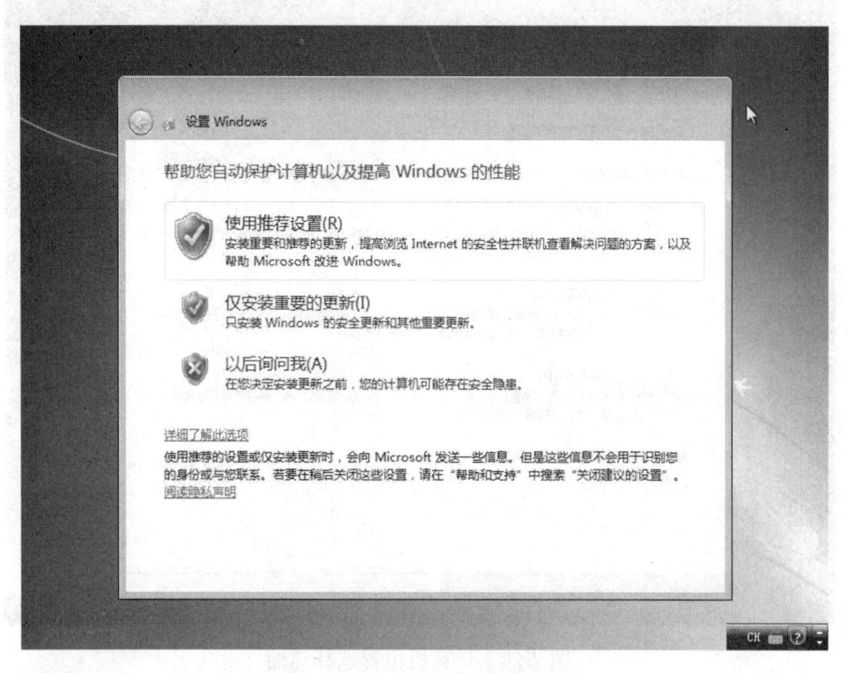

图 7-18　Windows 保护设置界面

(19) 设置时间和日期，单击“下一步”按钮，如图 7-19 所示。

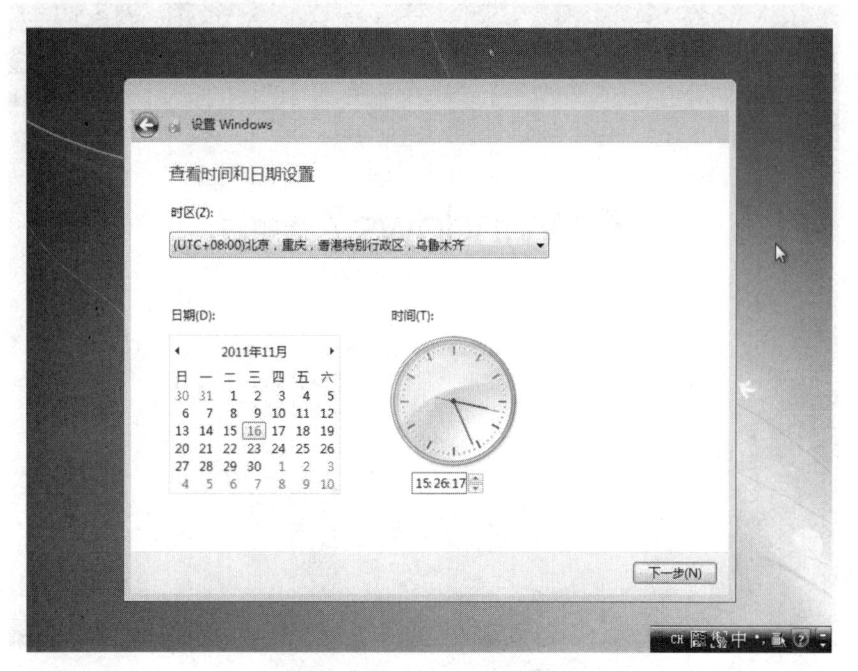

图 7-19　设置日期和时间界面

(20) 选择计算机当前的位置，如果不确定，选择“公用网络”，如图 7-20 所示。

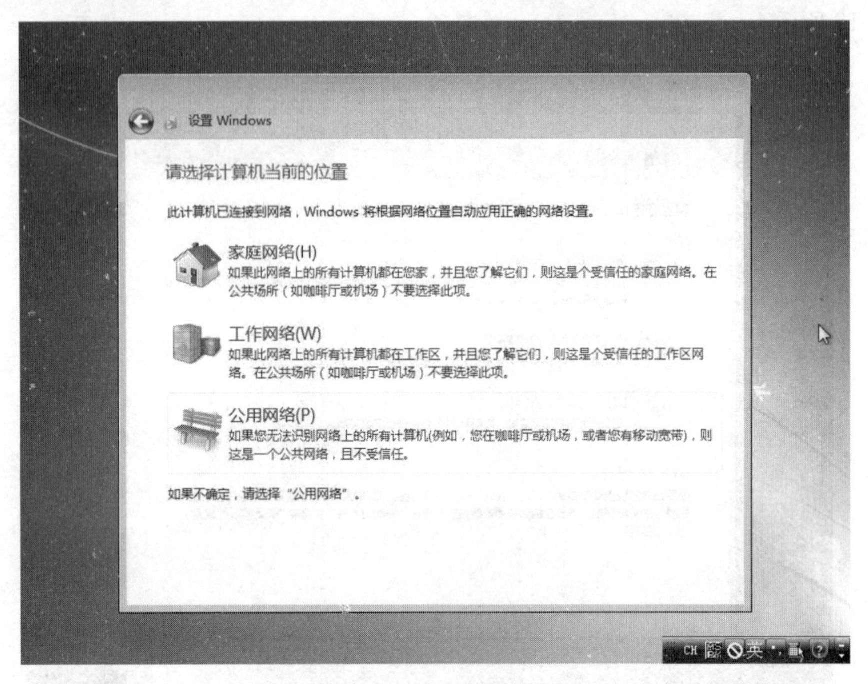

图 7-20　计算机位置选择界面

(21) 系统开始完成设置，如图 7-21 所示。

图 7-21　完成设置界面

(22) 正在准备桌面,如图 7-22 所示。

图 7-22　准备桌面界面

(23) 进入桌面环境,安装完成,如图 7-23 所示。

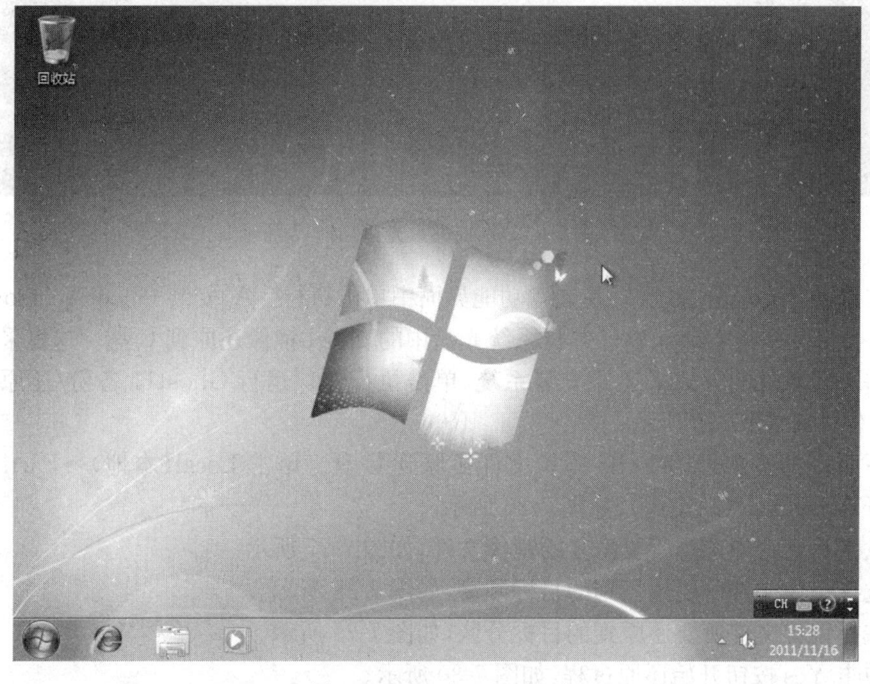

图 7-23　Windows 7 桌面

7.1.3 用 Ghost 还原的方法安装 Windows 7 系统

除了采用常规方法安装系统之外，目前还有一种被广泛采用的安装操作系统的方法——利用 Ghost 还原的安装方法系统。

常规安装方法步骤烦琐，花费的时间较长，但安装的系统非常稳定，也能够发现隐含的一些硬件故障，常用于原版操作系统的安装。利用 Ghost 还原的安装方法操作简单，耗时较短，但相对不够稳定，主要用于改装版操作系统的安装。

下面就介绍如何采用 Ghost 还原的方法安装 Windows 7 操作系统。

首先设置 BIOS 从光盘启动计算机，将系统工具光盘放入光驱，启动计算机后，显示如图 7-24 所示的功能界面。

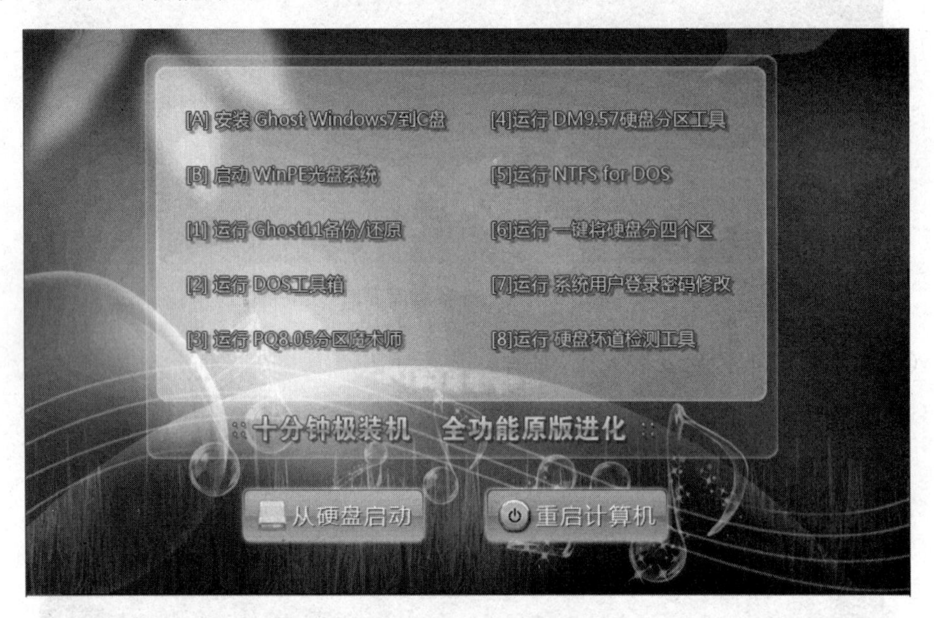

图 7-24 系统工具光盘功能界面

如果硬盘已经分好区，则在光盘功能界面中单击执行“[A]安装 Ghost Windows 7 到 C 盘”，会自动运行 Ghost 软件并将系统光盘中的 ghost 镜像还原到 C 盘。这里采用手工运行 Ghost 软件的方式来还原安装系统，单击执行“[1]运行 Ghost11 备份/还原”，运行 Ghost 软件，如图 7-25 所示。

下面将光盘中自带的 gho 镜像文件还原到 C 盘。单击 Local(本地)→Partition(分区)→From Image(从镜像)，如图 7-26 所示。

从工具光盘中选择所要恢复的镜像文件，如图 7-27 所示。

选择镜像文件所要恢复到的目标硬盘，如图 7-28 所示。

选择镜像文件所要还原到的目标分区，如图 7-29 所示。

单击 Yes 按钮开始还原过程，如图 7-30 所示。

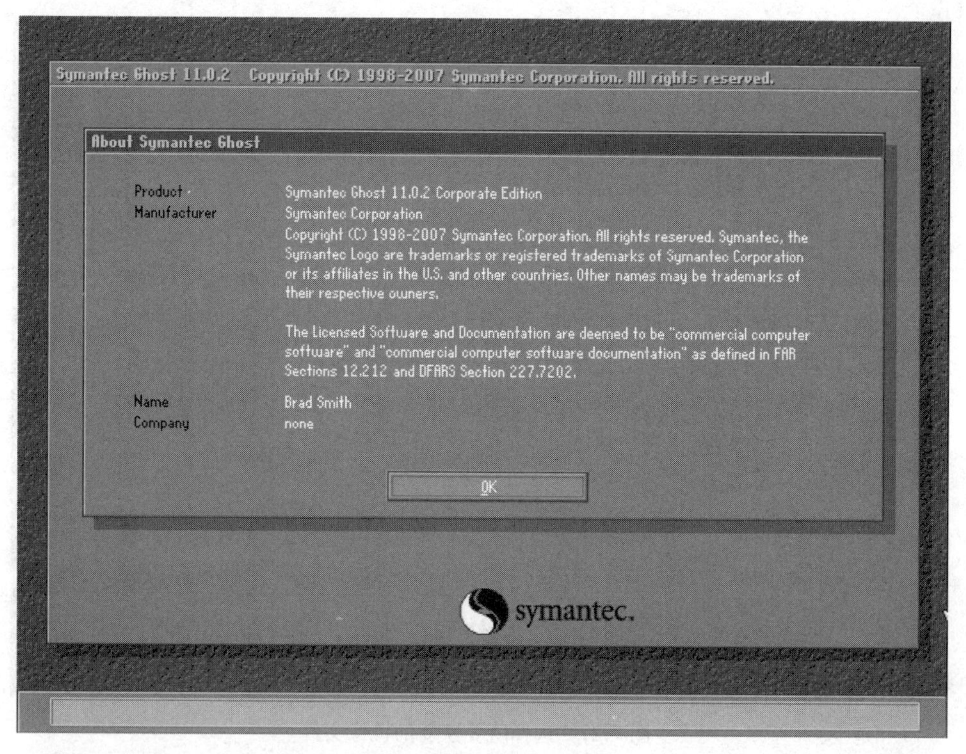

图 7-25　Ghost 运行界面

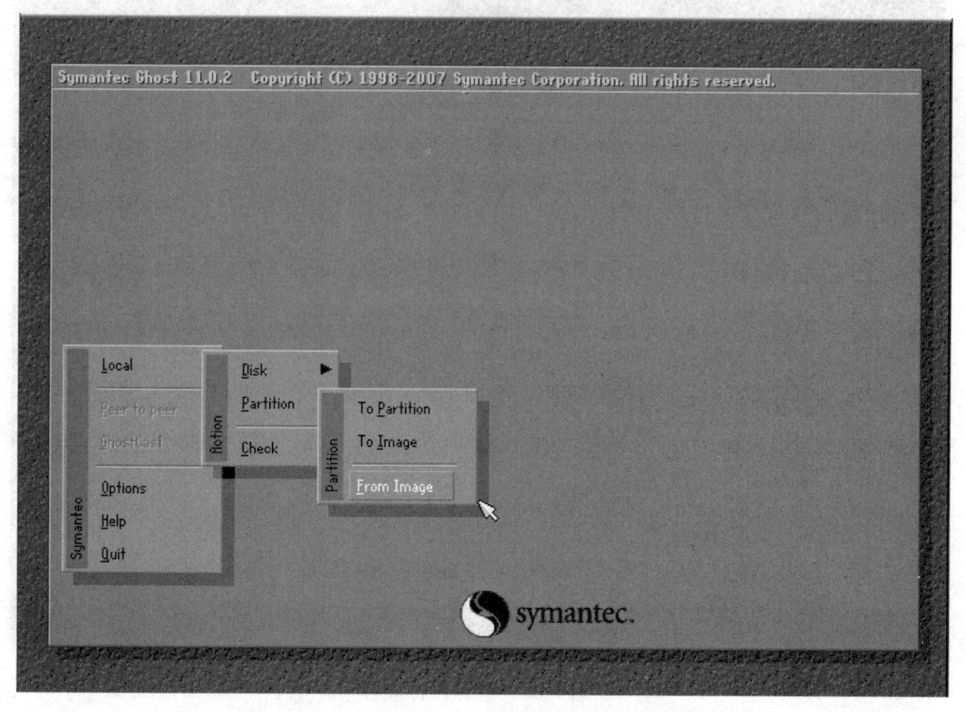

图 7-26　从镜像还原

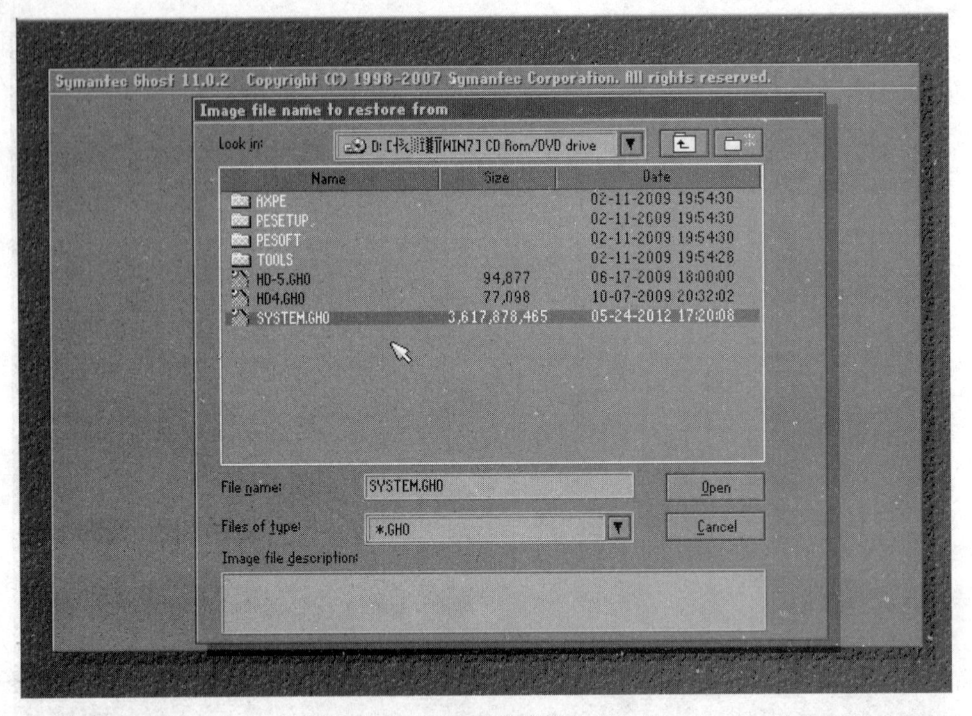

图 7-27　选择所要恢复的镜像文件

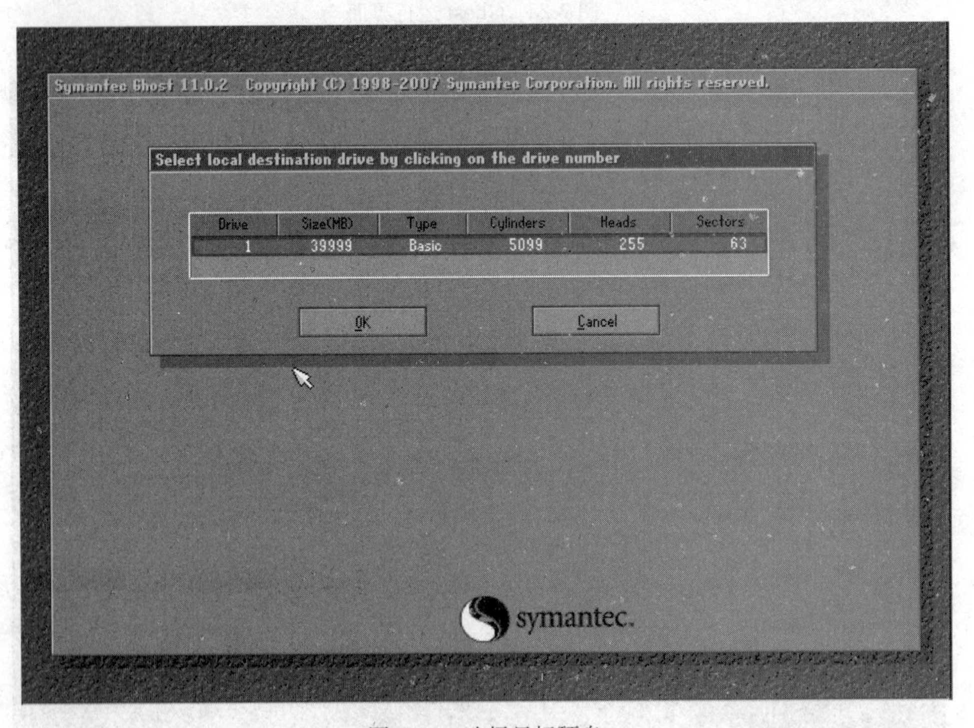

图 7-28　选择目标硬盘

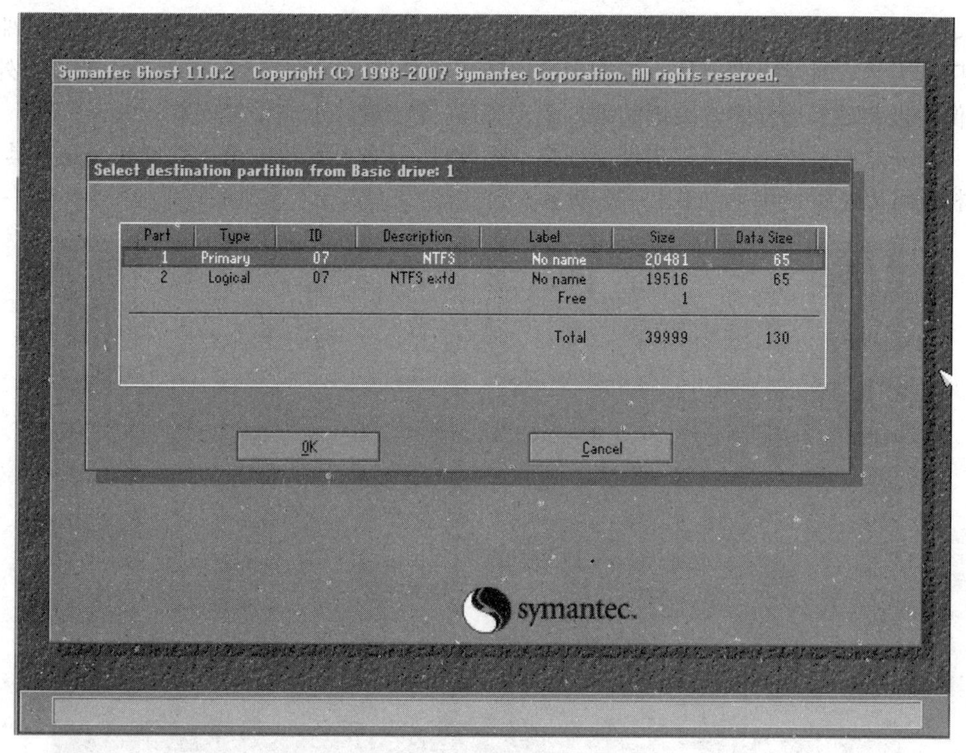

图 7-29　选择目标分区

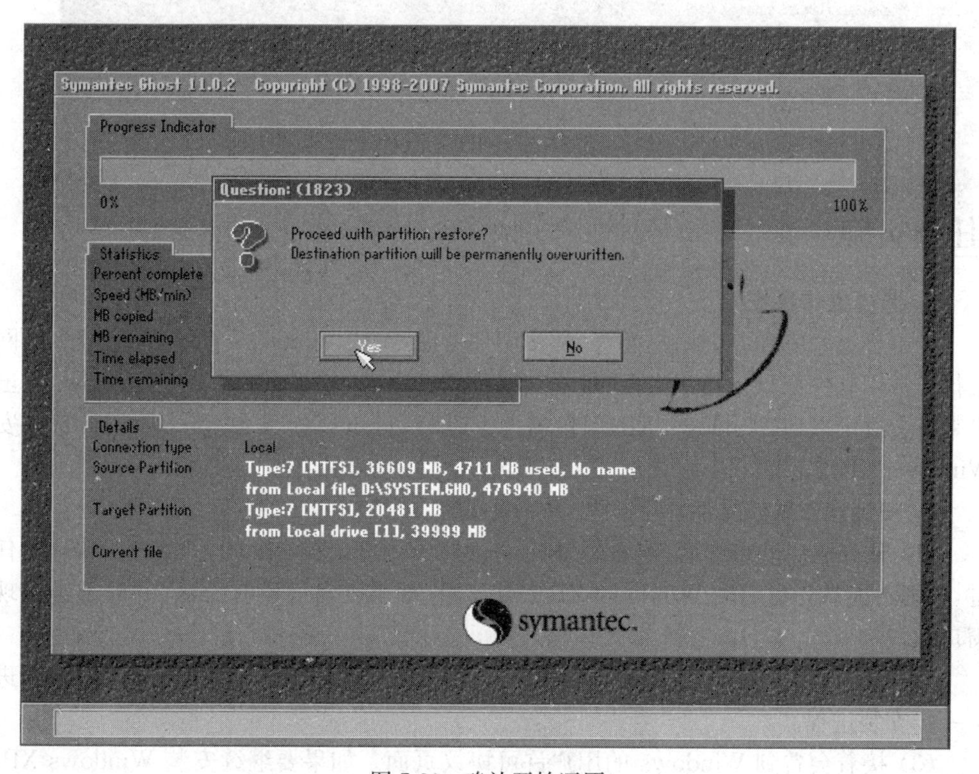

图 7-30　确认开始还原

用 Ghost 还原的方法安装完系统之后，还可以自动检测硬件型号并安装相应的驱动程序。当然有时对个别硬件也可能无法安装正确的驱动，这时就需要手工安装。另外对于像主板和显卡这样非常关键的硬件驱动程序，建议最好也能手工安装。

另外这些系统中一般都附带了很多常用软件，只需再安装上杀毒软件和安全工具，计算机就可以正常使用了，如图 7-31 所示。

图 7-31　安装完的 Ghost Windows 7 系统

任务实施

1. 选择操作系统

对于普通家庭和办公用户而言，从实用性考虑，首选 Windows 系统，因为很多的网上银行和常用软件都只支持 Windows 系统。而 Windows 的系列产品中，Windows 7 虽然未来将会逐渐取代 Windows XP，但目前大家对 Windows XP 更熟悉一些，因此选择安装 Windows XP。

2. 安装操作系统文件

(1) 从光驱启动系统后，当看到“Press any key to boot from CD.”窗口时快速按任意键，否则不能从光盘启动 Windows XP 安装光盘(如果硬盘还没有分区，一般不会出现此窗口)。

(2) 接着会出现 Windows XP 安装欢迎页面。根据屏幕提示，按 Enter 键继续进入下一步安装进程。

(3) 接着会看到 Windows 的用户许可协议页面。如果要继续安装 Windows XP，就必须按 F8 键同意此协议来继续安装。

(4) 现在进入 XP 安装过程。选择准备安装的分区 C,按 Enter 键进入下一步。

(5) 在选择好系统的安装分区之后,就需要为系统选择文件系统了,作为普通 Windows 用户,推荐选择 NTFS 格式。由于在前面项目中已经将 C 盘格式化为 NTFS 文件系统,因此选择"保留下游文件系统(无变化)"选项。

(6) 进行完这些设置之后,Windows XP 系统安装前的设置就已经完成了,接下来就是复制文件。

当安装文件复制结束后,会出现取出光盘和软盘,重启计算机的提示。重启计算机时可把 BIOS 里的第一启动设备设置为硬盘或取出安装光盘。

(7) 重启后,进入 Windows XP 图形化的安装界面。Windows XP 的图形化安装过程基本不需要人工干预,但是输入序列号、设置时间、网络、管理员密码等项目还是需要手工操作。

在安装页面左侧标识了正在进行的内容,右侧用文字列举着相当于以前版本 Windows XP 所具有的新特性。

(8) 设置区域和语言选项。Windows XP 支持多区域以及多语言,所以在安装过程中,第一个要设置的就是区域及语言选项。如果没有特殊需要,直接单击"下一步"按钮即可。如需更改,可单击对话框中的"自定义"按钮即可进入自定义选项卡。Windows XP 内置了各个国家常用的配置,所以只需选择某个国家,即可完成区域的设置。而语言的设置,主要涉及默认的语言及输入法的内容,单击"语言"选项卡即可进行相应设置,如删除默认的郑码输入法等。

(9) 输入个人信息。个人信息包括"姓名"和"单位"两项。对于企业用户来说,这两项内容可能会有特殊要求,对于个人用户来说,在这里填写任意内容即可。

(10) 输入序列号。安装程序运行到这一步,需要输入 Windows XP 的序列号才能进行下一步安装,一般来说可以在系统光盘的包装盒上找到该序列号。

(11) 设置计算机名和系统管理员密码。在安装过程中 Windows XP 会自动设置一个系统管理员账号,在这里,可以为这个系统管理员账号设置密码。同时也可以修改计算机名。

(12) 设置日期和时间。接下来要设置系统的日期和时间,如果是在中国使用,直接单击"下一步"按钮即可。

(13) 设置网络连接。网络是 Windows XP 系统的一个重要组成部分,在安装过程中需要对网络进行相关设置。如果是通过 ADSL 等常见方式上网,选择"典型设置"即可。

在网络设置部分还需要选择计算机的工作组或者计算机域。对于普通的家庭用户来说,在这一步直接单击"下一步"按钮即可。

在 Windows XP 安装过程中需要设置的部分到这里就结束了。

3. XP 系统安装后的设置

重启计算机,进入 Windows XP 系统前还需要进行部分基本功能的设置,具体如下。

(1) 调整屏幕分辨率。在安装完成后,Windows XP 会自动调整屏幕分辨率。单击"确定"按钮后出现监视器设置的对话框,如果确认对话框中的文字显示清晰,就单击"确定”按钮，否则单击“取消”按钮。

屏幕分辨率设置结束后，即可看到 Windows XP 的欢迎页面。

(2) 设置自动保护。Windows XP 具有较高的安全性，其提供了一个简单的网络防火墙及系统自动更新功能。建议选择“开启自动保护”。

(3) 设置网络连接。需要选择计算机连到网络的方式，一般家庭用户 ADSL 上网选择“数字用户线(DSL)或电缆调制解调器”，在接下来出现的连接属性中输入 ISP 提供的账号和密码和 ISP 名即可。如果是局域网用户选择“局域网 LAN”。选了局域网后，需要对 IP 地址以及 DNS 地址等项目进行配置，一般只选择默认自动获取网络配置即可。

(4) Windows XP 的激活。如果已经建立了与 Internet 的连接，则需要激活 Windows XP，如果不激活，则只有 30 天的试用期，选择“否，请稍后几天提醒我”，然后单击“下一步”按钮。

(5) 创建用户账号。在这里需要创建用户账号，单击“下一步”按钮，进入“蓝天、白云、绿地”的 Windows XP 桌面窗口。

至此，Windows XP 的系统安装完成。

思考与练习

一、简答题

1. 什么是操作系统？
2. 请列举你所见过的操作系统。

二、实践题

在一台计算机上安装 Windows XP Professional。

任务 2　安装多操作系统

任务描述

一些特殊用户在使用中需要用到多个操作系统，如果为每个操作系统购买一台计算机显然是不经济的。这时就需要在一台计算机安装 2 个或 2 个以上的操作系统，本任务将介绍相关的知识。

相关知识

所谓多操作系统是指多个操作系统同时并存在一台计算机上。使用多操作系统可将不同类型的工作分配到不同的操作系统中完成。多操作系统的安装比单操作系统要复杂一些，如一般会使用启动管理器来实现选择启动不同的操作系统。

7.2.1　一台计算机上安装多操作系统的三种方式

实现在一台计算机上安装 2 个或 2 个以上操作系统，按不同的工作方式和不同的操作系统，大体可以分成以下三种方式。

(1) 将各操作系统各自安装在独立的物理硬盘上，通过 BIOS 来切换进入哪个操作系统。这样的好处是各个操作系统独立性很强，格式化任何一个操作系统都不会影响其他系统。除了误操作以及病毒会影响到另一操作系统外，在使用/安装一个操作系统时可以完全忽略另一个操作系统的存在。

但这种方式的缺点很明显，主要就是消耗物理硬盘数量。另外就是切换较麻烦，开机时没有默认的双启动或多启动菜单。

这种安装方式比较简单，等同于各个单系统的安装。比较适合于硬盘多以及希望减少维护风险的用户。

采用这种方式安装时应注意：安装时首先必须在 BIOS 选择需要安装某一系统的磁盘为启动硬盘，然后再从安装光盘启动安装。

(2) 利用虚拟机实现不同操作系统的安装。使用这种方式则在计算机真实存在的系统只有一个，然后安装虚拟机，在虚拟机中安装其他操作系统，目前常用的虚拟机有 VMWARE、Virtual PC、QEMU 等。

这种方式有很多优点：①可以同时运行数个操作系统，并可以组建虚拟网络；②可以方便地尝试多种操作系统；③操作比较简单，安装过程体验与安装软件和单一新操作系统一样。

采用这种方式的缺点：一旦主操作系统崩溃，虚拟机就不能使用。另外，系统运行时的资源消耗较大，对 CPU 和内存要求就高。

(3) 多个操作系统安装在一个硬盘上。这种方式对于系统硬件占用量和运行时操作系统消耗资源量是最小的，也可以说是最经济的安装方式。如果要安装的几个操作系统都是 Windows 系列操作系统，则允许安装在一个分区(一般不推荐使用这种方式)，否则几个操作系统都应安装在不同的分区。

如果安装的所有操作系统都是 Windows 系列的操作系统，可以不使用第三方启动管理软件，直接使用 Windows 启动管理器来管理操作系统的选择。安装操作系统时要注意安装次序：先装低版本，再装高版本。

如果安装的是 Windows 和 Linux 双操作系统，由于采用 Windows 启动管理器来管理配置比较复杂，一般选择 Linux 自带的或第三方的启动管理器，如 LILO、GRUB 等。

本任务采用第三种方式。

7.2.2　安装 Windows 7 系统的推荐配置

要安装 Windows 7，推荐使用以下硬件配置：使用 64 位双核以上等级的处理器，

Windows 7 包括 32 位及 64 位两种版本，如果安装 64 位版本，则需要支持 64 位运算的 CPU 的支持；内存 1.5GB DDR2 及以上；硬盘应剩余 20GB 及以上可用空间；使用支持 DirectX 10/Shader Model 4.0 以上级别的独立显卡，这样才能开启 Windows Aero 特效。

7.2.3 Ubuntu 系统简介

Ubuntu 是目前最流行的 Linux 发行版之一。它是一个以桌面应用为主的 Linux 操作系统。

Ubuntu 基于 Debian 发行版和 GNOME 桌面环境，与 Debian 的不同在于它每 6 个月会发布一个新版本。Ubuntu 的目标在于为一般用户提供一个最新的，同时又相当稳定的主要由自由软件构建而成的操作系统。Ubuntu 具有庞大的网络社区，用户可以方便地从社区(http://forum.Ubuntu.org.cn/)获得帮助。Linux 同 Windows 在操作方式、底层原理等方面都存在较大的差异，但 Linux 因其超强稳定性和安全性在服务器和大型工作站领域被广泛应用。因此，本书只介绍 Ubuntu 的安装，其他操作仍以 Windows 为主进行介绍。

Ubuntu 提供了多种安装方式，其中使用 Live CD 安装是最常见的方式。使用 Live CD，用户可以通过光盘启动的方式将 Live CD 上的 Ubuntu 加载到计算机中，在不安装系统、不改动硬盘现有数据的情况下使用 Ubuntu。Live CD 可以让不熟悉 Linux 系统的用户体验 Ubuntu，也可以在系统出现故障时作为系统救援盘使用。

任务实施

1. 安装 Windows XP 和 Windows 7 双系统

(1) 全新安装 Windows XP，其中选择把 Windows XP 安装在 C 分区，直至 Windows XP 安装完成。

(2) 设置 BIOS 从光盘启动，用 Windows 7 安装光盘启动，开始启动 Windows 7 的安装，或者在 Windows XP 系统中直接执行 Windows 7 的安装。

(3) 当执行到“现在安装”界面时，选择单击“现在安装”按钮。

(4) 在选择何种类型进行安装时，选择“自定义(高级)”安装的方式。

(5) 在选择 Windows 7 的安装位置时，建议安装在非 Windows XP 系统分区内，这里选择没有创建的分区，也可以安装在如 D、E 等逻辑盘上，即磁盘 0 的分区或 2 或 3 分区。

(6) 按照提示指导 Windows 7 安装完成，并重启完成 Windows 7 相应设置。

(7) 启动计算机时，在进入操作系统时会出现 Windows 启动管理器来选择需进入的操作系统。

2. 安装 Windows XP 和 Ubuntu 双系统

本例采用前一任务所安装的 Windows XP 的基础上，再安装 Ubuntu 10.10 系统，而硬盘已经全部划分，因此采用删除 Windows XP 系统中 E 盘来安装 Ubuntu 10.10 系统，具体步骤可参考如下。

(1) 首先全新安装 Windows XP 系统。

(2) 放入 Ubuntu Live CD 安装光盘，设置 BIOS 从光盘启动，重新启动计算机进入 Live CD 光盘，启动后在出现的欢迎界面，选择“中文(简体)”。

(3) 选择第二项“安装 Ubuntu”，按 Enter 键确认。

注意：也可以选择第一项安装，因为 Ubuntu Live CD 有一个特色，既可以在一台计算机上用光盘来临时体验一下完整的 Ubuntu 系统，也可进入后在桌面安装系统。

(4) 根据需要选择“安装中下载更新”和“安装第三方软件”，建议仅选择安装第三方软件，单击“前进”按钮确认。

(5) 在分配磁盘空间界面，选择“手动指定分区”，单击“前进”按钮。

本例中采用删除最后一个分区用于安装 Ubuntu 的方法，即删除 Windows XP 中 E 盘空间来安装 Ubuntu，因此选择最后一个分区“/dev/sda6”后，单击“删除”按钮。

(6) 按“现在安装”按钮后，将开始安装系统，地区选择 Shanghai 并确认，完成所在地设置。

(7) 选择键盘布局，并按“前进”按钮确认。

(8) 输入姓名、计算机名、用户名、密码和登录方式，按“前进”按钮确认。

(9) 当安装完成后，弹出提示重启的窗口，取出安装光盘，确认后重启计算机。

(10) 计算机重启后，首先进入 GRUB 启动管理器，选择第一项后即可进入 Ubuntu，选择 Microsoft Windows XP Professional 可以进入 Windows XP 操作系统。

(11) 选择 Ubuntu，按 Enter 键确认，可进入 Ubuntu 的桌面。

注意：由于 Ubuntu 10.10 采用 GRUB 2 的启动方式，可以通过修改/boot/grub/grub.cfg 配置文件的方法来更改启动菜单的顺序。

思考与练习

一、简答题

1. 在什么情况下需要安装多操作系统？
2. 安装多操作系统有哪几种方式？它们各有什么特点？

二、实践题

1. 在一台计算机上安装 2 个以上的 Windows 操作系统。
2. 在一台计算机上安装一个 Windows 系统和一个 Linux 发行版。

任务3 安装驱动程序

任务描述

当 Windows 操作系统安装完毕后，会发现还存在一些问题，如图片显示很大，显示能力很差,色深支持不够;音响没有声音;打印机没法打印等问题。这是由于部分硬件设备的驱动程序还没有安装,那么,这些硬件的驱动程序应如何安装?安装时是否需要遵循一定的顺序?

相关知识

7.3.1 什么是驱动程序

驱动程序是一种软件,它能使操作系统对计算机中安装的硬件进行控制和管理,相当于是硬件设备与操作系统之间的接口。如果某个硬件设备的驱动程序未能正确安装,便无法正常工作,所以在安装完操作系统之后,应立即安装计算机中各主要设备的驱动程序。

从理论上讲,所有的硬件设备都需要安装相应的驱动程序才能正常工作。但在实际操作中,像CPU、内存、硬盘、光驱、键盘、显示器等设备却并不需要安装驱动程序也可以正常工作,这是由于在BIOS中对它们提供了直接支持,因而这些设备无须安装驱动程序。

另外,在Windows系统中也已经集成有大量的驱动程序,在安装系统的同时,会自动为硬件设备安装基本驱动程序,但这些操作系统中自带的驱动程序并非为某个型号的硬件设备量身定做,因而只能提供一些最基本的功能。再由于驱动程序会不断更新,系统中自带的驱动程序在性能上也会比新版本的专门驱动程序差不少。因而对于一些比较重要或容易出问题的硬件设备,其驱动程序最好能单独安装。

为保证系统的稳定性,驱动程序最好是按照先主板、再板卡(如显卡、网卡等)、后外设(如摄像头、触摸板等)的顺序安装。

对于采用Ghost还原方式安装的操作系统,在安装系统的过程中,由于已经自动检测并安装了相应版本的驱动程序,因而大多数情况下无须安装驱动程序,系统也能很好地运行。但是为了系统运行更加稳定,同时发挥硬件的最大性能,建议最好还是要安装在随机附带的驱动程序光盘里的或从计算机官方网站上下载的专门驱动。

7.3.2 查看驱动程序安装情况

“设备管理器”是Windows中最常使用的硬件管理工具,通过“设备管理器”可以更新硬件设备的驱动程序或者查看驱动程序的安装情况。

Windows 7系统中,在“计算机”上右击,在右键菜单可以选择打开“设备管理器”。在“设备管理器”中可以通过颜色和图标来判断硬件设备是否正常工作,如果在“设备管理器”窗口中没有打问号和感叹号的标示而且显示正常,表明该计算机已经安装了所有的驱动程序,如图7-32所示。

如果在“设备管理器”中发现一些带有黄色标识的设备,则表示这些设备没有安装或者是未能正确安装驱动程序,如图7-33所示。

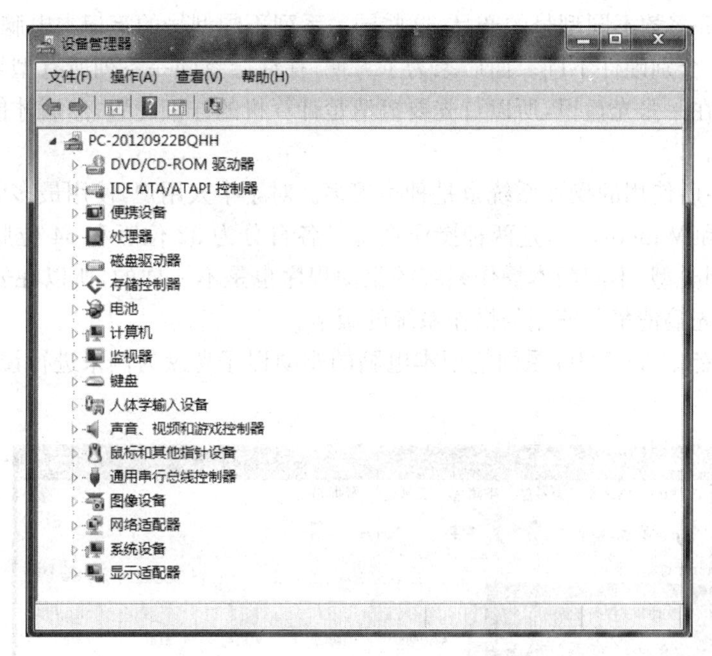

图 7-32　已正确安装了所有驱动程序

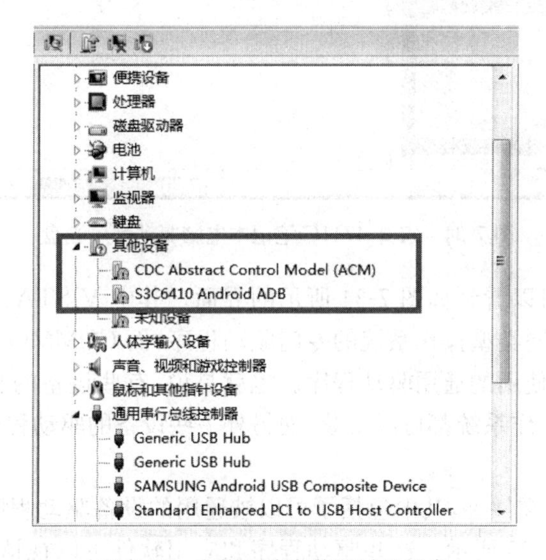

图 7-33　未能正确安装驱动的设备

7.3.3　利用驱动程序光盘安装驱动

利用购买计算机时随机附带的驱动程序光盘来安装驱动是最常用的一种方法，不过由于每个厂家同一个系列的计算机可能会包含很多不同型号的产品，如宏碁的 AS4741G 系列笔记本电脑便包括了 AS4741G-482G50Mnck、AS4741G-382G50Mnrr、AS4741G-

332G32Mnck 等多款不同型号的产品，这些同一系列不同型号的笔记本电脑，其主要配置基本一样，只是个别硬件不同。而厂家为了方便，往往会将同一系列所有型号计算机的驱动程序都整合在一张光盘里，所以首先要搞清楚计算机的详细配置，然后才能选择安装相应的驱动程序。

另外，现在所使用的操作系统也是种类繁多。对于个人用户，使用最多的操作系统是 Windows XP 和 Windows 7，这两种操作系统又各自分为 32 位版和 64 位版两种不同类型的版本，不同类型、不同版本操作系统的驱动程序也是不一样的，所以在安装驱动程序之前还必须要先搞清楚所使用的操作系统的版本。

下面就以宏碁 AS4741G 系列笔记本电脑的驱动程序光盘为例来进行说明，如图 7-34 所示。

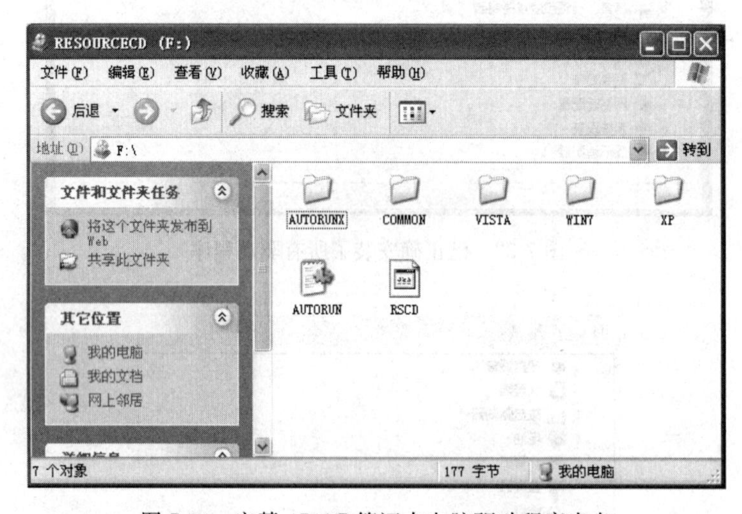

图 7-34　宏碁 4741G 笔记本电脑驱动程序光盘

打开光盘以后，可以看到如图 7-34 所示的界面。其中 VISTA、WIN7、XP 三个文件夹分别对应了三种不同类型操作系统的专门驱动程序，而 COMMON 文件夹中则包含了所有操作系统都可以使用的通用驱动程序。也就是说，有些设备的驱动程序是可以通用的，无论哪种类型的操作系统都可以安装，而另外一些设备的驱动程序则只能专用于某一种操作系统。

打开 COMMON 文件夹，其中包括了可以被通用的设备驱动程序以及由厂商提供的一些应用软件，如图 7-35 所示。这些驱动程序和应用软件可以视情况选择安装，其中主板驱动程序一般用 CHIPSET 表示，这是必须要安装的。另外，WEBCAMERA 表示摄像头的驱动，可以在装完主板和各种板卡的驱动程序以后再安装。

通用驱动装完以后，还需要根据所安装的操作系统类型去安装专用驱动。下面以安装 Windows 7 系统的专用驱动为例说明安装过程。打开图 7-34 中的 WIN7 文件夹，如图 7-36 所示。其中 X64 文件夹中包含的是 64 位版 Windows 7 系统的驱动程序，X86 文件夹中包含的是 32 位版 Windows 7 系统的驱动程序，COMMON 文件夹中包含的则是两种版本 Windows 7 系统通用的驱动程序。

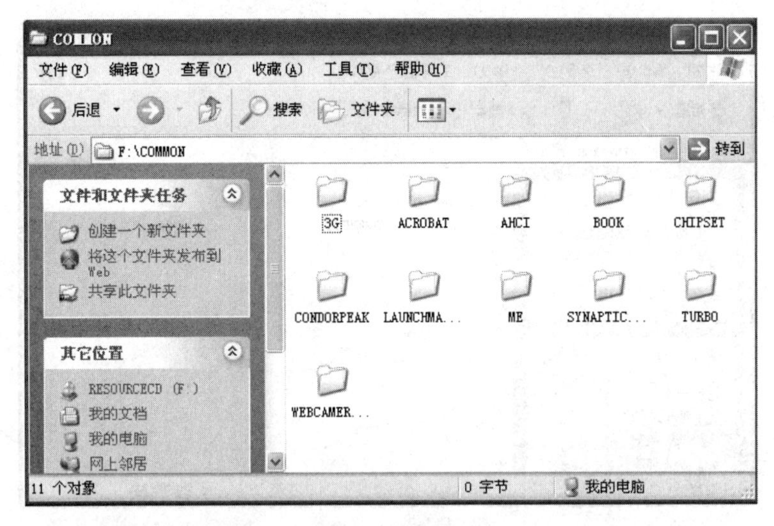

图 7-35　COMMON 文件夹中的通用驱动

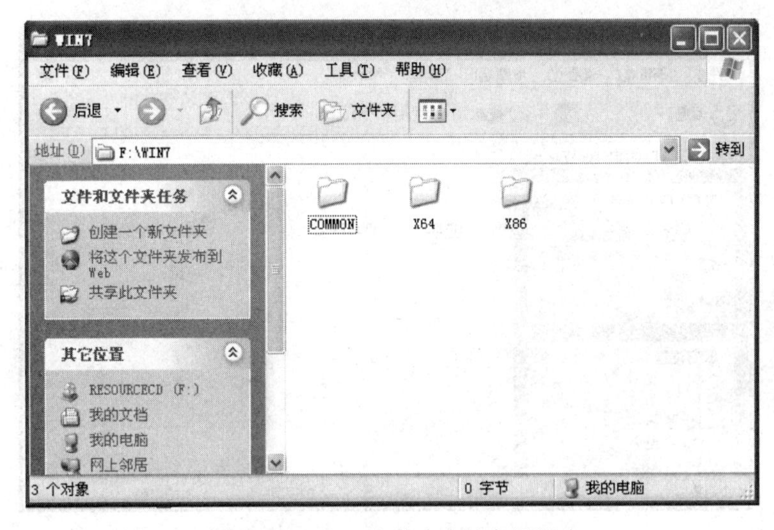

图 7-36　WIN7 文件夹中的专用驱动

打开 COMMON 文件夹，其中 AUDIO 一般表示声卡的驱动程序，WLAN 表示无线网卡的驱动程序，它们可以在安装完显卡的驱动程序之后再行安装。

由于目前所使用的大部分是 32 位版操作系统，所以在图 7-36 中打开 X86 文件夹，如图 7-37 所示。其中 VGA 表示显卡的驱动程序，LAN 表示网卡的驱动程序，TOUCHPAD 表示触摸板的驱动程序，这些设备的驱动程序可以按顺序依次安装。

在图 7-37 中打开 VGA 文件夹，其中又包括 INTEL 和 NVIDIA 两个子文件夹，如图 7-38 所示。其中 INTEL 文件夹中包含的是 Intel 集成显卡的驱动程序，NVIDIA 文件夹中包含的是 nVIDIA 独立显卡的驱动程序，要根据不同型号计算机的显卡类型选择安装。

从上述可见，安装驱动程序并不是一项很简单的操作，它首先要求人们必须要熟识每

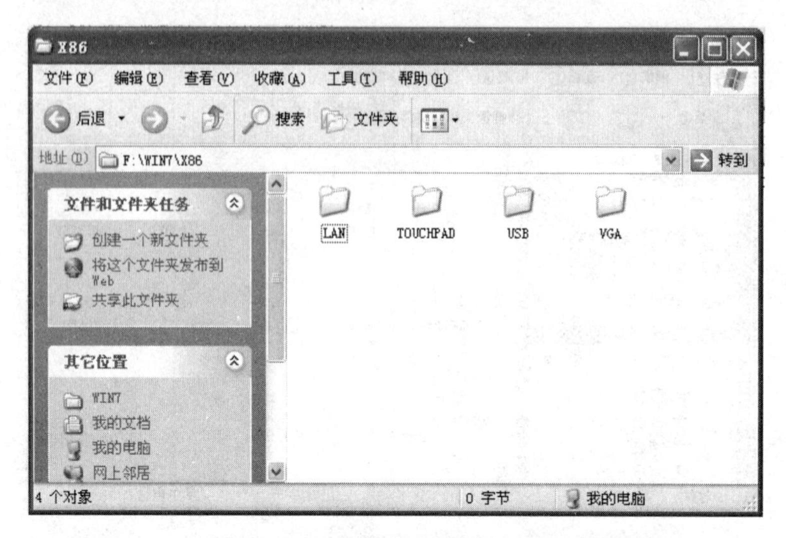

图 7-37　X86 文件夹中的专用驱动程序

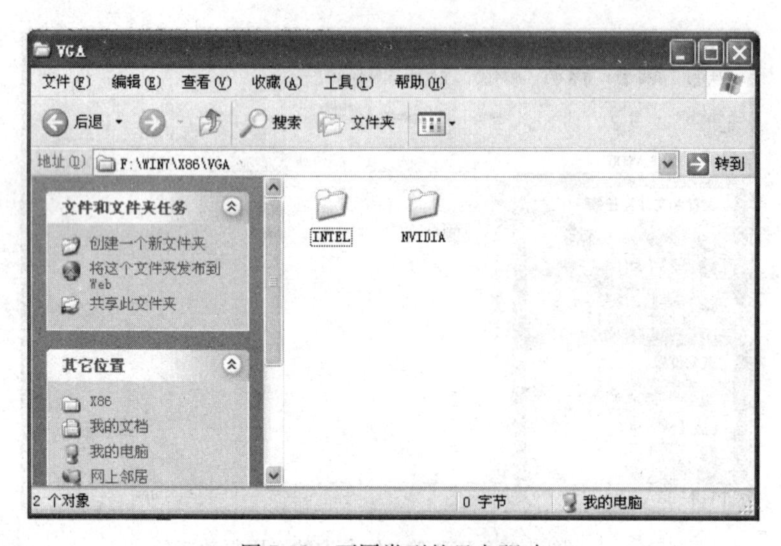

图 7-38　不同类型的显卡驱动

个硬件设备的具体型号，如果对此不了解，可以通过“鲁大师”等工具软件进行检测；然后还要分清人们所安装的操作系统类型和版本；最后，安装驱动程序最好按照主板→显卡→声卡→网卡→触摸板、摄像头……的顺序进行安装，以保证系统的稳定性。

7.3.4　从官方网站下载安装驱动

随着 Internet 的不断普及，越来越多厂家的笔记本电脑或品牌计算机已经不再随机附带驱动程序光盘，而是要求用户到官方网站自行下载驱动程序。这种方式既简化了操作，同时也节省了成本。图 7-39 就是在宏碁的官方网站上根据产品型号以及操作系统类型打开的专门下载页面，由于这里也是将同一系列所有型号笔记本的驱动程序集中在一起，如图中的显卡便有不同型号的4种驱动，所以仍需要用户分清具体的产品型号，然后再下载相应的驱动。

图7-39 官网上的驱动程序下载页面

任务实施

1. 查看驱动程序的安装情况

要想了解驱动程序的信息，必须首先知道计算机中都装有哪些硬件设备，并且要对这些设备的型号、厂商等做进一步的了解。通常情况下，可以通过计算机中的“设备管理器”来查看。

(1) 用“设备管理器”查看驱动信息

右击“我的计算机”，选择“属性”命令，打开“系统特性”对话框。单击“硬件”选项卡，然后单击“设备管理器”，打开设备管理器窗口。

窗口列出了系统中的所有硬件设备，可以看到，所有的硬件都需要驱动程序的支持。其中项目前带有黄色问号的设备表示没有安装驱动程序或者安装的驱动程序不正确，这些设备不能正常地工作。

继续双击某一硬件，还可以查看这一设备的详细信息。这里以查看CPU的设备信息和驱动程序为例，具体操作如下。

在“设备管理器”对话框中，找到“处理器”设备，然后单击该硬件设备前的“+”号，这时看到的是该处理器的名称，然后在该设备名称上右击，选择“属性”命令。打开相应的属性对话框。

单击“驱动程序”选项卡，在此可以对当前驱动程序的提供商、驱动程序日期、驱动程序的版本、数字签名程序等信息做进一步的了解。

(2) 用工具软件查看驱动信息

常用的工具软件有 EVEREST、驱动精灵等。

2. 安装主板驱动程序

以目前使用最广泛的 Intel 芯片组为例来说明主板驱动的安装。Intel 的芯片组以优秀的稳定性和兼容性著称,加上配合自家的 CPU,性能一流,其目前用户数量也是最多的。

(1) 下载主板驱动程序(或使用主板自带的驱动光盘中的驱动程序),双击安装文件 Setup. exe 即可运行。在出现的对话框中,单击“下一步”按钮。

(2) 在出现的许可协议对话框中,单击“是”继续执行。

(3) 文件复制完之后,单击“下一步”,继续后面的操作。

(4) 最后出现是否重启计算机的选择,根据自己需要选择即可。

(5) 重启计算机之后,在设备管理器中可以检查驱动程序安装成功与否,单击“IDE ATA/ATAPI 控制器”选项,可以看到“Intel(R)82801..”选项,即表示安装成功。

以上是以 Intel 主板的驱动程序安装为例,但各种芯片组驱动程序的安装大同小异,其安装过程也是标准的 Windows 程序安装方式,只是主板驱动程序安装后需要重启计算机。

3. 其他板卡驱动安装

现在硬件厂商已经越来越重视其产品的人性化设计,其中包括将驱动程序的安装尽量简单化,所以很多驱动程序的文件里都包含一个 setup. exe 文件,只要双击它,然后一直单击“Next(下一步)”按钮就可以完成驱动程序的安装,类似于芯片组驱动程序的安装,例如本例的显卡和声卡驱动程序安装。

有些硬件厂商提供的驱动程序光盘中加入了 Autorun 自启动文件,只要将光盘放入计算机光驱中,光盘便会自动启动,然后在启动界面中单击相应的驱动程序名称就可以自动开始安装过程。

用户也可以在设备管理器里自己安装,以网卡的驱动安装为例:控制面板进入系统属性,依次单击“硬件”→“设备管理器”,选择“其他设备”的“以太网控制器”,右击该设备,选择“更新驱动程序”。

在弹出的“硬件更新向导”对话框中选择“否,暂时不”,然后单击“下一步”按钮。

由于已经知道安装的是什么型号的设备,而且还有它的驱动程序,在接下来的对话框中选择“从列表或指定位置安装”。

如果驱动程序在光盘或软盘里,则在弹出的窗口里选中“搜索可移动媒体”;如果驱动程序在硬盘里,则把“在搜索中包括这个位置”前面的复选框中,然后单击“浏览”按钮。接着找到准备好的驱动程序文件夹,单击确定按钮之后再单击“下一步”按钮即可。

至此,就完成了这个设备的驱动程序的安装。

4. 外设驱动的安装

现在多数外设都为即插即用设备,采用 USB 接口,安装这些外设的驱动相当简单,一般连接 USB 连线后,打开电源,系统会找到即插即用设备,然后把该设备的驱动程序放入光驱，参考网卡驱动安装步骤即可。

对于一些使用并口的针式打印机，则可以在“控制面板”中的“打印机和传真”选项中安装。具体步骤如下。

(1) 单击“添加打印机”链接，在弹出的“欢迎使用打印机安装向导”的对话框中，单击“下一步”按钮，选择“连接到此计算机的本地打印机”单选按钮。

(2) 选择打印机使用的端口，大多数计算机使用 LPT1，单击“下一步”按钮。

(3) 在打印机的驱动程序中选择打印机的品牌和型号，如果 Windows 的驱动程序库中没有这种打印机驱动，可以单击“从磁盘安装”按钮，然后选择打印机驱动所在的位置进行安装即可。

也可以从打印机厂商的主页上找到打印机驱动程序安装文件，直接运行安装。

任务 4　常用软件的安装与卸载

任务描述

张山同学的计算机操作系统和驱动程序安装已经完成，现希望对该计算机进行常用工具软件的安装。

对于一些不再需要的软件，可以通过各种方式将其卸载。

相关知识

安装完操作系统和驱动程序之后，接下来就应该根据自身需要安装各种应用软件了。每个人的需求不同，所要安装的应用软件也不一样，但有一些应用软件是绝大多数人都需要用到的，这些软件可以称为装机必备软件。

表 7-2 就是目前经常用到的一些装机必备软件。

表 7-2　装机必备软件

软件分类	软件 1	软件 2	软件分类	软件 1	软件 2
杀毒软件	金山毒霸	瑞星	安全工具	360 安全卫士	QQ 计算机管家
办公软件	Office	WPS	电子阅读	Adobe Reader	
中文输入	搜狗拼音	极品五笔	压缩工具	WINRAR	好压
下载工具	迅雷	网际快车	媒体播放	暴风影音	迅雷看看
MP3 播放	千千静听	酷狗	联络聊天	腾讯 QQ	MSN
虚拟光驱	Deamon Tools	UltraISO	光盘刻录	Nero	Alcohol
截屏软件	红蜻蜓抓图精灵	SnagIt	计算机检测	鲁大师	EVEREST

在这些装机必备软件中，最重要的是杀毒软件和安全工具，它们也应该是在装完操作系统和驱动程序之后马上就安装的一类软件，这部分内容将在后面的课程中具体介绍。

下面以几款工具软件为例来说明软件的安装过程。

7.4.1 安装简单应用软件

绝大多数工具软件的安装都非常简单，下面以迅雷 7 为例介绍这类软件的安装过程。

从网上找到该软件并下载后，双击其安装程序，打开“软件许可协议”对话框，如图 7-40 所示，单击“接受”按钮。

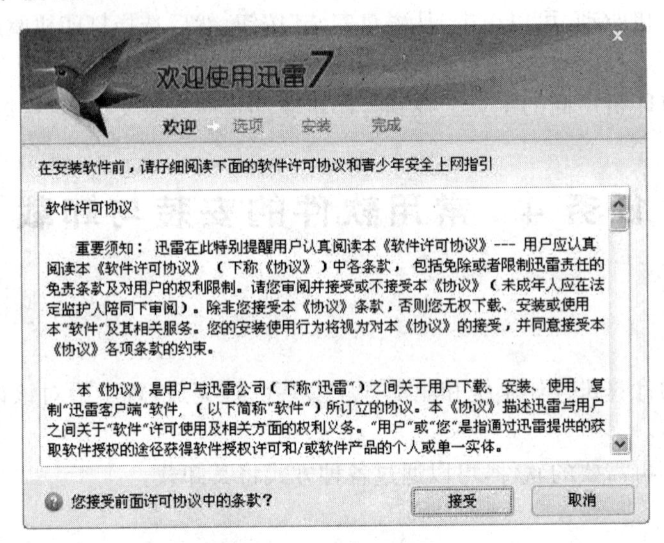

图 7-40 软件许可协议

打开“请选择迅雷 7 安装目录”对话框，如图 7-41 所示，这里建议更改软件安装目录，将软件安装到 C 盘以外的分区中。

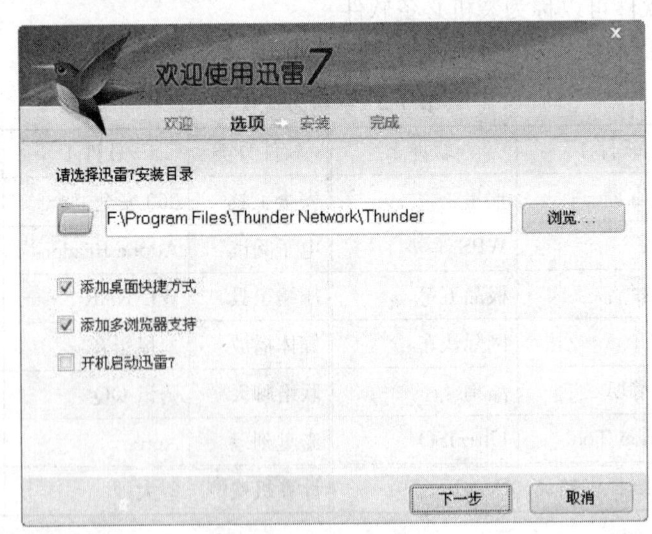

图 7-41 选择安装目录

单击“下一步”按钮，打开“安装百度工具栏”对话框，如图 7-42 所示。出于广告宣传的需要，在很多软件中都捆绑了一些插件，计算机安装了过多的插件之后可能会引起系统出现各种问题，所以这里建议不要选中“安装百度工具栏”。

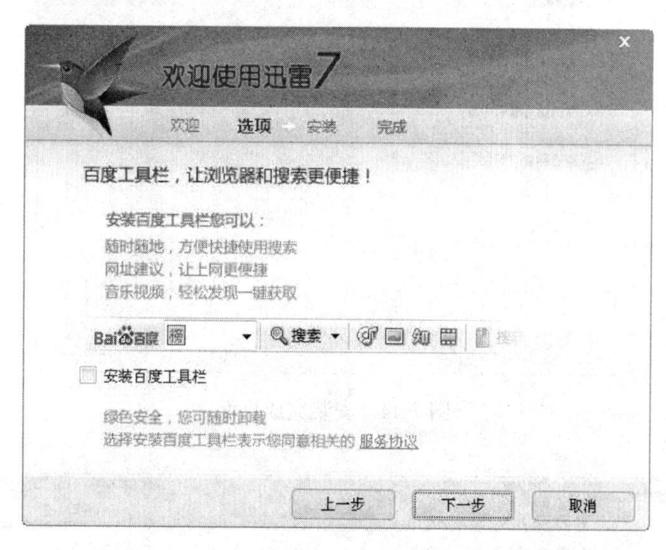

图 7-42 安装插件

单击“下一步”按钮，迅雷 7 开始安装，如图 7-43 所示。

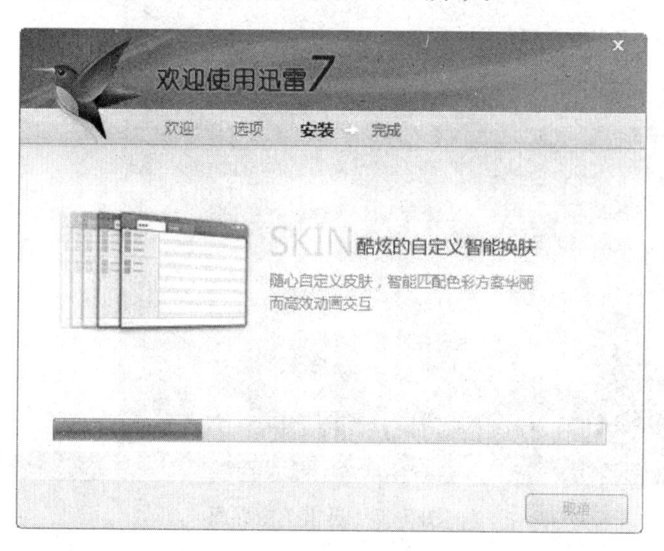

图 7-43 安装界面

迅雷 7 安装完成，然后清除“查看新版本特性”和“将迅雷看看设为主页”复选框，并确认选中“启动迅雷 7”复选框，如图 7-44 所示。

单击“完成”按钮，即可启动迅雷程序，如图 7-45 所示。当需要下载文件时，可以随时使用右键菜单添加下载任务，也可以选择“文件”→“新建”命令添加任务。

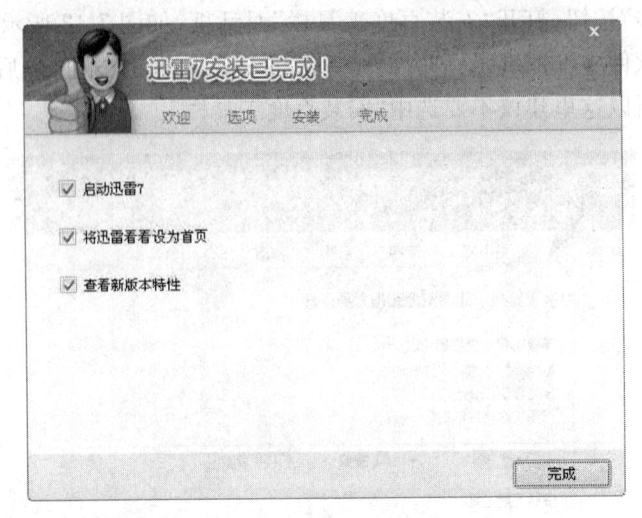

图 7-44　安装完成界面

图 7-45　迅雷 7 主界面

7.4.2　安装复杂专用软件

与简单应用软件相比，大多数专用软件如 Office、Photoshop、Visual Studio、VMware 的安装就复杂了，下面以 Microsoft Office 2003 为例介绍这类专用软件的安装过程。

从网上把 Microsoft Office 2003 自解压程序(虽然是压缩文件，但不需要解压缩程序即可打开运行的程序)下载到本地计算机中,双击该自解压程序,打开安装对话框,可以单击"安装 Office 2003 组件",如图 7-46 所示。

图 7-46　Office 2003 安装界面

在"产品密钥"对话框中,输入产品密钥,单击"下一步"按钮,如图 7-47 所示。

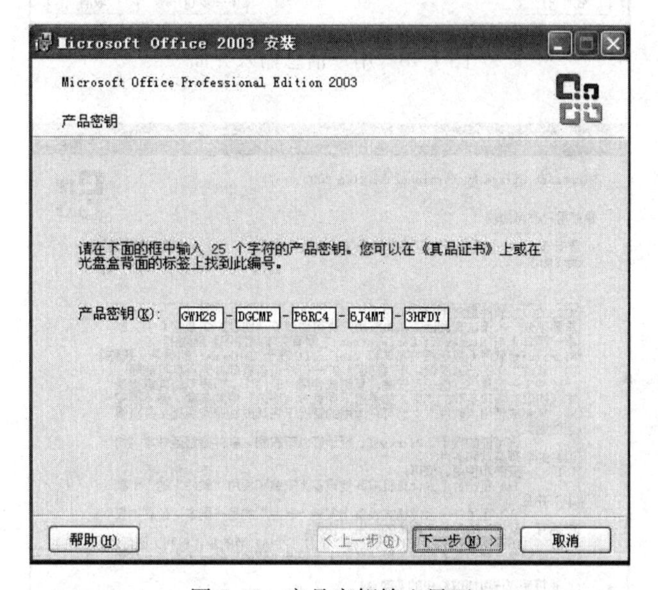

图 7-47　产品密钥输入界面

打开"用户信息"对话框,在这里输入用户名、缩写、单位等信息,这些将会出现在以后所创建的 Office 的文档信息里面。然后单击"下一步"按钮,如图 7-48 所示。

弹出"最终用户许可协议"对话框,"最终用户许可协议"主要包括软件的版权声明以及用户协议等。当没有选中"我接受《许可协议》中的条款"时,"下一步"按钮是灰色的,处于不可选状态。选中"我接受《许可协议》中的条款",然后单击"下一步"按钮,如图 7-49 所示。

选择安装类型。一般来讲在安装一个大型软件的时候,会有"典型安装、完全安装、最小安装、自定义安装"这几种安装方式来供用户选择。

"典型安装"是一般软件的推荐安装类型,选择了这种安装类型后,安装程序将自动为用户安装最常用的选项。它是为初级用户提供的最简单的安装方式,用户无须为安装进

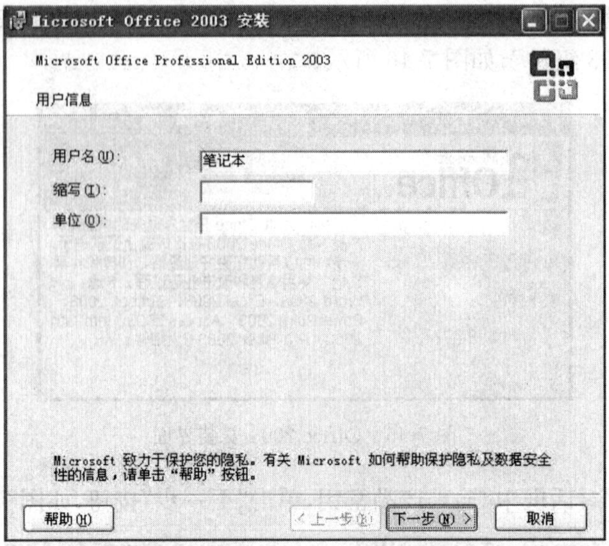

Microsoft Office 2003 安装

Microsoft Office Professional Edition 2003

用户信息

用户名(U): 笔记本

缩写(I):

单位(O):

Microsoft 致力于保护您的隐私。有关 Microsoft 如何帮助保护隐私及数据安全性的信息，请单击“帮助”按钮。

帮助(H)　< 上一步(B)　下一步(N) >　取消

图 7-48　用户信息输入界面

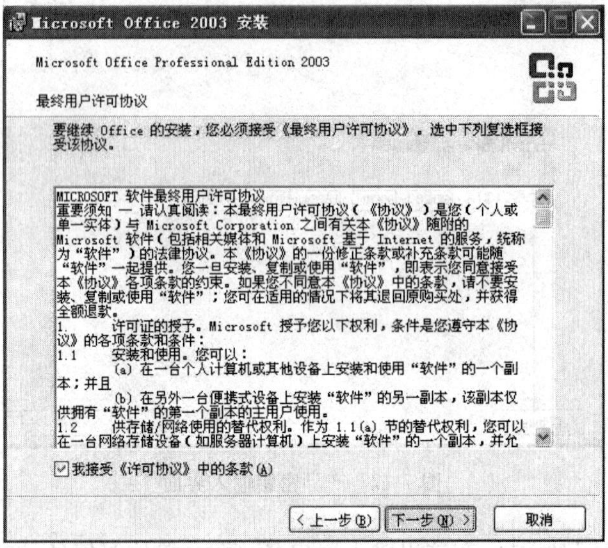

Microsoft Office 2003 安装

Microsoft Office Professional Edition 2003

最终用户许可协议

要继续 Office 的安装，您必须接受《最终用户许可协议》。选中下列复选框接受该协议。

MICROSOFT 软件最终用户许可协议
重要须知 — 请认真阅读：本最终用户许可协议（《协议》）是您（个人或单一实体）与 Microsoft Corporation 之间有关本《协议》随附的 Microsoft 软件（包括相关媒体和 Microsoft 基于 Internet 的服务，统称为“软件”）的法律协议。本《协议》的一份修正条款或补充条款可能随“软件”一起提供。您一旦安装、复制或使用“软件”，即表示您同意接受本《协议》各项条款的约束。如果您不同意本《协议》中的条款，请不要安装、复制或使用“软件”；您可在适用的情况下将其退回原购买处，并获得全额退款。
1.　许可证的授予。Microsoft 授予您以下权利，条件是您遵守本《协议》的各项条款和条件：
1.1　安装和使用。您可以：
(a) 在一台个人计算机或其他设备上安装和使用“软件”的一个副本；并且
(b) 在另外一台便携式设备上安装“软件”的另一副本，该副本仅供拥有“软件”的第一个副本的主用户使用。
1.2　供存储/网络使用的替代权利。作为 1.1(a) 节的替代权利，您可以在一台网络存储设备（如服务器计算机）上安装“软件”的一个副本，并允

☑我接受《许可协议》中的条款(A)

< 上一步(B)　下一步(N) >　取消

图 7-49　最终用户许可协议界面

行任何选择和设置，用这种方式安装的软件可为用户实现各种最基本、最常见的功能。

“完全安装”会把软件的所有组件都安装到用户的计算机上，需要的磁盘空间最多，但是也省去了日后使用某些功能组件的时候再添加的烦恼。

“最小安装”只安装运行此软件必须的部分，选择了这种方式之后，以后如果要用到一些相关组件，还要找回安装光盘另行添加。所以除非用户确实磁盘空间比较紧张，否则不推荐使用这种方式。

“自定义安装”会向用户提供一张安装列表，用户可以根据自己的需要来选择需要安装的项目并清除不需要的项目。这样既可以避免安装不需要的软件，节省磁盘空间，又能

够一步到位地安装用户需要的软件。这里推荐使用这种安装方式，只安装最常用的 3 个 Office 组件。

在“安装类型”对话框中选中“自定义安装”，单击“下一步”按钮，如图 7-50 所示。

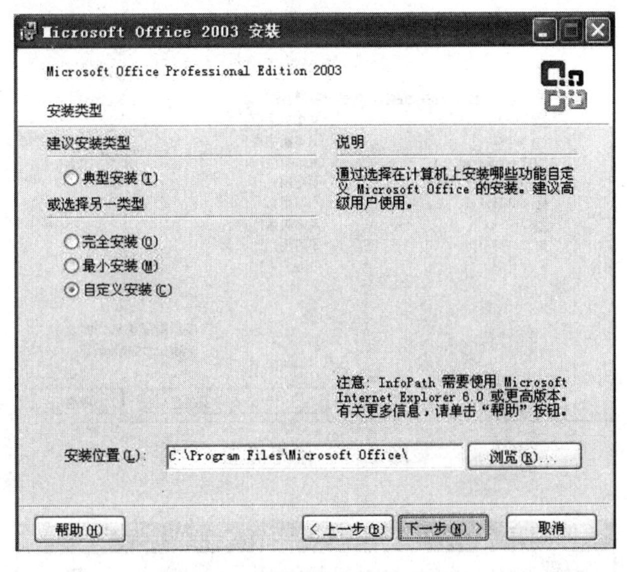

图 7-50　安装类型选择主界面

打开“自定义安装”对话框，然后选中常用的几个组件，单击“下一步”按钮，如图 7-51 所示。

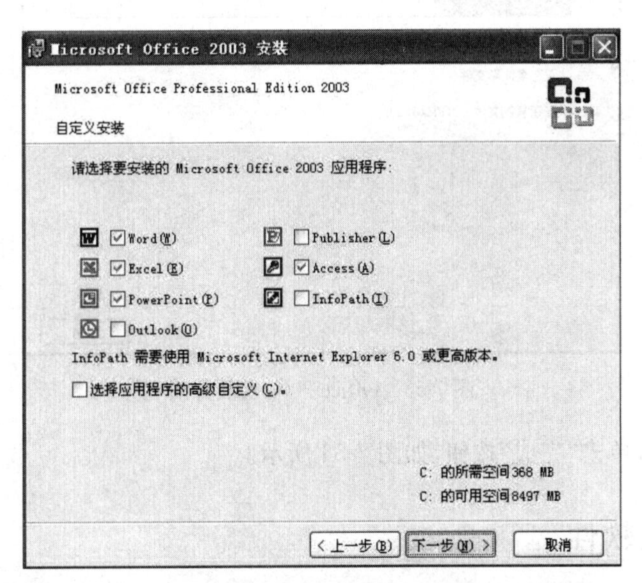

图 7-51　自定义安装界面

打开“摘要”对话框，单击“安装”按钮，如图 7-52 所示。

Office 2003 开始安装，如图 7-53 所示。

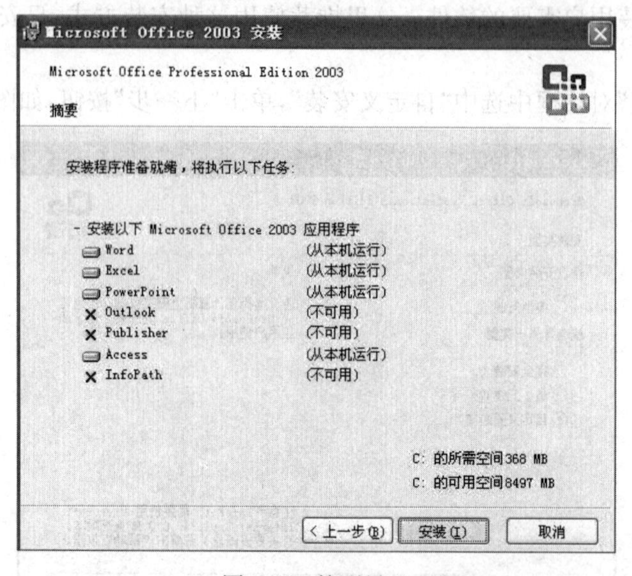

图 7-52　摘要界面

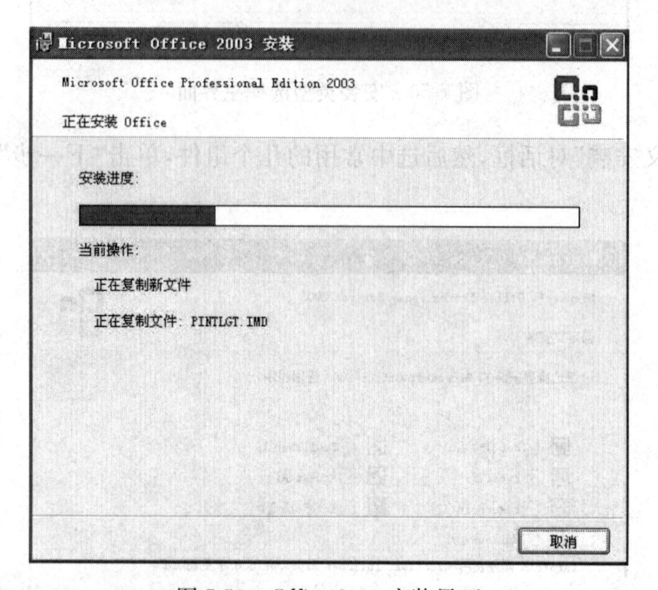

图 7-53　Office 2003 安装界面

安装已完成，单击“完成”按钮，如图 7-54 所示。

7.4.3　卸载软件

相对于软件的安装，软件的卸载要稍微复杂一些，如果卸载的方法不对，不但软件删除不干净，久而久之还会影响到系统的运行速度。

卸载软件的方法主要有以下三种。

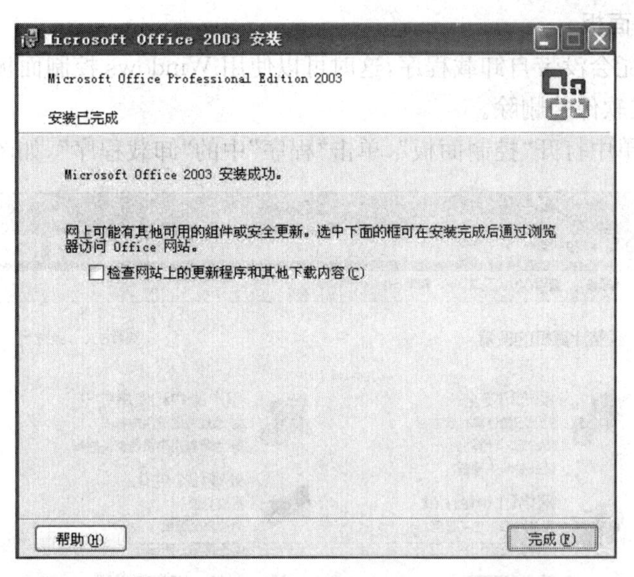

图 7-54 安装完成界面

1. 使用自卸载程序

软件安装完成后,单击“开始”→“程序”,在相应软件的菜单或目录中一般会有一个自卸载程序,执行该程序后,会自动引导用户将软件彻底删除干净。这是一种最可靠的软件卸载方式,如图 7-55 所示。

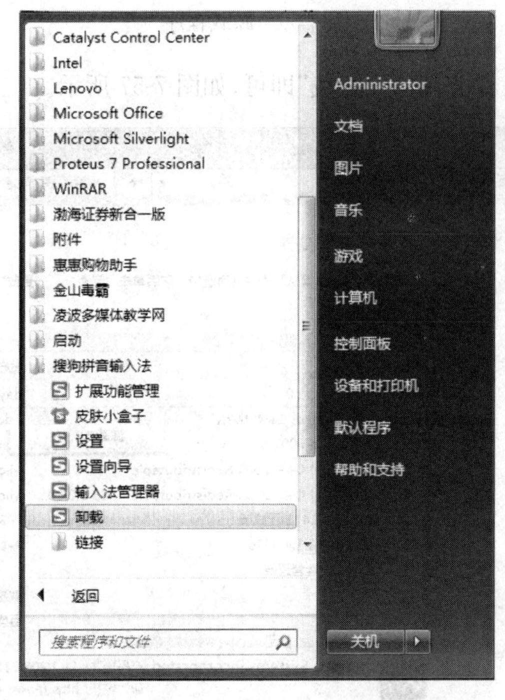

图 7-55 搜狗拼音输入法的自卸载程序

2. 使用控制面板

有些软件可能会没带自卸载程序，这时可以使用 Windows 控制面板中提供的“添加/删除程序”来完成软件的删除。

在“开始”菜单中打开“控制面板”，单击“程序”中的“卸载程序”，如图 7-56 所示。

图 7-56　卸载程序

在要卸载的软件上右击，执行“卸载”即可，如图 7-57 所示。

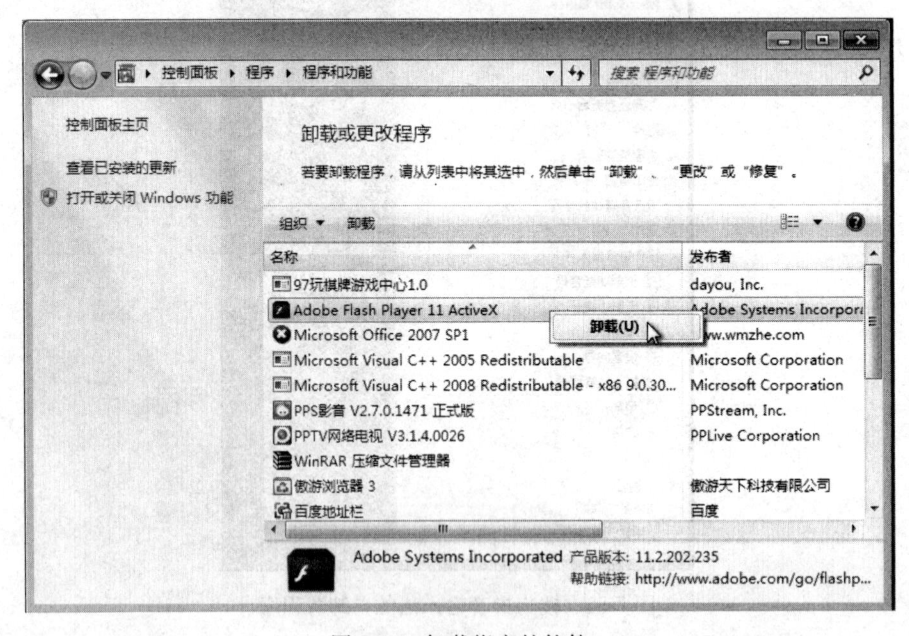

图 7-57　卸载指定的软件

3. 使用辅助工具

上面两种方法是卸载软件最常见的方法，如果有些顽固软件仍然无法完全卸载，可以通过一些辅助工具来完成，比如在“360 安全卫士”中的“软件管家”，就提供了很好地软件卸载功能，如图 7-58 所示。

图 7-58　360 安全卫士中的软件管家

在“360 安全卫士”中打开“软件管家”之后，单击上方的“软件卸载”菜单，然后从软件列表中选择要卸载的软件，单击右侧的“卸载”按钮即可。通过这种卸载方式，不仅可以卸载软件，还可以清除软件在注册表中的残留信息。

任务实施

1. 应用软件的安装

应用软件分为两种，一种是绿色软件，不用安装，下载解压后就可以直接使用；另一种是需要安装的，如 Office。

将 Office 安装光盘放入光驱，一般通过光盘发布的软件都是自动运行的，如没有自动运行，可双击光盘运行或双击 setup. exe 运行，会弹出对话框。

运行安装向导，开始安装，按要求填入序列号，单击“下一步”按钮继续，待安装完成后，在弹出的对话框中，根据自己的需要选择，这里选中“删除安装文件”以节约磁盘空间，单击“完成”按钮完成安装。

至此 Office 应用程序就安装完成了。

注意，Office 有以下四种安装方式。

(1) 典型安装

安装程序将自动为用户安装最常用的选项,它是为初级用户提供的最简单的方式,用户无须为安装进行任何选择和设置。

(2) 完全安装

选择它会自动将软件中的所有功能全部安装,但其需要的磁盘空间最多。

(3) 最小安装

只安装软件最必须的部分,注意是满足硬盘空间紧张或只需软件核心功能的用户,如在安装文字处理软件时,选择此方式会放弃安装一些不常用的字体而只安装几种必需的字体。

(4) 自定义安装

自己选择要安装软件的哪些功能组件。选择它后,安装程序会提供一张清单列表,用户可以根据自己的实际需要,选择要安装的项目并清除不需要的安装项目。

这四种安装方式中均可选择软件的安装路径。一般初学者,在安装各种软件时,对软件所安装的文件夹都不做特别设置,直接把软件安装到系统的程序文件夹下,其实这样做并不是最好的办法。一般系统默认的程序文件夹是系统盘下的 Program Files 目录,由于系统在运行时需要很大的剩余空间用于数据交换,所以,不推荐把所有软件都安装到 C 盘上,特别是在 C 盘空间不大的情况下。

一般软件都是由很多单独功能的子程序组成的,如 Office 就是有 Word、Excel 等多个子程序组成,这些子程序被称为软件的组件。对于平时不需要或不常用的组件,完全可以安装时就不选择它们,以节省硬盘空间,当将来需要这些组件时,再利用"添加/删除程序"功能添加即可。

2. 应用软件卸载

如不再需要某个应用软件,则可将其卸载,卸载应用软件的常用方法有以下几种。

(1) 用软件自带的卸载工具

现在绝大多数软件均提供卸载程序,只需从"程序"里运行卸载程序即可,它会自动将原来安装的软件从系统清除。这也是最好、最简单的卸载方法。

(2) 用"添加/删除程序"删除

选择"开始"→"控制面板"命令,在打开的对话框中选择要删除的软件,然后单击"添加/删除"按钮,在确认要删除此程序后,系统自动将该程序清除。

(3) 直接将文件夹删除

一些绿色软件不在系统中添加任何安装信息,那么只要直接将其所在的文件夹删除即可。

思考与练习

一、填空题

1. Windows 系统安装的方法主要有通过________安装和通过________安装两种。

2. 使用光盘安装操作系统有原版安装和 Ghost 安装两种，其中________安装简单快捷，能自动安装驱动程序及常用软件。

二、简答题

1. Windows 7 操作系统发布了多少个版本？每个版本的特点是什么？
2. 简述驱动程序的作用。
3. 如何查看没有正确安装驱动程序的硬件设备？
4. 如何使用 360 安全卫士卸载软件？

综合实训五　安装操作系统及常用软件

1. 实训目的

(1) 能够熟练安装 Windows XP 和 Windows 7 操作系统。

(2) 能够查找并安装各种硬件驱动程序。

(3) 能够熟练安装各种常用软件。

2. 实训中用到的工具

(1) Windows XP、Windows 7 系统安装光盘。

(2) 硬件型号检测软件“鲁大师”。

(3) 一些常用软件的安装程序。

3. 实训步骤

(1) 安装操作系统

① 采用 Ghost 还原的方式安装 Windows XP 操作系统。

② 采用常规安装方式安装 Windows 7 操作系统。

(2) 查找安装设备驱动程序

① 利用软件“鲁大师”检测硬件设备型号。

② 从网上下载主板和显卡的驱动程序。(推荐网站：驱动之家 www. mydrivers. com)

③ 按顺序安装驱动程序。

(3) 安装/卸载常用软件

① 安装压缩/解压缩软件 WinRAR，要求将软件安装到 D：\tools\winrar 文件夹中。

② 安装下载工具迅雷，要求将软件安装到 D：\tools\thunder 文件夹中。

③ 安装 Office 2003 办公软件，要求只安装 Word、Excel、PowerPoint 三个组件，并将软件安装到 D：\office 文件夹中。

④ 利用自卸载程序卸载迅雷。

⑤ 利用控制面板里的卸载程序卸载 Office 2003。

项目 8　计算机安全防护

经过前面的操作设置，计算机已经可以正常使用了，但是在使用计算机的过程中，不可避免地会遇到各种安全问题，如病毒木马对计算机的感染等，计算机也存在着诸多安全隐患。所以还必须对计算机进行一系列安全设置，以增强计算机的安全性。

任务 1　安装使用杀毒软件和安全工具

任务描述

在安装完操作系统和驱动程序之后，张建同学应该马上为计算机安装一款杀毒软件和一个安全工具。在诸多杀毒软件中，哪款杀毒软件的效果比较好？安全工具又该如何使用呢？

相关知识

8.1.1　防范病毒、木马与黑客

计算机病毒是指在计算机程序中插入或者编制能破坏计算机功能或者数据，影响计算机使用并且能够自我复制的一组计算机指令或者程序代码。病毒是人为故意编写的，会对计算机的软件和硬件造成破坏。木马的全称是“特洛伊木马”，是一类以寻找后门、窃取用户账户密码为目的的特殊程序。而黑客（Hacker）是指一些对他人计算机进行非法入侵的人员。

1. 防范病毒、木马

由于当前网络上的计算机病毒或木马肆虐，做好防范病毒、木马的工作就显得尤为重要。具体防范措施如下。

(1) 尽量避免在无防毒软件的计算机上使用 U 盘等移动存储设备，防止其中的病毒或木马自动安装到计算机中。

(2) 为防止病毒、木马入侵，必须在计算机中安装病毒、木马查杀工具，并经常对软件进行升级。

(3) 在互联网上不要随意下载软件，因为来路不明的软件可能携带病毒、木马。

(4) 不要浏览不良网站,因为这类网站上通常都带有病毒、木马程序。

(5) 对来路不明的邮件及其附件不要随意打开。最好先将附件保存到本地磁盘上,用病毒、木马专杀工具扫描后,确认无木马后再打开。

(6) 对于重要数据做到经常备份和加密,特别是个人隐私信息和账户信息等,以确保数据的安全。

2. 防范黑客入侵

黑客入侵主要是通过查找计算机系统的漏洞或编写木马程序等方式进行入侵。常见的几种入侵方式如下。

(1) 系统漏洞入侵

系统漏洞是指操作系统在设计上的缺陷或在编写时产生的错误。由于目前所用的操作系统存在不少漏洞,包括用户群体最大的Windows操作系统,虽然系统版本不断升级,其稳定性和安全性也得到了较大提高,但依然存在这样或那样的安全漏洞,这就为黑客入侵提供了方便。

(2) 通过木马远程控制

木马程序一般是以网页嵌入,并与其他软件捆绑或者伪装成邮件形式进行传播。黑客在网络中散发木马程序,用户如不小心把木马当成软件来使用,木马程序就会被安装到操作系统中,此时黑客将获得计算机的控制权。他们能够通过跟踪击键输入等方式,窃取用户账户和密码、信用卡号等私人信息,并可以对计算机进行跟踪监视、控制和修改资料等操作。

(3) 口令攻击

口令是操作系统以及应用软件采用的安全权限。黑客利用一些特殊的工具监听网络,并获取用户计算机中的系统口令,然后利用暴力破解工具进行破解。如果用户设置的密码太简单,就很容易被黑客破解,这样黑客将能以合法的身份进入计算机,并对计算机中数据进行操作。

(4) 网页病毒攻击

随着互联网的广泛应用,越来越多的计算机用户通过网络访问各种各样的网站。与此同时,计算机编程技术的提高和脚本语言的发展,很多计算机病毒被嵌入网页文件的源代码中,如果用户浏览了这类网页,那么计算机将感染这种病毒,造成用户账号和密码可能被盗取。

(5) 拒绝服务攻击(DDoS)

拒绝服务攻击是指网络中的计算机或服务器停止响应的攻击行为。黑客通过不断向目标计算机发送一定数量和序列的报文,使目标计算机不停地进行反馈,这种"蚂蚁吞大象"的方式能够不断消耗网络带宽和系统资源,最终导致网络或计算机系统不堪重负最终造成系统瘫痪,从而无法提供正常服务。

针对黑客的入侵方式,对于个人计算机可以采用以下措施进行防范。

- 增强物理安全、停止Guest账号、限制用户数量。
- 创建多个管理员账号、管理员账号改名。
- 使用NTFS分区。

- 运行防毒软件和确保备份盘安全。
- 关闭不必要的端口、开启审核策略。
- 操作系统安全策略、关闭不必要的服务。
- 开启密码策略、开启账户策略、备份敏感文件。

8.1.2 安装使用杀毒软件

为了防范病毒、木马与黑客，在安装完操作系统之后，首先就应为计算机安装一款杀毒软件，以提供安全防护功能。但需要注意的是，计算机中最多只能安装一款杀毒软件。如果同时安装多个杀毒软件，则将造成彼此冲突，不仅不能进一步提高系统安全性，反而会引起很多问题。

目前的杀毒软件可选择的余地比较多，常见的国产杀毒软件有瑞星、江民、金山毒霸、360杀毒等；国外常用的杀毒软件有诺顿、McAfee、NOD32、卡巴斯基等。由于现在大部分国产杀毒软件已经免费并且对国内部分特殊病毒有比较好的防御效果，所以优先推荐使用国产杀毒软件。在国产杀毒软件中，经过杀毒效果、软件易用性等各个方面的对比，推荐使用金山毒霸。

下面就以金山毒霸2013为例介绍软件的安装使用过程。

从网上下载金山毒霸的安装程序之后，运行程序打开安装界面，单击“立即安装”按钮，如图8-1所示。

金山毒霸采用了快速安装技术，整个安装过程非常迅速，如图8-2所示。

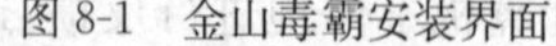
图8-1　金山毒霸安装界面

图8-2　金山毒霸的快速安装模式

软件安装完之后，将会自动升级病毒库。在使用杀毒软件时需要注意，杀毒软件必须及时更新病毒库，否则无法查杀最新的病毒。只要计算机接入了Internet，金山毒霸将会自动升级，无须用户干预。

病毒库升级完成之后，建议在程序主界面中单击“一键云查杀”对计算机全面扫描，以发现计算机中可能存在的安全问题，如图8-3和图8-4所示。

图 8-3　金山毒霸程序主界面

图 8-4　对计算机进行全面扫描

针对扫描的结果，可以单击“立即处理”按钮，金山毒霸将会自动处理这些安全威胁，如图 8-5 所示。

图 8-5　处理安全威胁

8.1.3　安装使用安全工具

除杀毒软件外，计算机中还必须安装一款安全辅助工具，如 360 安全卫士、金山卫士、QQ 管家等。安全辅助工具并不能查杀病毒，但可以对系统进行全方位的防护，并解决系统中存在的很多问题。同杀毒软件一样的道理，计算机中也只能安装一款安全辅助工具。

下面以 360 安全卫士为例介绍其常用功能。

1. 打补丁

补丁主要是指系统补丁，是为了修补操作系统中出现的某些漏洞而由微软公司推出的补丁程序。这些补丁程序必须要及时安装，否则操作系统将面临严重的安全问题。

当补丁程序积累到一定数量之后，微软公司会将其集中整理制作成 Service Pack 补丁包，简称 SP。如 Windows XP 系统，前后共推出了 3 个补丁包，目前广泛使用的 Windows XP 系统大都是 Windows XP SP3。

补丁包一般随操作系统一起安装。通过“系统属性”可以查看系统的补丁包版本，如图 8-6 和图 8-7 所示。

随着漏洞的不断发现，微软会不断地推出相应的补丁程序，这些补丁必须要及时安装。安装补丁程序有两种方法：一种是利用系统自带的“自动更新”功能；另一种是利用“360 安全卫士”之类的安全工具。

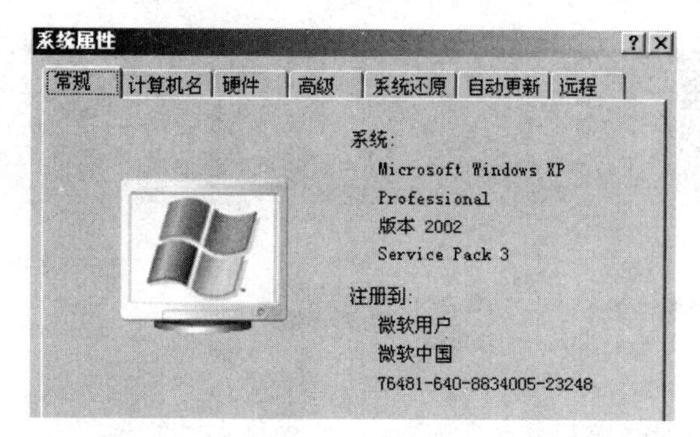

图 8-6　在 Windows XP 系统中查看到的系统补丁包版本

图 8-7　在 Windows 7 系统中查看到的系统补丁包版本

在实际使用中，一般采用后一种方式安装补丁程序，而将系统自带的“自动更新”功能关闭，如图 8-8 所示。

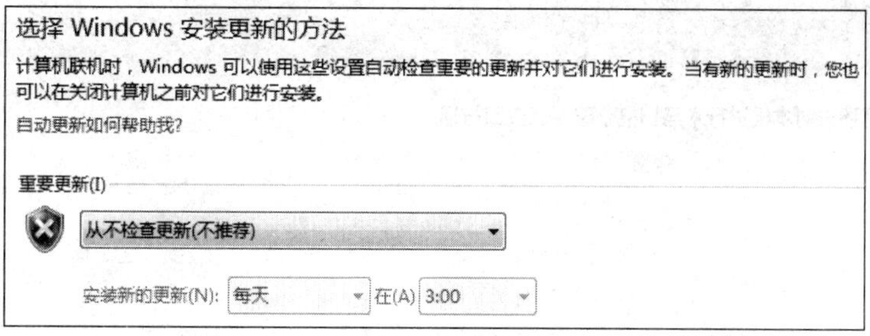

图 8-8　在 Windows 7 系统中被关闭的自动更新功能

这是因为利用安全工具打补丁，不仅可以将部分用处不大的补丁过滤掉，而且除了系统补丁之外，还可以安装应用软件补丁。另外，安装过程也是全自动安装，无须人工干预。

安装完的“360 安全卫士”首次运行时，软件将会对系统进行体检，以发现安全漏洞以及其他的一些安全隐患。体检结束之后，单击“修复”按钮，将会自动从网上下载补丁程序，修补系统漏洞，如图 8-9 所示。

2. 安全工具的其他功能

除了打补丁之外，“360 安全卫士”还具有其他诸多实用功能。

在“木马查杀”菜单中，可以对计算机进行全盘扫描，以发现计算机中可能潜在的木马

图 8-9　体检结果

程序，如图 8-10 所示。

图 8-10　木马查杀界面

在“优化加速”界面中可以将某些无须开机自动运行的软件停止，以优化计算机的性能，加快计算机开机速度。360 安全卫士会自动给出可以优化的选项，普通用户选择“立即优化”即可，如图 8-11 所示。

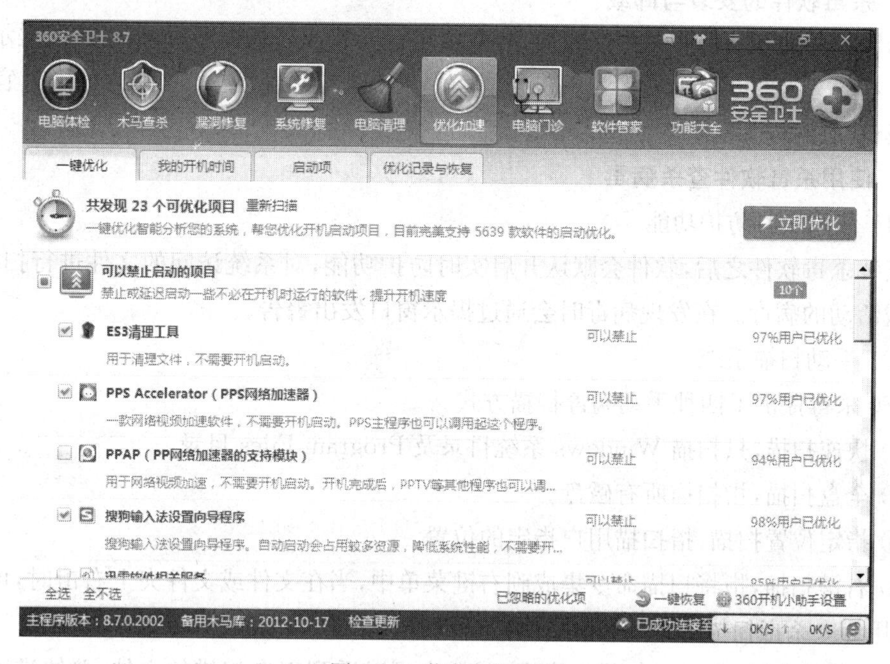

图 8-11 优化加速界面

在“功能大全”界面中集中了 360 安全卫士提供的各种功能，用户可以根据需求选择，如图 8-12 所示。

图 8-12 “功能大全”界面

任务实施

1. 杀毒软件的安装与卸载

杀毒软件的安装与卸载都比较简单，双击运行安装或卸载程序后，只需按照提示进行即可。本任务以360杀毒软件为例进行讲解。360杀毒是免费软件，可以通过其官方网站下载最新版本。

2. 使用杀毒软件查杀病毒

（1）使用实时防护功能

安装杀毒软件之后，软件会默认开启实时防护功能，对系统访问的文件进行扫描，及时拦截活动的病毒。在发现病毒时会通过提示窗口发出警告。

（2）手动扫描系统

360杀毒提供了四种手动病毒扫描方式。

① 快速扫描，只扫描Windows系统目录及Program Files目录。

② 全盘扫描，指扫描所有磁盘。

③ 指定位置扫描，指扫描用户指定的位置。

④ 右键扫描，指将扫描命令集成到右键菜单中，当在文件或文件夹上右击时，可以选择“使用360杀毒扫描”命令对选中文件进行扫描。

启动扫描之后，会显示扫描进度窗口，从中可以看到正在扫描的文件、总体进度以及发现问题的文件。

（3）处理病毒

360杀毒扫描到病毒后，会尝试清除文件所感染的病毒，如果无法清除，则会提示删除感染病毒的文件。木马或间谍软件由于并不采用感染其他文件的形式，而是其自身即为恶意软件，因此会直接删除。

3. 升级杀毒软件

360杀毒软件具有自动升级功能，如果开启了自动升级功能，360杀毒会在有升级可用时自动下载并安装升级文件。

任务2　系统密码的设置与破解

任务描述

张建同学的计算机大多是在宿舍中使用，为了避免别的同学随便使用自己的计算机，张建希望能为计算机设置密码。同时担心遗忘密码，还想掌握破解密码的方法。

相关知识

8.2.1　设置系统密码

为计算机设置密码，可以有效地防止别人乱用自己的计算机，增强计算机安全性。

计算机密码分为开机密码和系统密码两种。

- 开机密码是在计算机开机自检结束后输入的密码，需要在 BIOS 中设置。
- 系统密码是在计算机开机后进入操作系统时输入的密码，需要在操作系统中设置。

对于笔记本电脑用户不建议设置开机密码，因为密码一旦遗忘，将很难破解。所以下面主要介绍如何设置系统密码。

Windows 系统是一个多用户的操作系统，为系统设置密码就是为系统中的用户设置密码。Windows 系统的默认用户是管理员用户 Administrator，下面就以为 Administrator 用户设置密码为例，介绍如何设置系统密码。

在“计算机”上右击，执行“管理”，打开“计算机管理”界面。依次展开“本地用户和组”右击“用户”，在右侧的用户窗口中选中“Administrator”，在其上右击，执行“设置密码”，如图 8-13 所示。

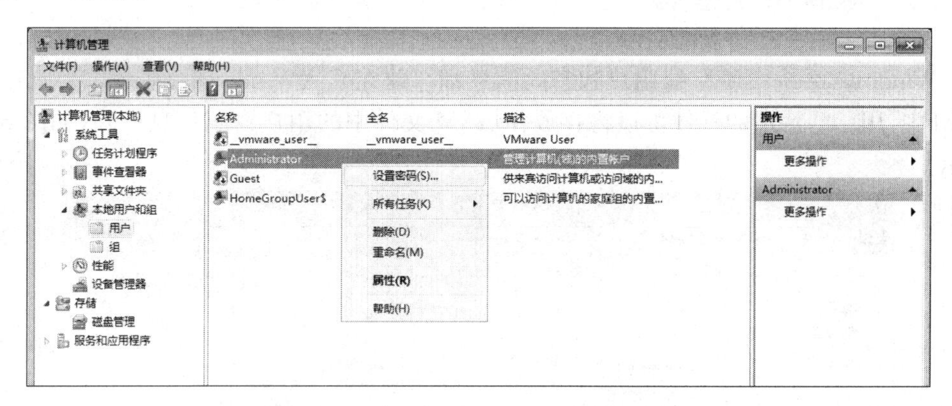

图 8-13　为 Administrator 用户设置密码

输入密码，并进行确认，单击“确定”按钮之后，密码就设置好了，如图 8-14 所示。

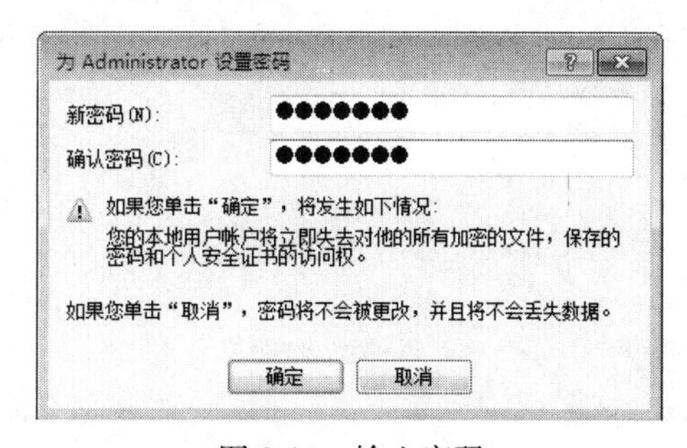

图 8-14　输入密码

这样当再次进入系统时，就需要输入系统密码了，如图 8-15 所示。

图 8-15　进入系统时需要输入密码

8.2.2　破解系统密码

Windows 系统中所有的用户和密码信息都存放在 C:\Windows\System32\config\SAM 中，用一些特定的软件可以将存放在 SAM 文件中的用户密码信息清除，如图 8-16 所示。

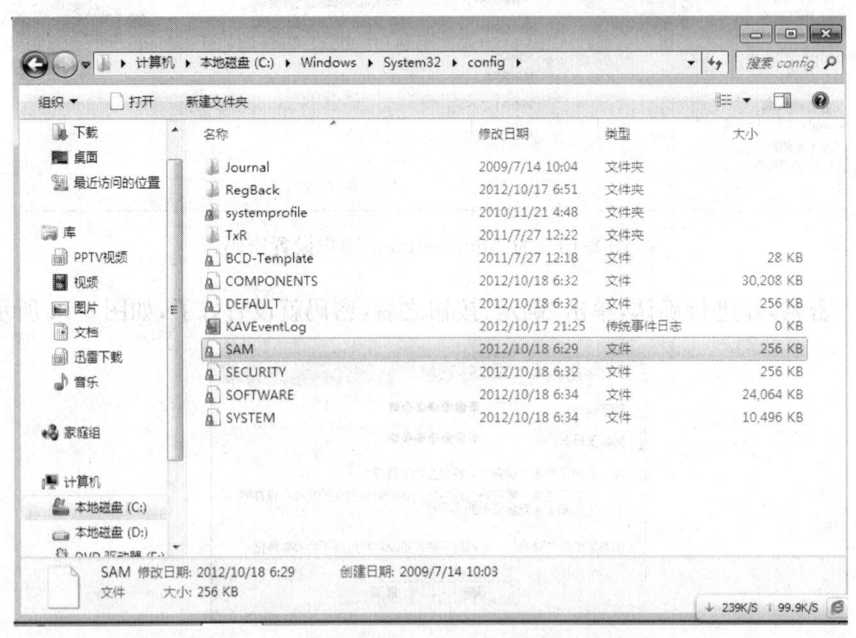

图 8-16　用户和密码信息都存放在 SAM 文件中

这些软件一般可以在系统工具盘中找到，下面介绍其操作使用过程。

用系统工具盘引导计算机，进入功能界面，执行其中的“启动 WinPE 光盘系统”，进入 WinPE 系统，如图 8-17 所示。

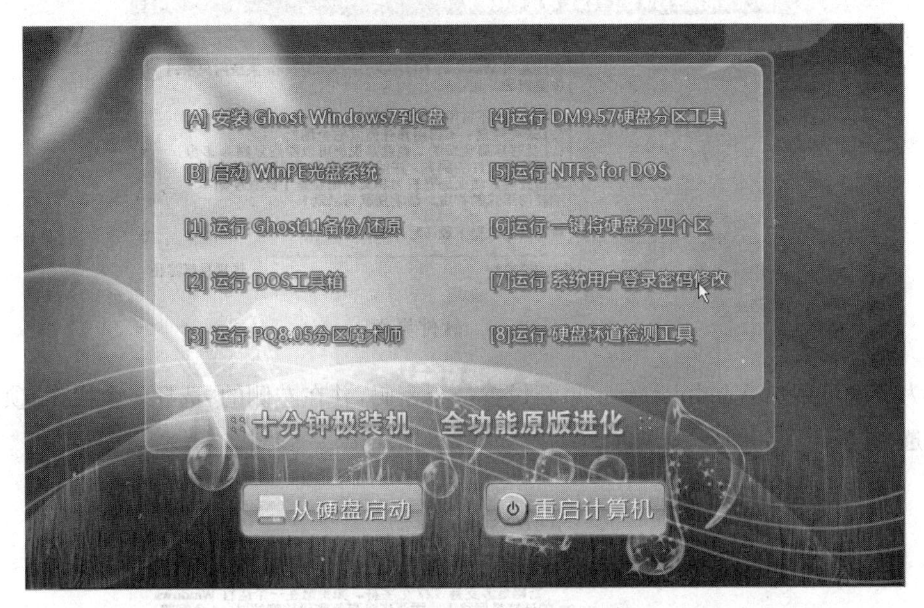

图 8-17　选择进入 WinPE 系统

从“开始”菜单中找到并运行“Windows 用户密码修复”程序，如图 8-18 所示。

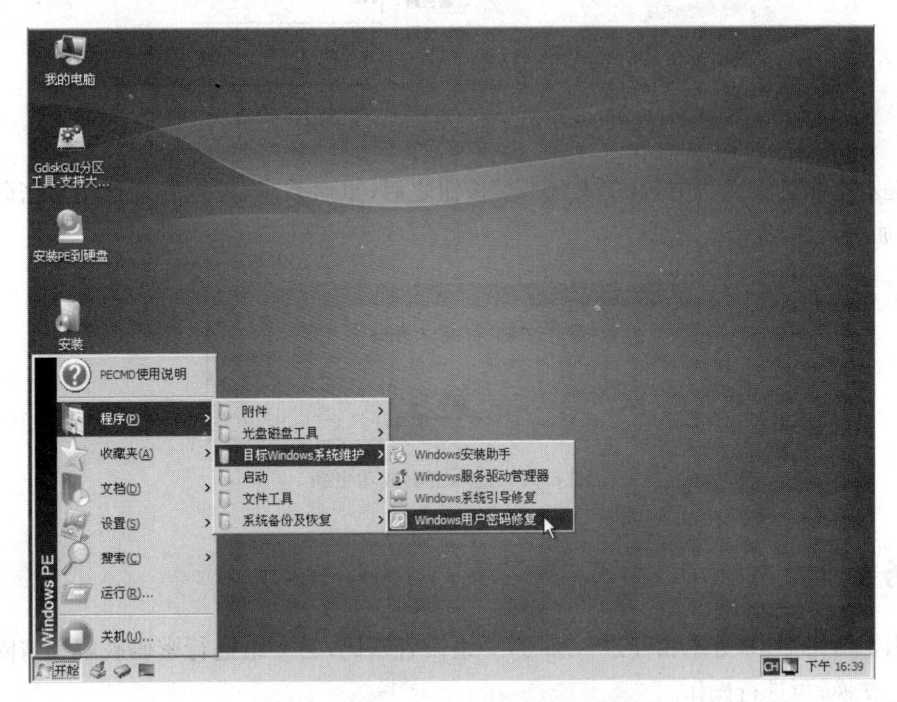

图 8-18　运行 Windows 用户密码修复程序

首先在“选择目标路径”栏中输入 Windows 系统的安装路径 C:\Windows，然后在左侧的“选择一个任务”项目列表中选择“修改现有用户的密码”，如图 8-19 所示。

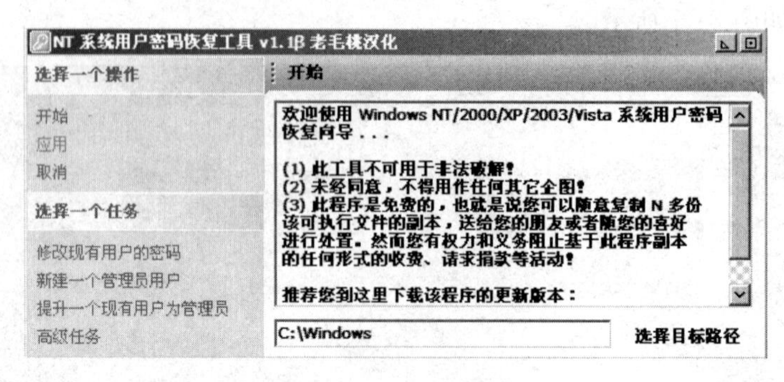

图 8-19　软件界面

为管理员用户 Administrator 重新设置一个密码，并在左侧的“选择一个操作”项目列表中选择“应用”，如图 8-20 所示。

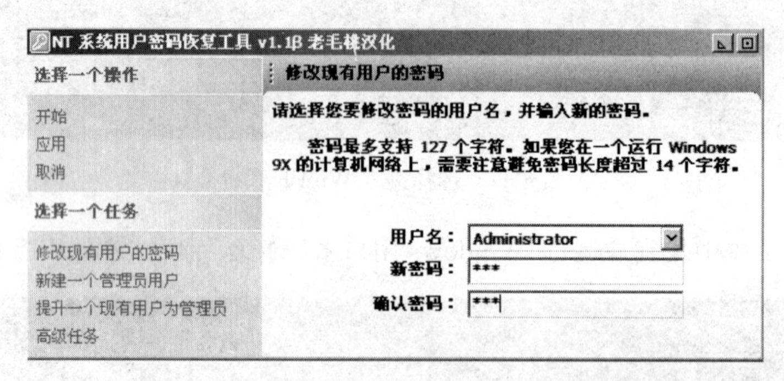

图 8-20　重新设置 Administrator 用户密码

提示密码已经成功更新，单击“确定”按钮之后，重启系统，发现管理员用户密码已被更改，如图 8-21 所示。

图 8-21　提示密码成功更新

任务实施

根据所讲知识，分组相互进行练习，一组设置密码，另一组进行密码破解和清除。随后任务交换，再进行操作。

任务 3 简单数据恢复

任务描述

张山有一次在使用计算机时，不小心将某个文件删除了，并且清空了回收站，之后发现这个文件非常重要。是否有可能将这个已经被彻底删除的文件找回来呢？

相关知识

在日常使用计算机的过程中，可能会因为误操作或其他各种原因而导致文件被误删除，这些不小心被删除的文件虽然通过常规方法已无法再读取，但仍然可能通过一些特殊的手段将其恢复，这就是所谓的数据恢复。

8.3.1 数据恢复的基本原理

在前面的课程中已经介绍过，在硬盘中存储数据首先要在硬盘上划分磁道和扇区，也就是要对硬盘进行低级格式化。扇区是硬盘的最小物理存储单元，每个扇区的存储空间为 512B。

由于目前硬盘的容量都已经达到了上百 GB，所以硬盘中扇区的数目几乎成为了一个天文数字。这么多的扇区，自然管理起来就很麻烦。所以为了进一步提高读写效率，在 Windows 系统中都是将多个相邻的扇区组合在一起进行管理，这些组合在一起的扇区就称为簇。

簇只是一个逻辑上的概念，在硬盘的盘片上并不存在簇，但它是 Windows 系统中的最小存储单元。比如在硬盘某个分区中新建一个文本文件，在里面输入一个数字 a，保存之后便会发现这个文件的大小只有 1B，但占用的磁盘空间是 4KB，4KB 便是这个磁盘分区簇的大小，每个簇包含了 8 个扇区，如图 8-22 所示。

因为在一个簇里只允许存放一个文件，所以像上面这种情况，簇里剩余的空间便被白白浪费了。至于一个簇里到底会包含几个扇区，则是在对磁盘分区进行高级格式化时决定的，默认情况下，每个簇的大小就是 4KB。

簇是 Windows 系统中数据存储的基本单元，每个簇都有一个编号。在每个磁盘分区中都会存在一个文件分配表，文件分配表中记录了这个分区中的每个文件都存放在哪几个编号的簇中。

如一个名为“a. txt”的文件存储在编号为 01、02 的两个簇中。则在文件分配表中会记录：

a. txt→01、02

当系统要读取文件时，首先就要查找文件分配表，从中获得文件的具体存放位置，然

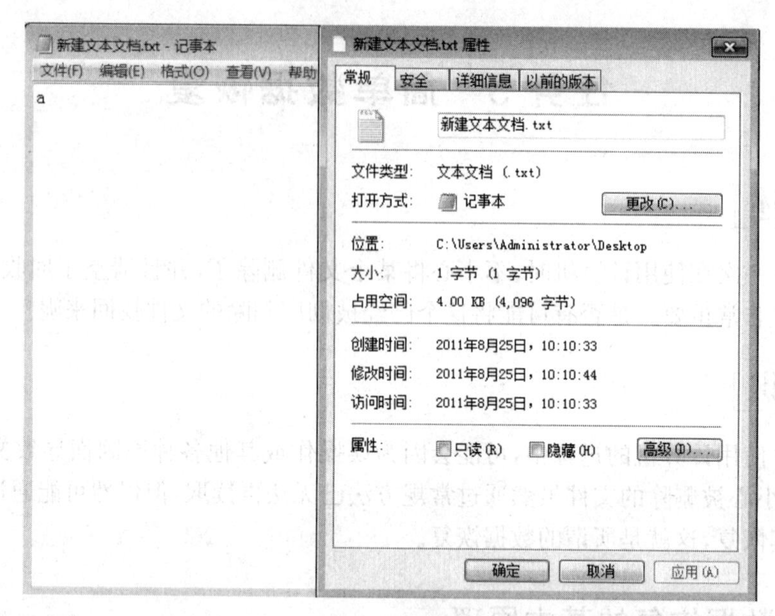

图 8-22 验证簇的大小

后才能找到相应的文件。

当将一个文件删除时,其实只是将这个文件在文件分配表中的文件存放记录删掉了,并将文件所占用的簇标记为空闲,而文件本身仍存放在原先的簇中。这样通过正常的方法,无法从文件分配表中找到这个被删除的文件,所以就认为文件消失了,而通过一些特殊的软件可以将仍存放在簇中的文件读取出来,这就是数据恢复的最基本原理。

8.3.2 数据恢复实战

常用的数据恢复软件有 EasyRecovery、FinalData、DiskGenius 等,其中 DiskGenius 作为一款优秀的国产硬盘工具软件,不仅具备强大的硬盘分区功能,而且在数据恢复方面也有着很不错的效果。

在进行数据恢复之前,一定要注意不要向被删除文件所在的分区写入任何新的数据,否则文件可能将被覆盖而无法恢复。所以对于数据恢复软件,建议最好使用绿色版软件,而且最好放在 U 盘等移动设备上,以避免向硬盘中写入数据。

下面就以 DiskGenius 3.8 为例介绍数据恢复的过程。

首先在计算机的 E 盘中放入一个 Word 文档和一个图片文件作为测试之用,如图 8-23 所示。

将两个测试文件全部删除,然后打开 DiskGenius。选中被删除文件所在的分区 E 盘,然后单击工具栏上的“恢复文件”按钮,打开文件恢复对话框,如图 8-24 所示。

在恢复文件对话框中,选择“恢复误删除的文件”。

如果在文件被删除之后,文件所在的分区有写入操作,则最好同时选中“额外扫描已

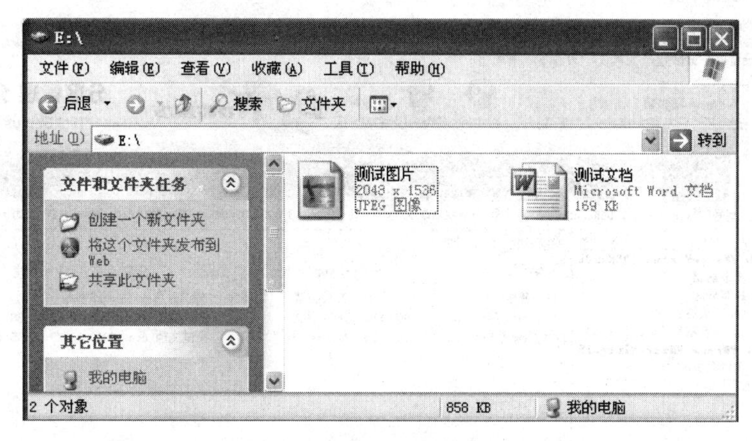

图 8-23　测试文件

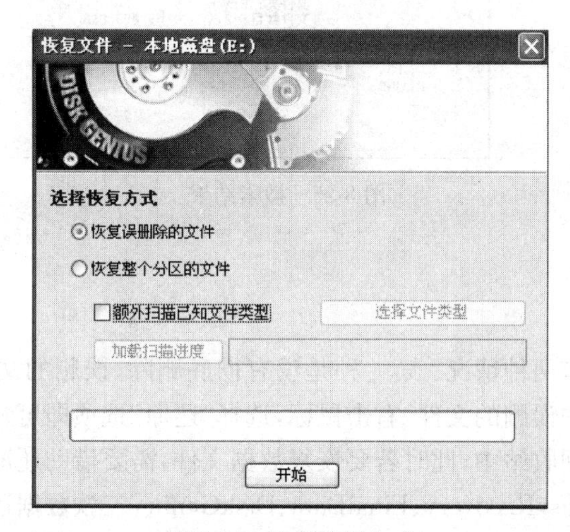

图 8-24　选择恢复方式

知文件类型”选项，并单击“选择文件类型”按钮设置要恢复的文件类型。选中这个选项后，软件会扫描分区中的所有空闲空间，如果发现了要搜索类型的文件，软件会将这些类型的文件在“所有类型”文件夹中列出。这样，如果在删除之前的正常目录下找不到删除过的文件，就可以根据文件扩展名在“所有类型”里面找一下。

由于扫描文件类型时速度较慢(需要扫描所有空闲扇区)，建议先不使用这个选项，用普通的方式搜索一次。如果找不到要恢复的文件，再用这种方式重新扫描。

这里先不选中“额外扫描已知文件类型”，单击“开始”按钮以开始搜索过程。搜索完成之后，会发现已经找到了被删除的两个文件，如图 8-25 所示。

选中这两个文件，然后在文件列表中右击鼠标，选择“复制到”菜单项。接下来选择存放恢复后文件的文件夹。为防止复制操作对正在恢复的分区造成二次破坏，DiskGenius 不允许将文件恢复到原分区。这里选择将文件恢复到 C 盘。

到 C 盘打开恢复回来的两个文件，发现所有数据都完好无损。至此，数据恢复操作顺利完成。

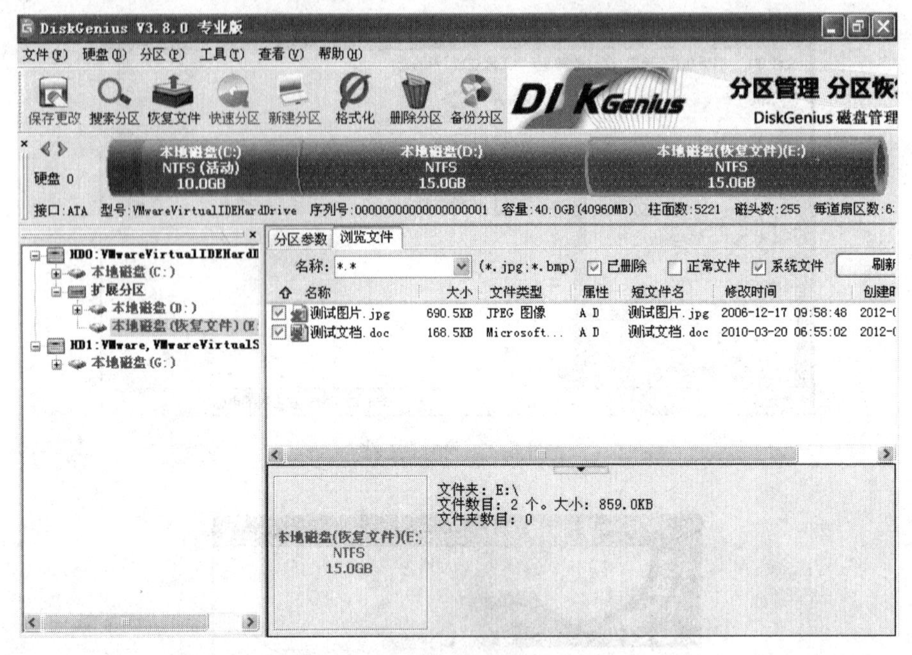

图 8-25　搜索结果

任务实施

数据文件还原,有两种情况:第一种是没有彻底删除,误删的文件在回收站中,此时可以打开回收站,选中误删的文件,右击鼠标,选择“还原”选项即可;第二种是已经彻底删除的文件,不存在于回收站中,此时若要恢复数据文件,需要借助还原软件的作用。

通过网络下载 EasyRecovery、FinalData、DiskGenius 三款数据还原软件,练习数据还原操作,并填写实验报告。

任务 4　系 统 备 份

任务描述

好朋友晓丽家里买了一台新计算机,由于晓丽对计算机不熟悉,在使用的时候经常会误操作或误删除,难免造成系统缓慢、蓝屏、死机。你只好每次去给她重新安装操作系统,次数多了,就浪费了不少时间。那么有没有更好的方法呢?

相关知识

随着计算机网络技术的不断发展,当下网络安全已经到了举足轻重的地步!虽然在前面的操作中,已经为计算机安装上了杀毒软件和安全工具,但这仍不能保证计算机百分百的可靠。如果计算机一旦中毒崩溃，再要重复一次前面的操作，将是一个漫长而复杂的过程。为了一劳永逸，在做完前面的各项工作之后，还必须要为系统做好备份。

虽然在 Windows 系统中已经自带了"系统还原"功能，可以对系统进行备份和还原，但在实际使用中，更多的是利用 Ghost 软件进行系统备份和还原的操作。

Ghost 是赛门铁克公司推出的一个用于系统、数据备份与还原的工具，其最新版本是 Ghost14.0。但是最新版的 Ghost14.0 只能在 Windows 系统下面运行，这里要使用的是 Ghost11.0 版本，它在 DOS 下面运行，能够提供对系统的完整备份和还原，支持的磁盘文件系统格式包括 FAT16、FAT32 和 NTFS 等。

目前几乎所有的系统工具盘里都会带有 Ghost，因此就用前面用到过的系统工具盘来启动 Ghost，如图 8-26 所示。

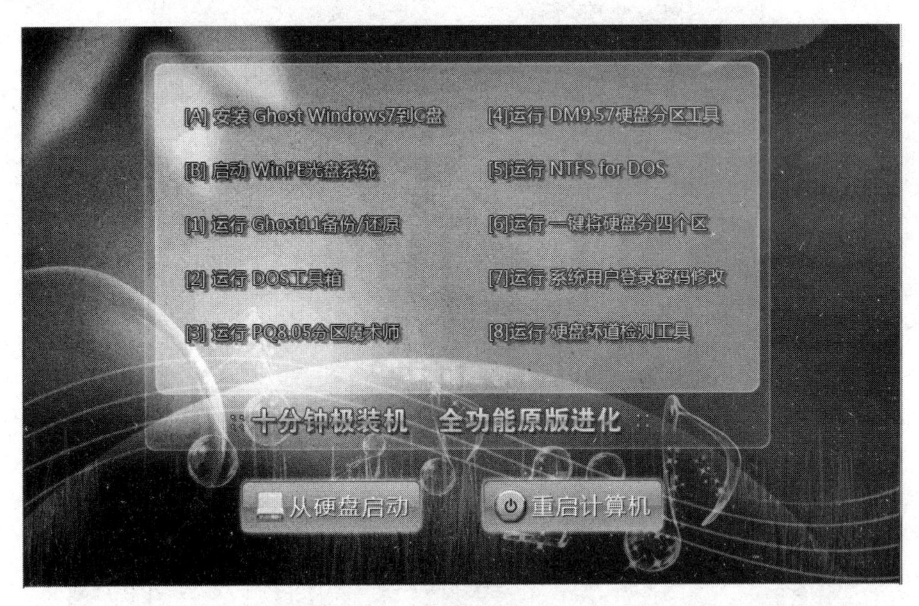

图 8-26 运行 Ghost

启动 Ghost 之后，会出现如图 8-27 所示的界面。

单击 OK 键后，就可以看到 Ghost 的主菜单，如图 8-28 所示。在主菜单中，有以下几项。

- Local：本地操作，对本地计算机上的硬盘进行操作。
- Peer to peer：通过点对点模式对网络计算机上的硬盘进行操作。
- GhostCast：通过单播/多播或者广播方式对网络计算机上的硬盘进行操作。
- Option：使用 Ghost 时的一些选项，一般使用默认设置即可。
- Help：一个简洁的帮助。
- Quit：退出 Ghost。

注意：当计算机上没有安装网络协议的驱动时，Peer to peer 和 GhostCast 选项将不可用(在 DOS 下一般都没有安装)。

启动 Ghost 之后，选择 Local→Partition 对分区进行操作。

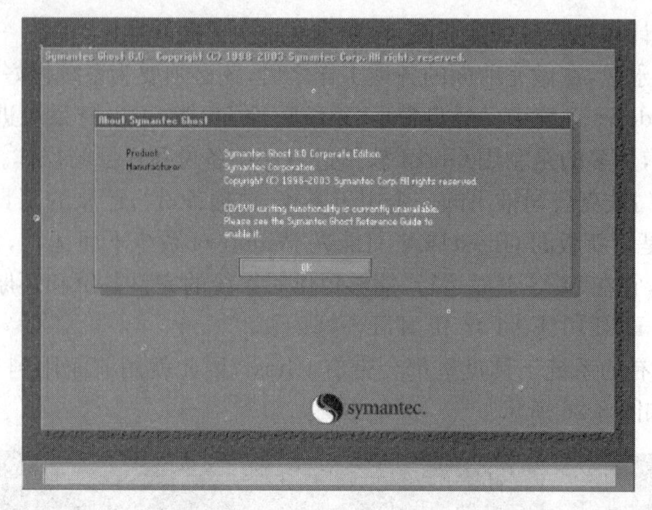

图 8-27 Ghost 启动界面

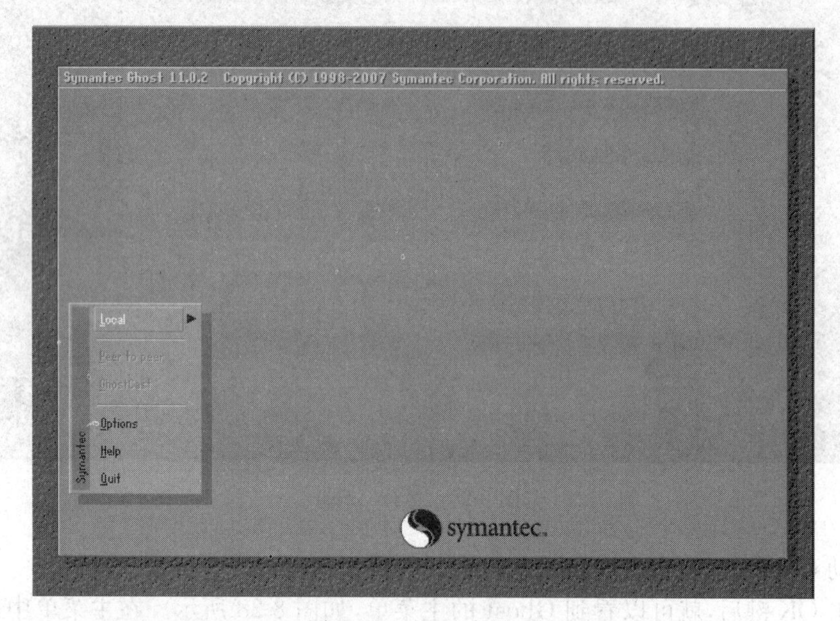

图 8-28 Ghost 主界面

- To Partition：将一个分区的内容复制到另外一个分区。
- To Image：将一个或多个分区的内容复制到一个镜像文件中。一般备份系统均选择此操作。
- From Image：将镜像文件恢复到分区中。当系统备份后，可选择此操作恢复系统。

这里执行 Local→Partition→To Image，如图 8-29 所示。

选择所要操作的硬盘，如图 8-30 所示。

选择所要备份的分区，这里选择类型为 Primary 的主分区，也就是 C 盘，如图 8-31 所示。

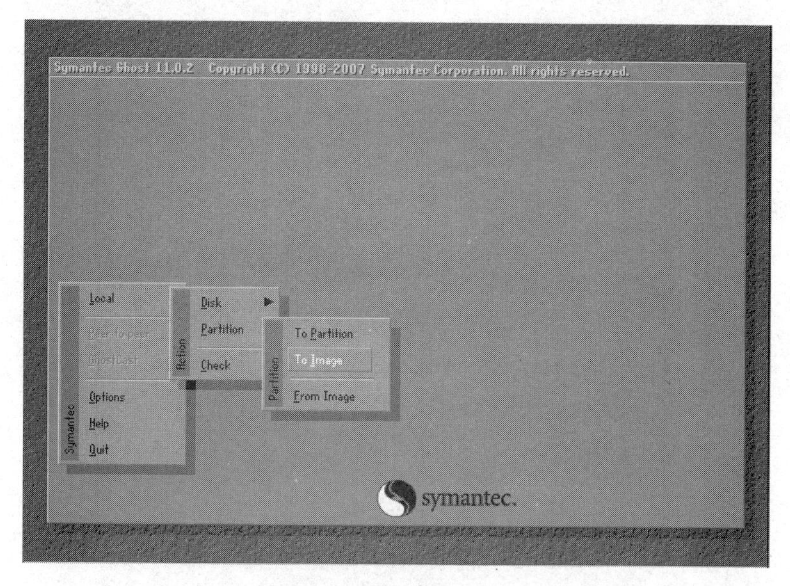

图 8-29 “分区操作”界面

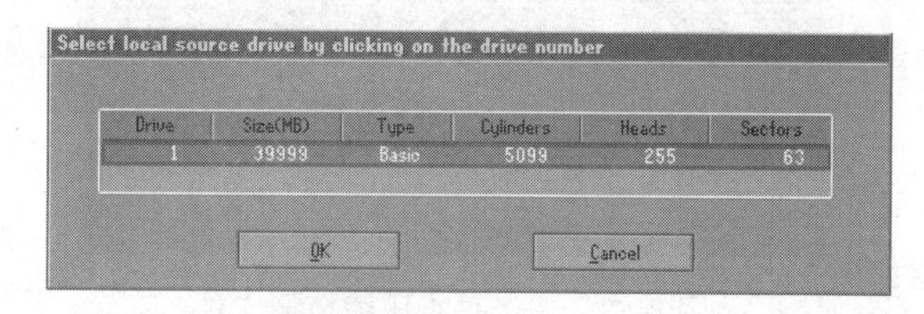

图 8-30 “选择硬盘”界面

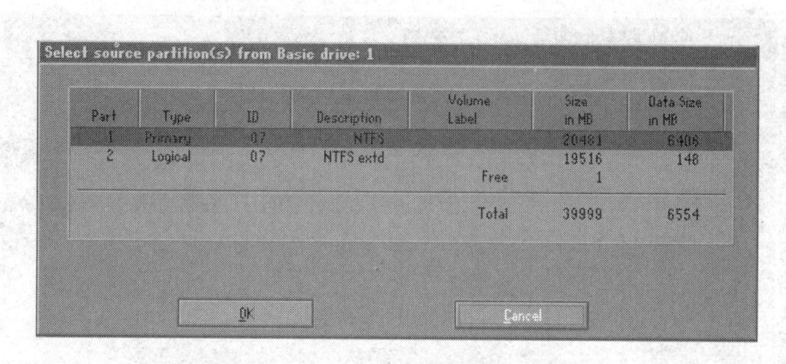

图 8-31 选择要备份的分区

选择镜像文件名和存放位置。这里存放于 D 盘，备份名 bak，后缀名默认为. GHO，如图 8-32 所示。

接下来，程序询问是否压缩备份数据，并给出 3 个选择：No 表示不压缩，Fast 表示压缩比例小而执行备份速度较快(推荐)，High 就是压缩比例高但执行备份速度相当慢。这里用方向键选 Fast，如图 8-33 所示。

然后就开始备份过程，整个过程一般需要五至十几分钟(时间长短与 C 盘数据多少、硬件速度等因素有关)，完成后显示如图 8-34 所示。

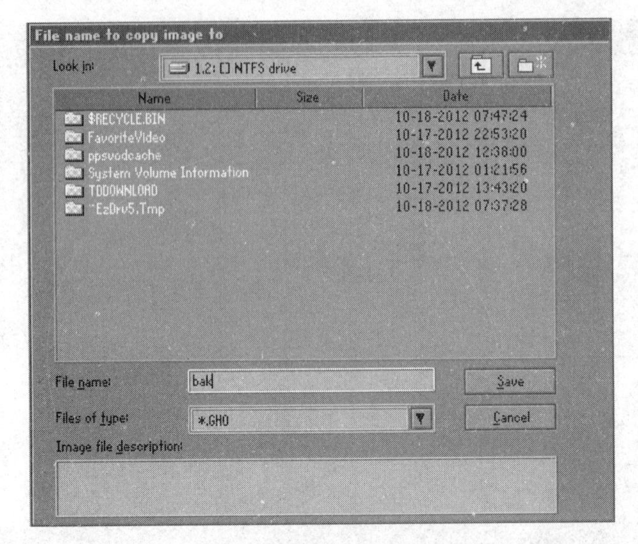

图 8-32 “镜像文件名和存放位置”界面

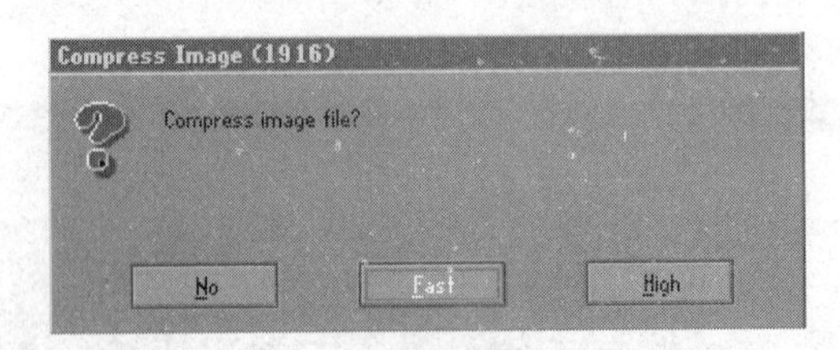

图 8-33 选择是否压缩镜像文件

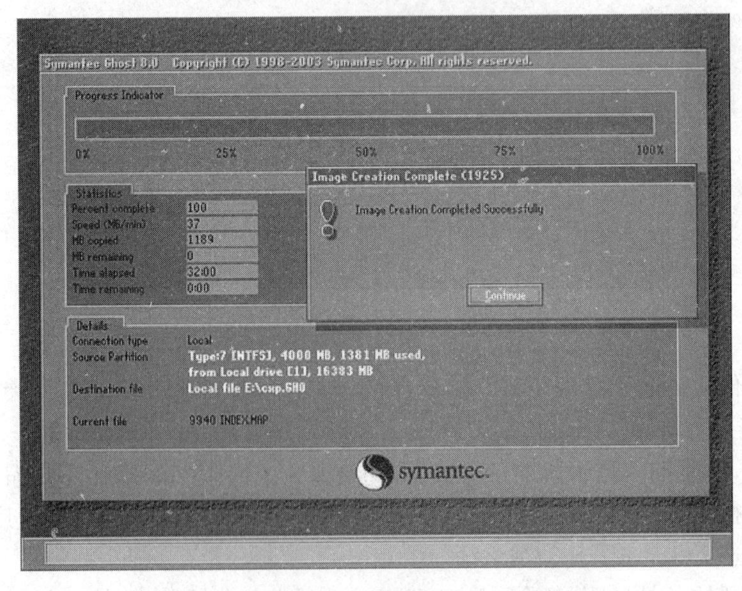

图 8-34 备份结束

任务实施

1. 系统还原法

当系统出现问题时可以将系统还原到以前没有问题时的状态，步骤：打开“开始”菜单，选择“所有程序”→“附件”→“系统工具”→“系统还原”命令，打开系统还原向导，选择“恢复我的计算机到一个较早的时间”，单击“下一步”按钮。

注意：如需创建还原点，则可以选择“创建一个还原点”。建立了还原点后，一旦需要恢复系统到当前状态，就可以使用此还原点来进行恢复。

2. 还原驱动程序

如果在安装或者更新了驱动程序后，发现硬件不能正常工作了，可以使用驱动程序的还原功能。步骤：在设备管理器中，选择要恢复驱动程序的硬件，双击打开“属性”窗口，选择“驱动程序”标签，然后单击“返回驱动程序”按钮即可。

3. 用 Ghost 进行备份、还原

Ghost 的安装非常简单，只要将 Ghost. exe 复制到硬盘即可执行。

(1) 启动 Ghost

在纯 DOS 下先运行鼠标驱动程序 mouse. exe，再运行 Ghost. exe。Ghost 的备份和还原可分为硬盘备份和还原、磁盘分区备份和还原两类。

(2) 硬盘备份和还原

硬盘备份和还原菜单有三个选项：disk→to disk(硬盘复制)、disk→to image(硬盘备份)、disk→from image(备份还原)。

硬盘复制步骤如下。

① 启动 Ghost，如图 8-35 所示。

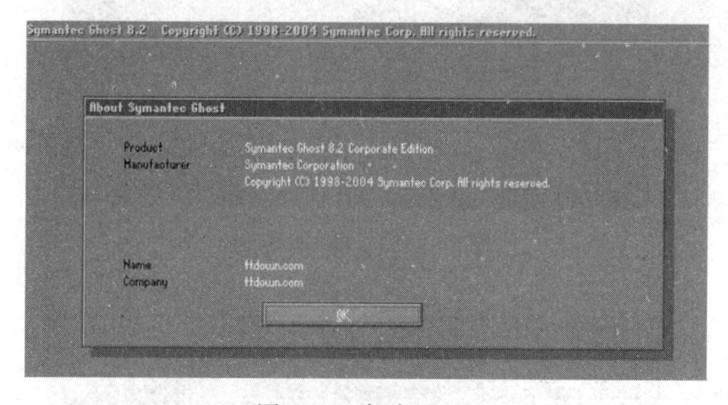

图 8-35　启动 Ghost

② 选择：Local→Disk→To Disk，本地→磁盘→到磁盘，如图 8-36 所示。

③ 选择源磁盘，第一项是源磁盘，如图 8-37 所示。

④ 选择目标磁盘，如图 8-38 所示。

⑤ 查看目标磁盘的详细资料，如图 8-39 所示。

⑥ Proceed with disk clone? Destination drive will be overwritten. 意思是要进行克

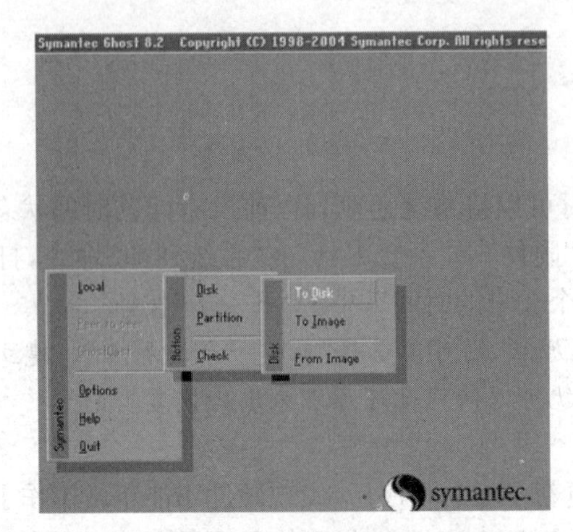

图 8-36　选择菜单

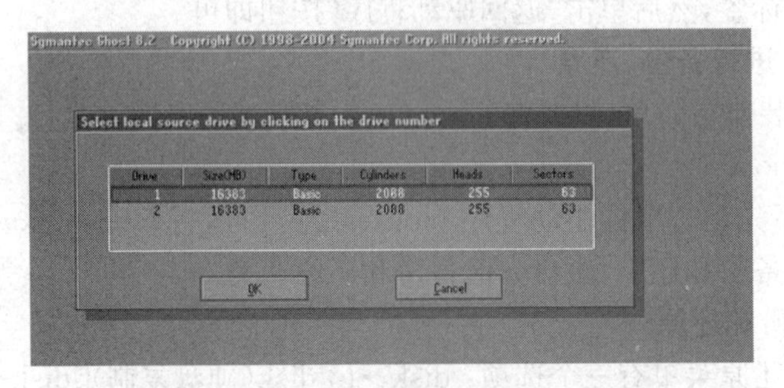

图 8-37　选择源磁盘

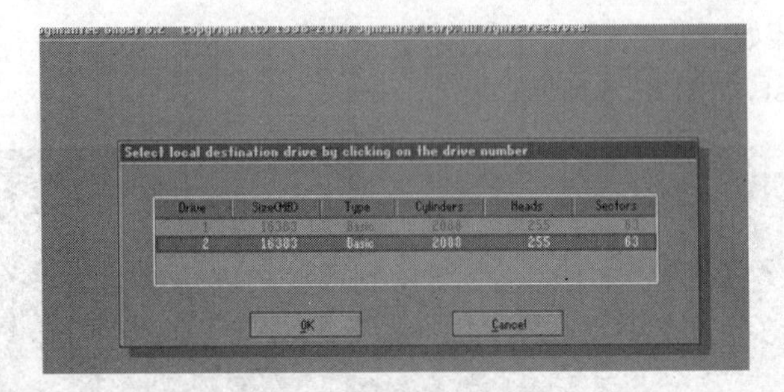

图 8-38　选择目标磁盘

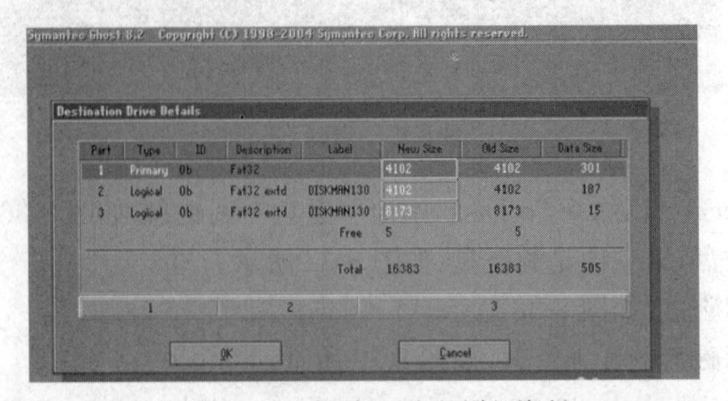

图 8-39　查看目标磁盘的详细资料

隆吗？那么目标磁盘将被覆盖，如图 8-40 所示。

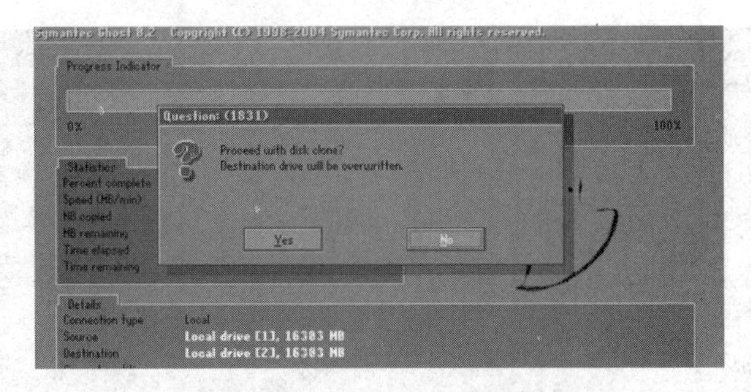

图 8-40　目标磁盘将被覆盖

⑦ Clone Completed Successfully，成功完成克隆！单击 Reset Computer 重新启动计算机，如图 8-41 所示。

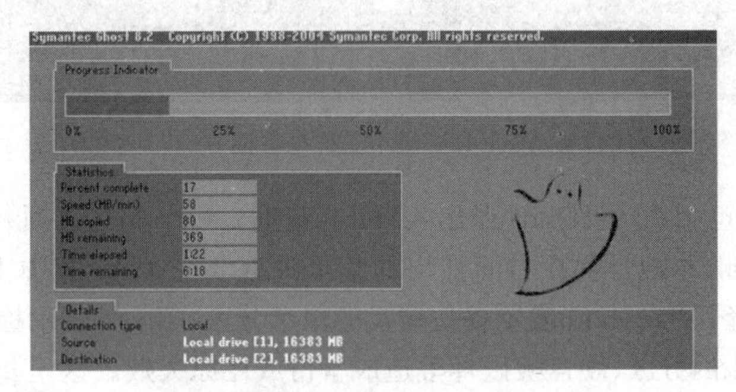

图 8-41　重启计算机

分区备份与还原步骤如下。

开启 Ghost 程序，显示如图 8-42 所示。

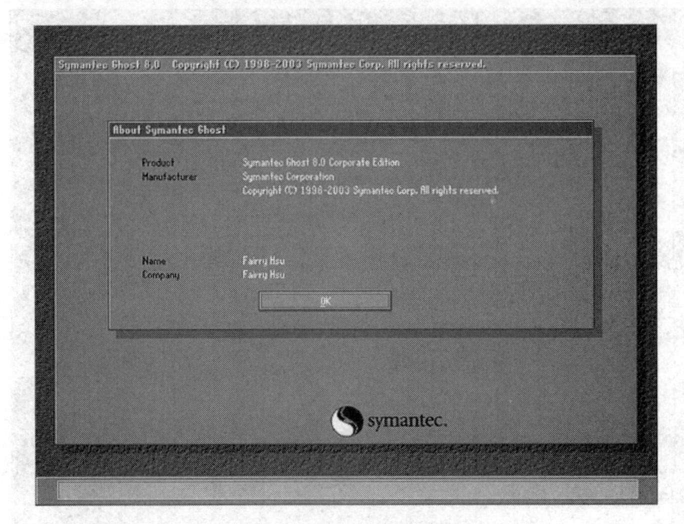

图 8-42　开启 Ghost 程序

直接按 Enter 键后，显示主程序界面，如图 8-43 所示。

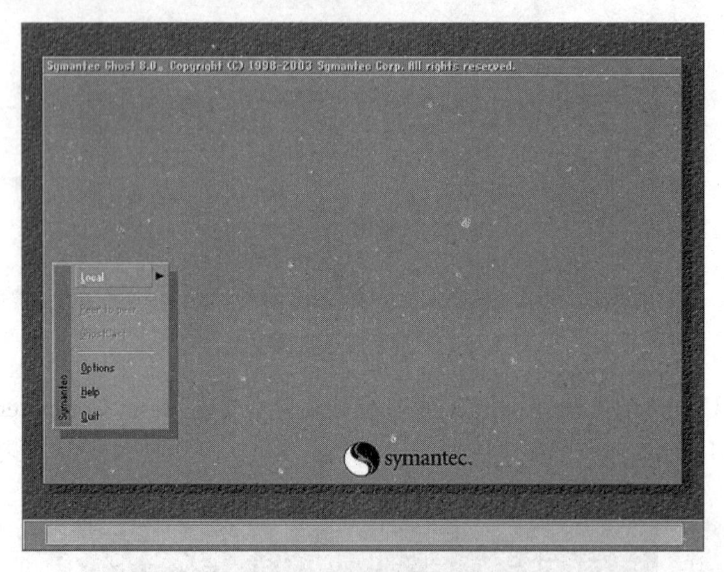

图 8-43　显示主程序界面

主程序有四个可用选项：Quit（退出）、Help（帮助）、Options（选项）和 Local（本地）。在菜单中单击 Local（本地）项，在右面弹出的菜单中有 3 个子项，其中 Disk 表示备份整个硬盘（即硬盘克隆）、Partition 表示备份硬盘的单个分区、Check 表示检查硬盘或备份的文件，查看是否可能因分区、硬盘被破坏等造成备份或还原失败。这里要对本地磁盘进行操作，应选 Local。当前默认选中 Local（字体变白色），按向右方向键展开子菜单，用向上或向下方向键选择，依次选择 Local（本地）→Partition（分区）→To Image（产生镜像）（这一步一定不要选错）如图 8-44 所示。

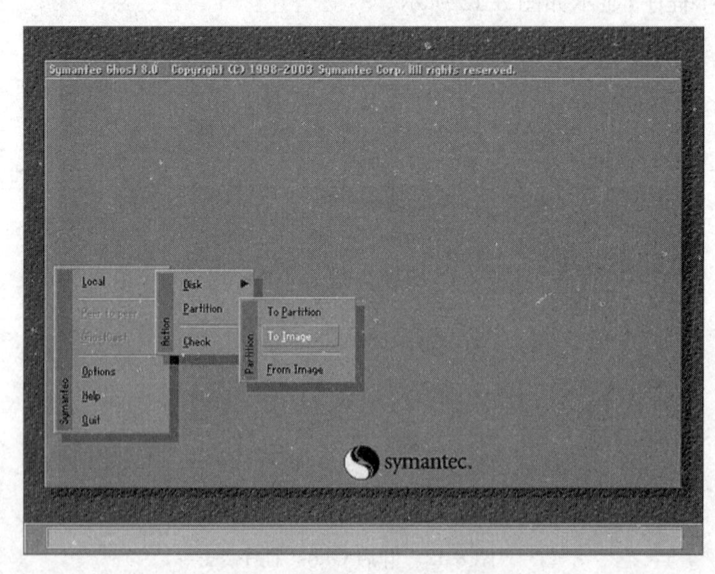

图 8-44　选择 To Image 菜单

确定 To Image 被选中(字体变白色),然后确认,显示如图 8-45 所示。

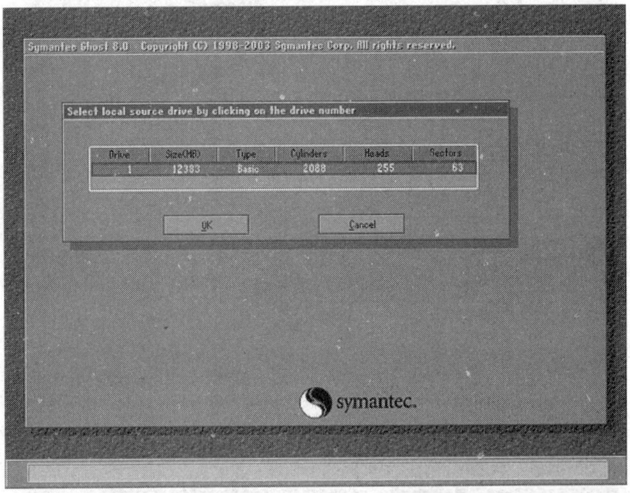

图 8-45　确定 To Image 被选中

弹出硬盘选择窗口,因为这里只有一个硬盘,所以不用选择了,直接按 Enter 键后,显示如图 8-46 所示。

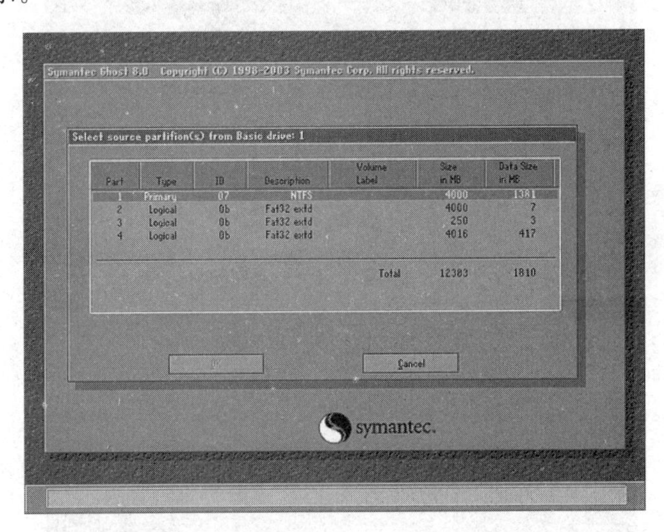

图 8-46　硬盘选择窗口

选择要操作的分区,可用键盘进行操作:用方向键选择第一个分区(即 C 盘)后回车,这时 OK 按键由不可用变为可用,显示如图 8-47 所示。

按 Tab 键切换到 OK 按钮(字体变白色),如图 8-48 所示。

按 Enter 键进行确认。出现如图 8-49 所示。

选择备份存放的分区、目录路径及输入备份文件名称。图 8-49 中有五个框:最上边框(Look in)选择分区;第二个(最大的)选择目录;第三个(File name)输入镜像文件名称,注意镜像文件的名称带有 GHO 的后缀名;第四个(File of type)文件类型,默认为 GHO 不用改。

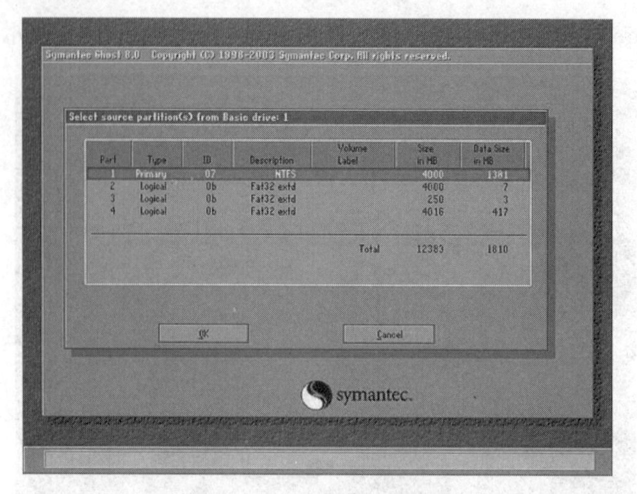

图 8-47　选择第一个分区

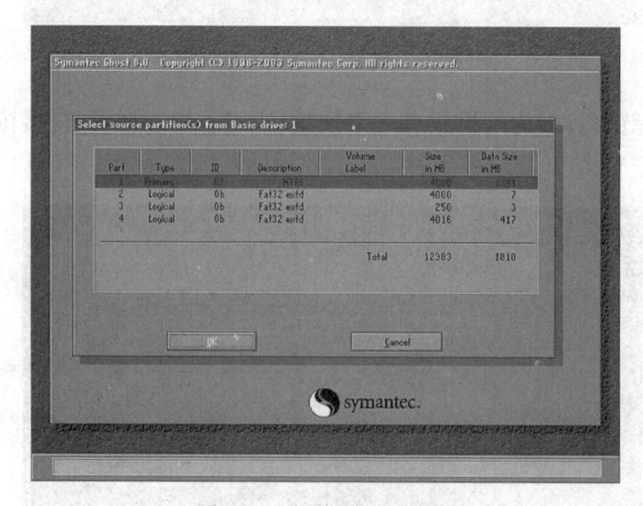

图 8-48　切换到 OK 按钮

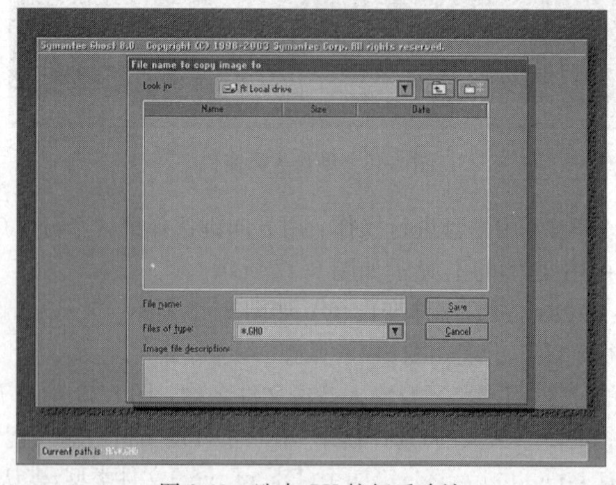

图 8-49　选中 OK 按钮后确认

这里首先选择存放镜像文件的分区：按 Tab 键约 8 次切换到最上边框(Look in)使它被白色线条显示，如图 8-50 所示。

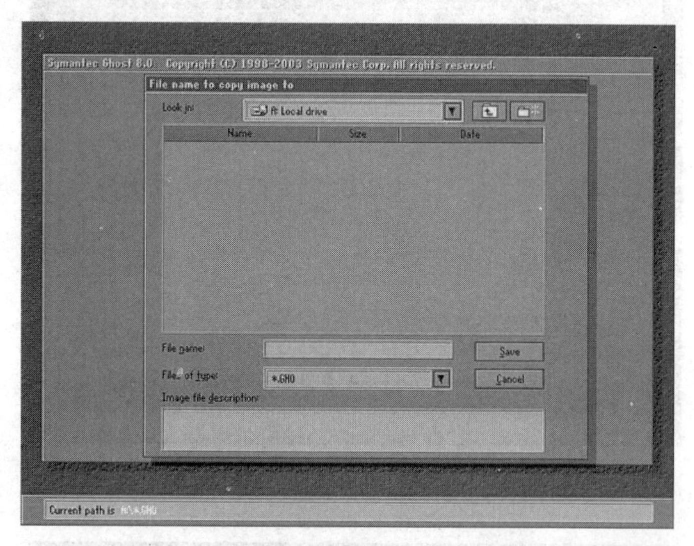

图 8-50 选择存放镜像文件的分区

按 Enter 键确认选择，显示如图 8-51 所示。

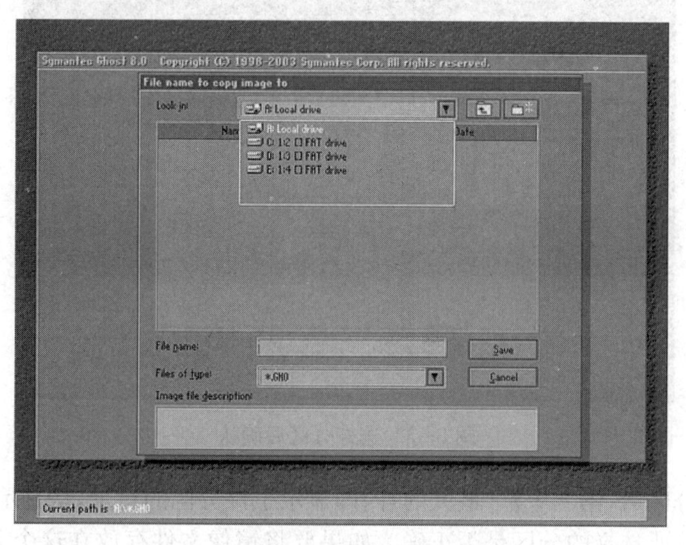

图 8-51 确认选择

之后弹出了分区列表，在列表中没有显示要备份的分区。

注意：在列表中显示的分区盘符(C、D、E)与实际盘符会不相同，但盘符后跟着的 1：2(即第一个磁盘的第二个分区)与实际相同，选分区时留意了。要将镜像文件存放在有足够空间的分区，所以用原系统的 F 盘，这里就用向下方向键选(E：1：4 口 FAT drive)第一个磁盘的第四个分区(使其字体变白色)，如图 8-52 所示。

选好分区后按 Enter 键确认选择，显示如图 8-53 所示。

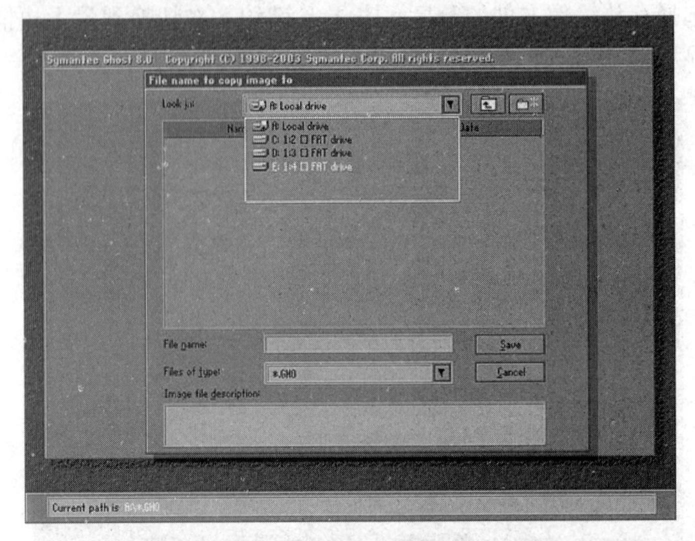

图 8-52　选第一个磁盘的第四个分区

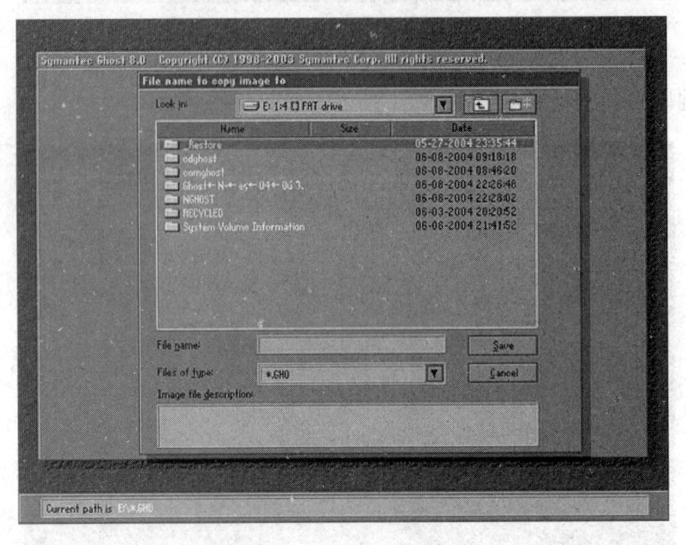

图 8-53　选好分区后确认

确认选择分区后，第二个框(最大的)内即显示了该分区的目录，从显示的目录列表中可以进一步确认所选择的分区是否正确。如果要将镜像文件存放在这个分区的目录内，可用向下方向键选择目录后确认即可。这里要将镜像文件放在根目录，所以不用选择目录，直接按 Tab 键切换到第三个框(File name)，如图 8-54 所示。

这里输入镜像文件名称，如要备份 C 盘的 XP 系统，镜像文件名称就输入 cxp. GHO，注意镜像文件的名称带有 GHO 的后缀名，如图 8-55 所示。

输入镜像文件名称后，下面两个框不用输入了，按 Enter 键后准备开始备份，显示如图 8-56 所示。

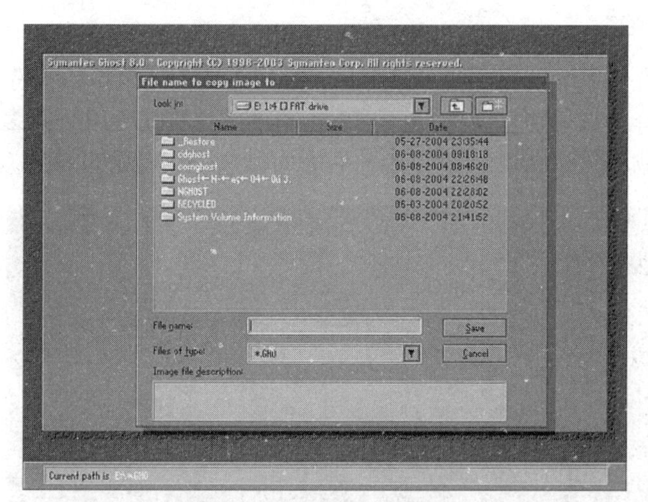

图 8-54　切换到第三个框

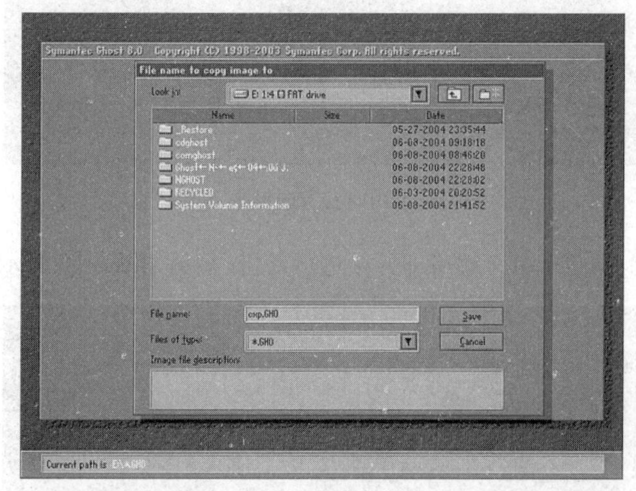

图 8-55　输入镜像文件的名称

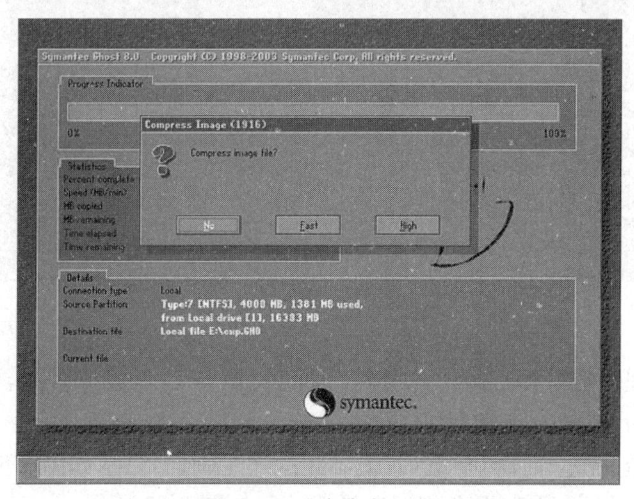

图 8-56　准备备份文件

接下来，程序询问是否压缩备份数据，并给出 3 个选择：No 表示不压缩，Fast 表示压缩比例小而执行备份速度较快(推荐)，High 就是压缩比例高但执行备份速度相当慢。如果不需要经常执行备份与恢复操作，可选 High 压缩比例高，所用时间多 3～5 分钟但镜像文件的大小可减小约 700MB。这里用向右方向键选 High，如图 8-57 所示。

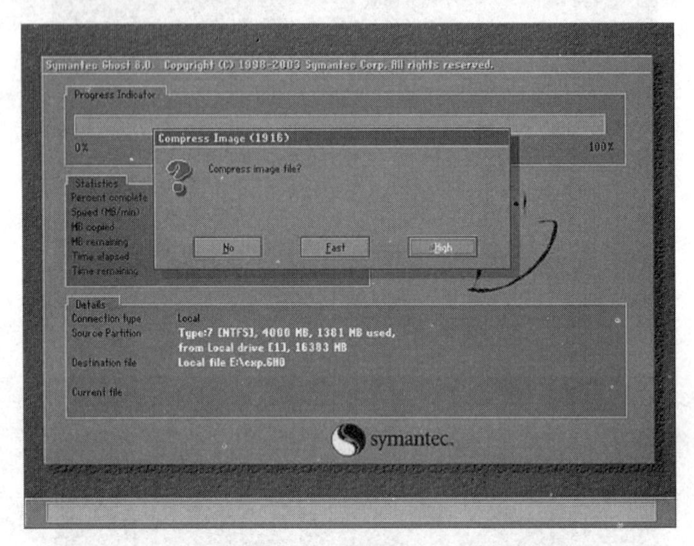

图 8-57 用向右方向键选 High

选择好压缩比后，按 Enter 键后即开始进行备份，显示如图 8-58 所示。

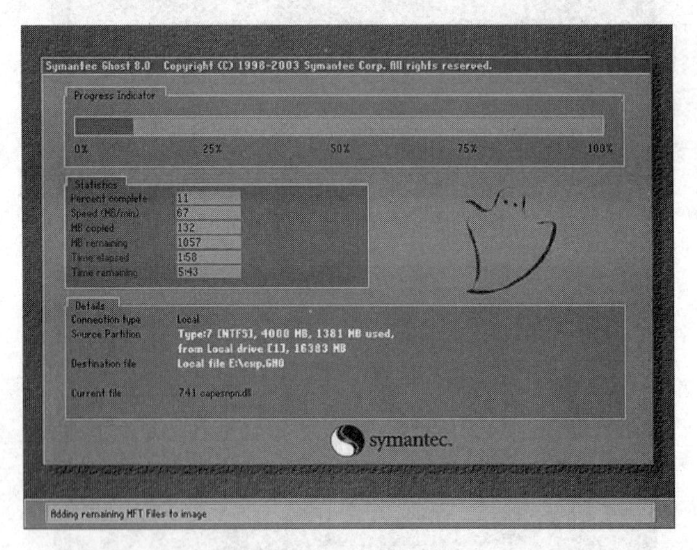

图 8-58 开始进行备份

整个备份过程一般需要五至十几分钟(时间长短与 C 盘数据多少，硬件速度等因素有关)，完成后显示如图 8-59 所示。

提示操作已经完成，按 Enter 键后，退出到程序主画面，显示如图 8-60 所示。

要退出 Ghost 程序，用向下方向键选择 Quit，如图 8-61 所示。

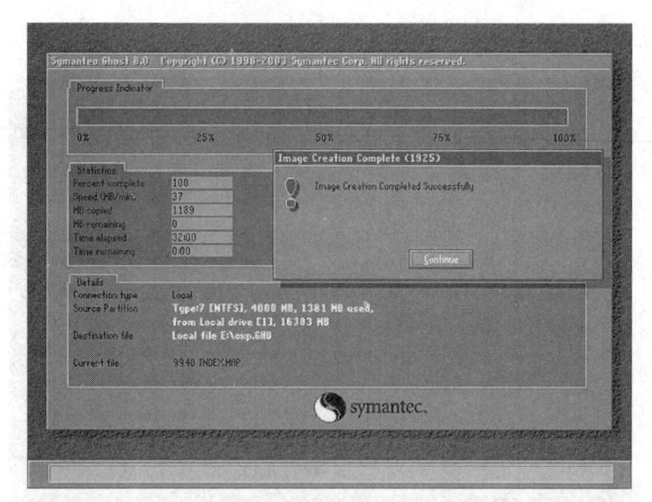

图 8-59　备份完成后的显示

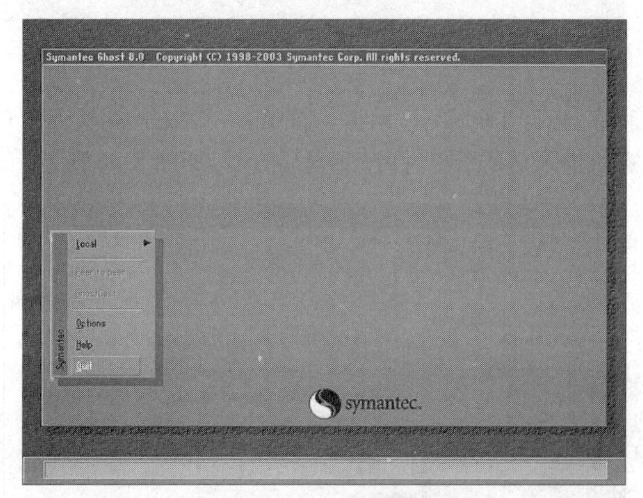

图 8-60　退出程序主画面

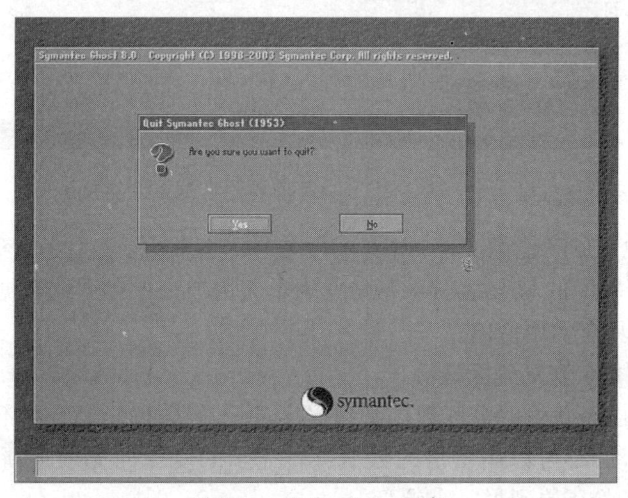

图 8-61　退出 Ghost 程序

按 Enter 键后，显示如图 8-62 所示。

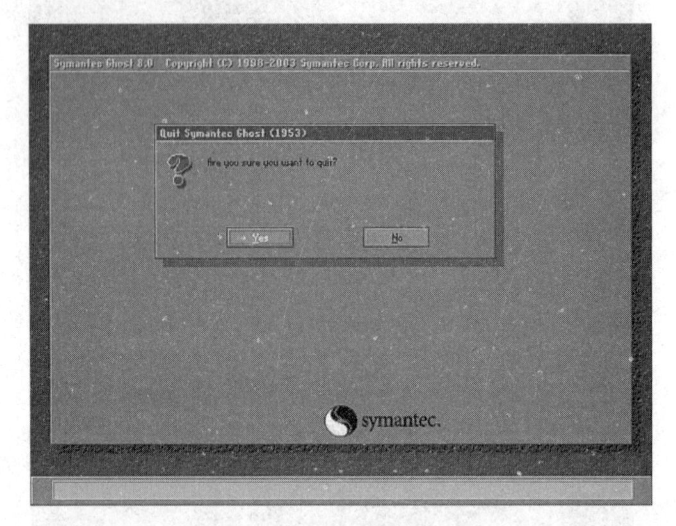

图 8-62 按 Enter 键后的显示

退出 Ghost 程序，返回 DOS 下显示提示符 A:>_，取出软盘后按 Ctrl+Alt+Del 组合键重新启动计算机进入 XP 系统，打开 F 盘后查看，如图 8-63 所示。

图 8-63 打开 F 盘后查看

从图 8-63 中可见到镜像文件 cxp.GHO 放在 F 盘根目录，大小为 725985KB，是 C 盘已用空间大小 1.38G 的 55%。分区备份作为个人用户来保存系统数据，特别是在恢复和复制系统分区时具有实用价值。

4. 用 Ghost 8.0 恢复分区备份

如果硬盘中已经备份的分区数据受到损坏，用一般数据修复方法不能修复，以及系统被破坏后不能启动，都可以用备份的数据进行完全的复原而无须重新安装程序或系统。当然，也可以将备份还原到另一个硬盘上。

这里介绍将存放在E盘根目录的原C盘的镜像文件cxp.GHO恢复到C盘的过程。要恢复备份的分区，进入DOS下，运行Ghost.exe启动进入主程序画面，如图8-64所示。

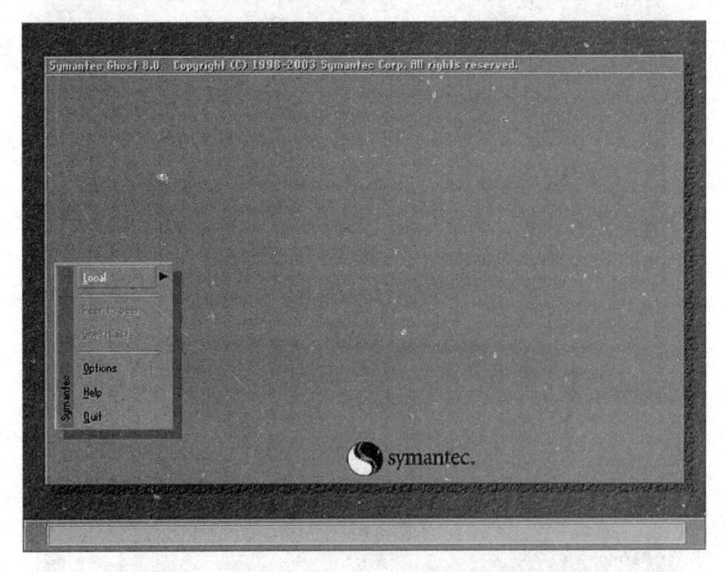

图8-64 运行Ghost.exe启动进入主程序画面

依次选择Local(本地)→Partition(分区)→From Image(恢复镜像)(这一步一定不要选错)，如图8-65所示。

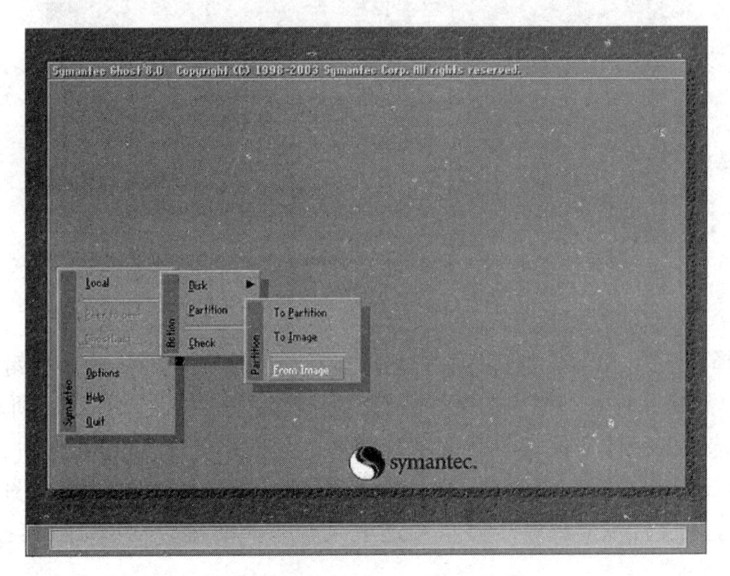

图8-65 选择From Image命令

按Enter键确认后，显示如图8-66所示。

选择镜像文件所在的分区。因为镜像文件cxp.GHO存放在E盘(第一个磁盘的第四个分区)根目录，所以这里选“D:1:4[]FAT drive”，按Enter键确认后，显示如图8-67所示。

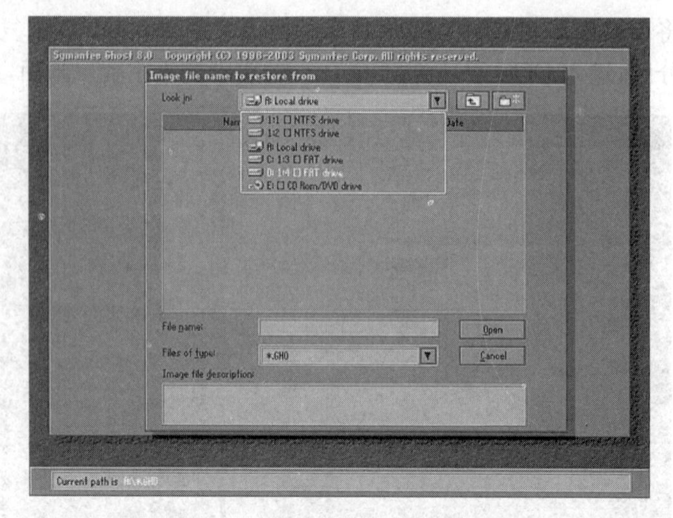

图 8-66 恢复镜像效果

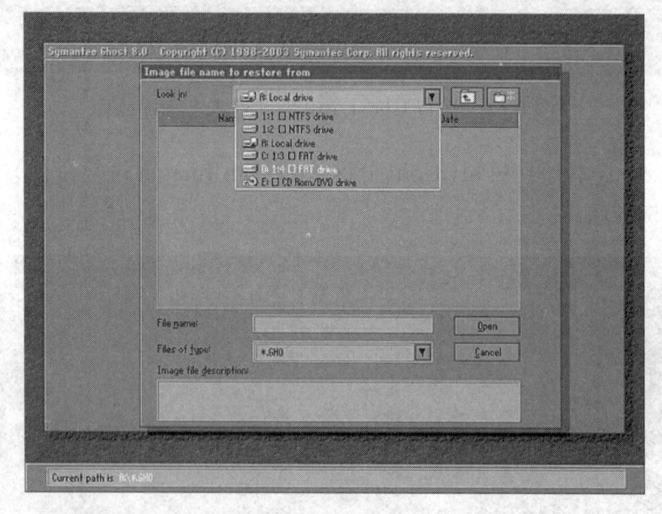

图 8-67 选择镜像文件所在的分区

确认选择分区后，第二个框（最大的）内即显示了该分区的目录，用方向键选择镜像文件cxp.GHO后，镜像文件名一栏内的文件名自动完成输入后，显示如图 8-68 所示。

显示出选中的镜像文件备份时的备份信息（从第 1 个分区备份，该分区为 NTFS 格式，大小 4000MB，已用空间 1381MB）。确认无误后，按 Enter 键，显示如图 8-69 所示。

选择将镜像文件恢复到哪个硬盘。这里只有一个硬盘，不用选，直接按 Enter 键，显示如图 8-70 所示。

选择要恢复到的分区，这一步要特别小心。因为要将镜像文件恢复到 C 盘（即第一个分区），所以这里选第一项（第一个分区），按 Enter 键，显示如图 8-71 所示。

提示即将恢复，会覆盖选中分区并破坏现有数据！选中 Yes 后，按 Enter 键开始恢复，显示如图 8-72 所示。

正在将备份的镜像恢复，完成后显示如图 8-73 所示。

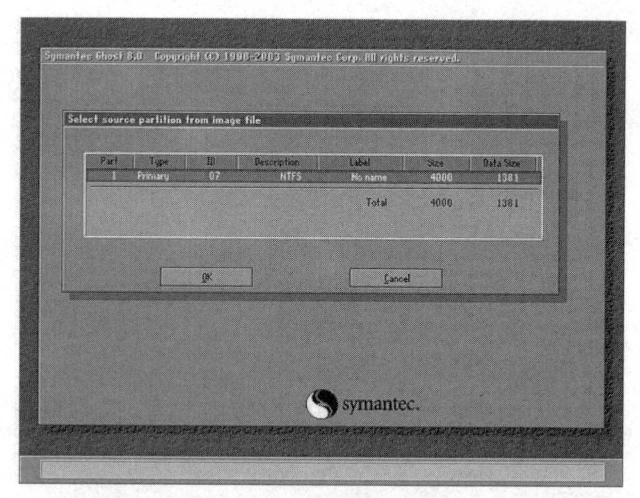

图 8-68　输入镜像文件名

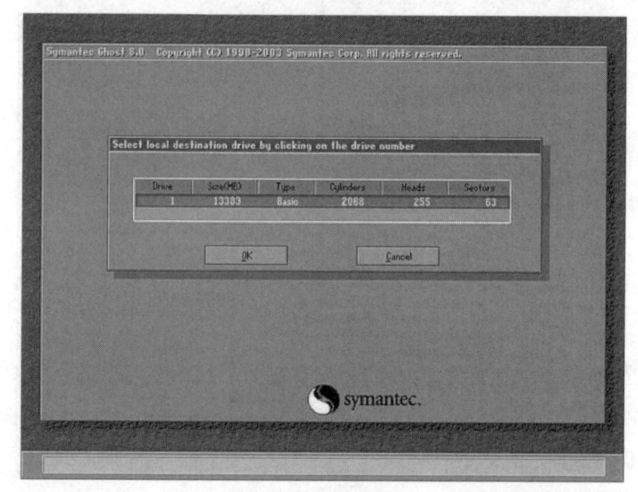

图 8-69　显示备份信息

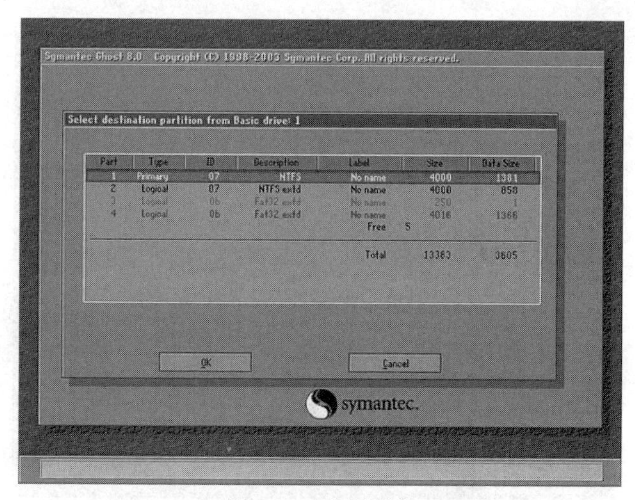

图 8-70　选择硬盘

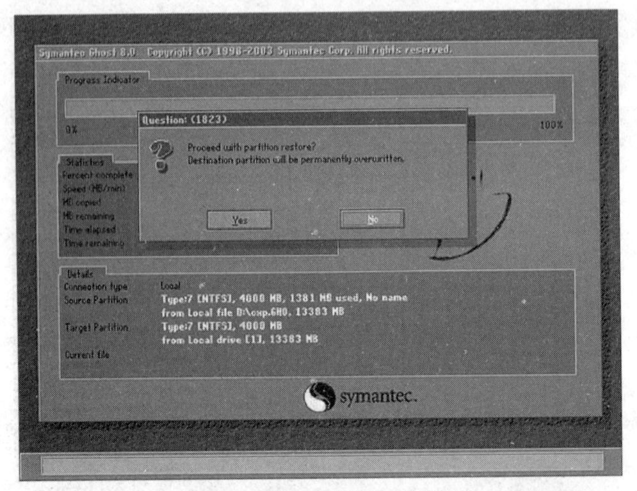

图 8-71　选第一项

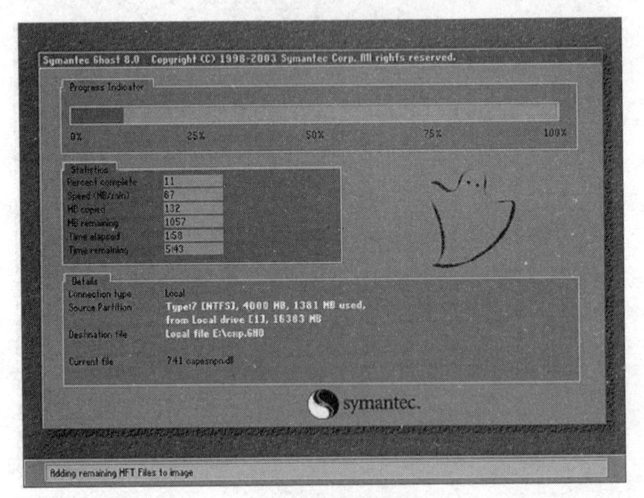

图 8-72　恢复数据

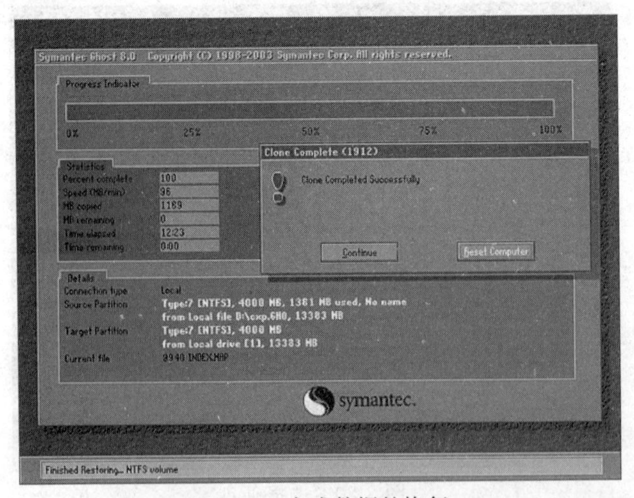

图 8-73　完成数据的恢复

计算机将重新启动！启动后就可见到效果了，恢复后和原备份时的系统一模一样，而且磁盘碎片整理也免了！

思考与练习

一、选择题

1. 对计算机病毒描述正确的是(　　)。

A. 人为编写的恶意程序　　B. 应用软件编写错误

C. 系统配置错误　　D. 软件兼容性故障

2. 发现计算机感染病毒后，通过(　　)操作可用来清除病毒。

A. 使用杀毒软件　　B. 扫描磁盘

C. 整理磁盘碎片　　D. 重新启动计算机

3. 国产的杀毒软件有(　　)。

A. 诺顿　　B. 卡巴斯基　　C. McAfee　　D. 瑞星

二、简答题

1. 为什么要在计算机中安装一款杀毒软件和安全工具？
2. 如何破解系统密码？
3. 数据存储的原理是什么？
4. 数据恢复的方法有哪些？

综合实训六　计算机安全防护的常用操作

1. 实训目的

(1) 能够熟练使用杀毒软件和安全工具。

(2) 能够设置系统密码并进行破解。

(3) 能够进行基本的数据恢复。

(4) 能够对系统进行备份。

2. 实训中用到的工具

(1) 各种杀毒软件和安全工具的安装程序、DiskGenius 软件。

(2) 系统工具盘。

3. 实训步骤

(1) 使用杀毒软件和安全工具

① 安装金山毒霸杀毒软件，将病毒库升级到最新，学习其设置，并对计算机系统进行杀毒。

② 安装360安全卫士，对计算机进行体检，并修复体检中发现的各种问题。

(2) 密码设置与破解

① 为Administrator用户设置密码，将系统注销，验证需输入密码才能登录系统。

② 利用系统工具盘破解Administrator用户密码。

(3) 恢复误删除的文件

① 在计算机D盘放置一些用来测试的文件，并将这些文件全部彻底删除。

② 利用DiskGenius恢复这些被删除的文件。

③ 怎样操作才能使这些文件被删除后无法恢复？

(4) 备份系统

① 利用系统工具盘引导计算机并运行Ghost软件。

② 对计算机C盘进行备份。

③ 在什么时候对系统磁盘做备份最合适？

项目 9　计算机故障的检测与排除

计算机在使用一段时间后，很多人都可能遇到运行变慢或者经常出现故障的情况。引起这些故障的原因有很多，可能是硬件问题造成的，如产品质量不好、元器件寿命短、工作运行环境差；也可能是软件原因造成的，如计算机病毒感染或用户使用不当等。这些故障对计算机的正常运行都会造成一定的危害，甚至可使整个系统瘫痪而无法运行。所以针对计算机故障产生的原因，如何排除计算机故障就显得尤为重要。

任务 1　计算机故障的分类

任务描述

计算机故障有很多种类，一般情况下根据故障产生的原因主要分为软件故障和硬件故障两种。

相关知识

9.1.1　软件故障

软件故障通常是指由操作系统设置或使用不当而引起的故障，这类故障是因为计算机病毒破坏了系统文件和应用软件；或者是由于人为误操作而损坏了系统文件；还可能是因为文件缺损而造成计算机系统无法正常工作等而产生的故障。这类故障的处理一般不会触及计算机硬件。下面列举了一些常见的软件故障主要表现以及故障产生的原因。

- 由于 BIOS 设置错误造成操作系统出现错误。
- 因为软件和硬件不兼容造成故障。
- 因为系统垃圾过多造成的操作系统运行变慢。
- 因为系统设置或是计算机病毒破坏造成操作系统运行不正常。
- 因为硬件驱动程序未安装或安装错误造成硬件设备无法正常使用。
- 因为系统文件丢失或损坏造成计算机能正常开机，但无法进入操作系统。
- 因为软件安装、设置以及使用不当造成的软件运行不正常。

• 应用程序经常无响应，可能是由于系统设置错误造成的。

9.1.2 硬件故障

硬件故障是指因为计算机硬件系统的部件损坏，或者是由于硬件部件连接松动，或计算机病毒破坏而损坏硬部件（例如 CIH 病毒），或是人为误操作使计算机硬部件损坏等原因而造成的故障，使得计算机系统无法正常工作。这类故障一般分为“假”故障和“真”故障两种。下面对两种情况分别进行阐述。

1. “假”故障

“假”故障是指由于硬件安装不当、软件设置不当、用户非法操作或误操作等原因造成的故障。这类故障没有对硬件造成实质上的损坏。例如主板电源没有连接好，或者显示器电源开关未打开，会造成“黑屏”和“死机”的假象；硬盘数据线连接或电源线松动导致读不出硬盘；硬盘的主从路线设置不当，导致硬盘不能被识别等。所以，认识这些假故障有利于避免不必要的故障检查工作，从而快速确认故障原因。

2. “真”故障

“真”故障是指由于外界环境、产品质量、硬件自然老化或用户操作不当等原因引起的故障。例如 CPU 机芯被烧毁、主板电容爆裂或者是内存颗粒被静电击穿等。这些故障表现比较明显，需要用仪器检测，通常需要专业维修人员来排除。常见的硬件故障主要表现为以下几个方面。

（1）计算机出现频繁死机：这类故障多是由某些硬件不兼容或机箱内部散热不良造成的。

（2）计算机出现无故重启：这类故障多是由电源工作不稳定或电压不稳定造成的。

（3）计算机开机后无响应：这类故障多是由主板或者 CPU 等核心硬件损坏所引起的。

（4）启动计算机时出现报警声：这类故障很可能是计算机硬件接触不良或部分硬件损坏所引起的，不同的报警声代表不同的硬件故障，可以通过故障代码表查到。

（5）显示器显示异常：这类故障很可能是由于显示器受潮或被磁化造成的。

任务实施

通过网络了解计算机故障的分类，并列表写出。

任务 2 计算机故障检测方法

任务描述

在维修计算机时，经常需要配合一些计算机故障排除方法来判断和排除故障，下面具体讲解一些常用的计算机故障排除方法。

相关知识

9.2.1 计算机故障处理的一般原则

在排查计算机故障时,可以遵循一些故障处理的一般原则。

(1) 先软后硬:计算机出现了故障,应先从操作系统和软件上来分析故障原因,如:分区表丢失、CMOS设置不当、病毒破坏了主引导扇区、注册表文件出错等。在排除软件方面的原因后,再来检查硬件的故障。

(2) 先外后内:先查外设、再查主机,根据系统报错信息进行检修。

(3) 先电源后部件:电源是计算机能否正常工作的关键,所以首先要检查电源部分,然后再检查各个部件。

(4) 先一般后特殊:考虑最可能引起故障的原因,例如硬盘不能正常工作了,应先检查一下电源线、数据线是否松动,把它们重新插接,有时问题就能解决。

(5) 先简单后复杂:先排除简单而易修的故障,然后再去排除困难的、不好解决的故障。

9.2.2 常用计算机故障检测方法

下面是一些在实践中较常用到的计算机故障检测方法。

1. 观察法

观察法是指采用耳听、眼看、鼻嗅、手摸等方式对计算机比较明显的故障进行排查。观察时不仅要认真,而且要全面。

通常观察的内容包括以下几个方面。

- 计算机的硬件环境:包括机箱内的温湿度、清洁度,部件上的跳接线设置、颜色、形状、气味等,部件或设备间的连接是否正确;有无缺针或断针现象等。
- 计算机的软件环境:包括系统中加载了何种软件,它们与其他软、硬件之间是否有冲突或不匹配的地方。
- 在加电过程中注意观察元器件的温度,是否有异味、是否有冒烟等。
- 维修前,如果灰尘较多,或怀疑是灰尘引起的故障,应先除尘。

2. 插拔法

插拔法就是对初步判断为故障点的部件,将其“拔出”,对部件的金手指等进行擦拭后再“插入”,进行通电测试。因为很多故障都是由于某些部件接触不良而导致的。

3. 最小系统法

最小系统是指从维修判断的角度来看,能使计算机开机或运行的最基本的硬件和软件环境。主要是先判断在最基本的软、硬件环境中,系统是否可以正常工作。如果不能正常工作，即可判定最基本的软、硬件有故障，缩小查找故障配件的范围。

最小系统有以下两种形式。

(1) 硬件最小系统

由电源、主板、内存、CPU、显卡和显示器组成。整个系统可以通过主板报警声和开机自检信息来判断这几个核心配件部分是否正常工作。

(2) 软件最小系统

由电源、主板、CPU、显卡、内存、显示器、键盘和硬盘组成最小系统。这个最小系统主要用来判断系统是否可以完成正常启动与运行。

4. 替换法

替换法是用已知好的部件去代替可能有故障的部件，来判断故障现象是否消失的一种维修方法。好的部件可以是同型号的，也可以是不同型号的。

替换的顺序一般为：首先应检查与怀疑有故障的配件连接线是否有问题，然后替换怀疑有故障的配件，接着替换供电配件，最后替换与之相关的其他配件。

根据经验，从部件的故障率高低来考虑最先替换的部件。故障率高的部件先进行替换。

5. 比较法

比较法是用好的配件与怀疑有故障的配件进行配置、外观、运行现象等方面的比较，从而找出故障部位。

采用比较法对确定故障点十分有效。在维修一台计算机时，使用另一台相同型号、配置的计算机，分别进行部件的逐一比较测试。

6. 振动敲击法

振动敲击法是用手轻轻敲击机箱外壳，有可能判断出因接触不良或虚焊造成的故障部位，可进一步检查故障点的位置，并排除之。

7. 测量法

测量法一般是使用测量设备进行检修，属具有一定专业水平者所为。设法将机器暂停在某一状态，根据电路图，使用万用表等测量仪测量所需检查的电阻、电平、波形等，以此检测、判断出故障部位的实时方法。

8. 程序诊断法

程序诊断法是针对系统运行不稳定等故障，用专用的软件对计算机的软硬件进行测试的方法。使用专用程序诊断，必须是在计算机还能运行的情况下进行。所以该方法一般仅限于诊断计算机外部设备的故障，如典型的计算机断针检测程序。

9. 利用屏幕提示诊断计算机故障

此种方法是根据屏幕的错误提示来查找故障产生的原因，从而采取有效的解决办法来处理故障。这种方法在处理故障时方便又快捷。

常见的一些错误提示、产生原因及解决方法如图 9-1～图 9-3 所示。

错误提示	原因	解决办法
BIOS ROM checksum error-System halted 等相关提示（BIOS 校验失败）	BIOS ROM 的程序资料已被更改或 BIOS 芯片损坏。	（1）重启电脑进入 BIOS 并加载默认设置；（2）将 CMOS 电池取出 10 钟左右，为 CMOS 放电，然后进入 BIOS 加载默认设置
CMOS battery failed 或 CMOS Battery state low 等相似提示（电池电力不足）	CMOS 电池的电力已经不足	更换一块新的 CMOS 电池试试
CMOS checksum error—Defaults loaded 等相似提示（CMOS 校验失败，载入默认值）	CMOS 电池电力不足，也可能是 CIH 病毒引起的问题	（1）进入 BIOS 载入默认设置试试；（2）为 CMOS 电池放电，然后载入 BIOS 默认设置试试；（3）还可以换个电池试试看
CMOS System Options Not Set（CMOS 系统选择项没有设置）	存储在 CMOS 中的数值遭破坏，或不存在了	载入 BIOS 默认设置
Press F1 to Continue，Del to setup（按【F1】键继续，【Del】键进入 BIOS 设置程序）	BIOS 设置出现问题，也可能是硬件安装有问题，例如没有安装 CPU 风扇，硬盘安装不正确	（1）载入 BIOS 默认设置；（2）或检查一下硬件是否有问题
Memory Test Fail（内存测试失败）	内存条安装不牢或损坏。也有可能是内存不兼容，还可能是 BIOS 中与内存相关的设置不当，例如内存频率与实际值不符	（1）先载入 BIOS 默认设置试试；（2）重插内存条，或换一根内存条试试

图 9-1　常见错误提示一

错误提示	原因	解决办法
Keyboard Error 等相似提示（键盘错误）	键盘损坏或没插好	看看键盘插好没有，或查看接口是否也损坏
Floppy Disk(s) Fail 等相似提示（软盘失败）	软驱数据线、电源线连接不好或软驱损坏，也有可能是 BIOS 中与软驱相关的设置错误	（1）载入 BIOS 默认设置试试；（2）或检查软驱数据线、电源线连接是否正确
FDD controller Failure（软盘控制器失败）	软盘的接口或数据线有问题，也有可能是软盘控制器损坏	检查软驱接口以及数据线连接是否正确
HARD DISK INSTALL FAILURE（硬盘安装失败）	硬盘的电源线、数据线未接好或硬盘跳线不当。也有可能是硬盘坏了	检测硬盘电源线、数据线、跳线连接与设置是否正确。最后可能是硬盘坏了
HDD Controller Failure（硬盘控制器失败）	硬盘的数据线、电源连接线有问题	检测硬盘电源线、数据线、跳线连接与设置是否正确
Hard disk（s）diagnosis fail（执行硬盘诊断时发生错误）	这通常代表硬盘本身的故障	可以先把硬盘接到另一台电脑上试一下，如果问题一样，那只好送修了
Primary master hard disk fail	连接在 IDE1 接口上的主硬盘发生错误	（1）载入 BIOS 默认设置试试；（2）检测硬盘电源线、数据线、跳线是否连接正确
C:Drive Error（C：驱动器错误）	BIOS 没有接收到硬盘的回答信号	（1）检查硬盘数据线是否连接正确，跳线是否正确；（2）载入 BIOS 默认设置试试

图 9-2　常见错误提示二

错误提示	原因	解决办法
Override enable — Defaults loaded	BIOS 中的设置不适合电脑（例如，内存只能跑 100MHz 但让它跑 133MHz）	载入 BIOS 默认设置试试。或放电后再载入 BIOS 默认设置
DISK BOOT FAILURE,INSERT SYSTEM DISK AND PRESS ENTER	硬盘没安装好，或硬盘主引导记录错误	（1）重新安装硬盘；（2）载入 BIOS 默认设置；（3）用启动盘进入 DOS，执行 Fdisk/MBR 命令
Invalid partition table	无效的分区表	（1）用启动盘进入 DOS，执行 Fdisk/MBR 命令（2）重新为硬盘分区
Miss operation system	找不到硬盘 DOS 引导记录	格式化 C 盘：Format C:/s
长久停在“Verifying DMI pool Data...”阶段	硬盘主引导记录被破坏	使用启动盘进入 DOS，执行 Fdisk/MBR 命令修复主引导区
只要启动能到“Verifying DMI pool Data...”阶段，便说明问题可能出现在硬盘或操作系统本身	在 BIOS 设置的启动设备有问题，硬盘自身或安装出现问题，硬盘主引导记录、DOS 引导记录出现问题，操作系统本身出现问题。	（1）查看 BIOS 中设置的是用什么设备启动系统，并改为硬盘启动；（2）看看 BIOS 中是否能检测到硬盘，如果检测不到，说明硬盘安装或硬盘本身出现问题；（3）如果硬盘安装或自身没问题，并且上面没有重要数据，可将硬盘重新分区；（4）重新为硬盘分区后，重新安装操作系统

图 9-3　常见错误提示三

任务实施

通过网络、视频了解和掌握计算机故障检测的方法，以及可能出现的故障有哪些，通过列表总结出来，并填写实验报告。

任务3　典型硬件故障的处理方法

任务描述

计算机故障产生的原因很多，故障现象也是五花八门。要排除这些故障需要依据计算机维修的基本原则，按照计算机维修的基本步骤，采取一些常用的方法，准确定位故障部件和故障原因，从而采取有效措施排除故障。

现象1：一台新装的计算机，开机后反复重启。

现象2：计算机安装Windows XP Professional操作系统，每次启动均蓝屏，报Memory error。

现象3：用户在市场上购买了一台DVD光驱，购买光驱时在店家的测试机上进行过测试，光驱没有任何问题，测试的数据盘和光盘都可以正常读出，但是回到家装完光驱后，开机进入系统，所有放入光驱中的碟片在驱动器的盘符上都只显示CD样的标记。用户回到购买处将光驱安装到测试机上，问题复现。

现象4：开机经常性的无显示(黑屏)，有时能显示进入系统，但使用1～2小时会出现死机。重启又无显示，只有过很长时间再开机，才可以显示。

现象5：一台计算机使用过程中死机，而且不能重装系统，每次重装都死机，使用时间越长死机也越频繁。

上述故障该怎么处理？

相关知识

9.3.1　硬件故障处理流程

1. 硬件故障的分类

- 按照硬件故障对微机系统的影响可分为非致命性故障和致命性故障。
- 按照硬件故障影响范围的不同可分为局部性故障和全局性故障。
- 按照故障现象是否固定可分为稳定性故障和不稳定性故障。
- 按照硬件故障的影响程度不同可分为独立性故障和相关性故障。
- 按照硬件故障产生源可分为电源故障、总线故障、元件故障等。

2. 引发硬件故障的主要原因

- 人为故障。如带电插拔微机上的外围设备、在安装板卡及插头时用力不当等而造成对接口、芯片等的损害或误操作等。

- 环境因素。静电常会造成主板上芯片被击穿。主板遇到电源损坏或电网电压瞬间产生的尖峰脉冲时，往往会损坏系统板供电插头附近的芯片。当主板上积满了灰尘，也会造成信号短路等。
- 器件质量问题。由于芯片和其他器件质量不良也会导致的损坏。

3. 检查、维修硬件故障的常用方法

- 清洁法。可以用毛刷轻轻刷去板、卡上的灰尘，用橡皮擦去插卡、芯片引脚表面的氧化层。
- 观察法。反复查看主板、内存等设备、各类插卡，看各插头、插座是否歪斜，电阻、电容引脚是否相碰，表面是否烧焦，芯片表面是否开裂，主板上的铜箔是否烧断，还要查看是否有异物存在于主板的元器件之间。如出现可疑的地方，可以借助万用表测量一下，或者触摸一些芯片的表面，如果表面异常发烫，可换一块芯片试试。
- 电阻、电压测量法。为防止出现意外，在加电之前应测量一下主板上电源+5V与地(GND)之间的电阻值。若正反向阻值很小或接近导通，就说明有短路发生，应检查短路的原因。
- 替换法。主机系统产生故障的原因有很多，采用替换维修法是确定在主板或I/O设备上的故障的最简捷方法之一。这种方法就是更换不同的板卡，来确定故障出现的位置，可以将出现故障的机器上的各个插卡和内存条换到其他没有问题的机器上测试，也可以拿没有问题的插卡和内存条到有故障的机器上测试。
- 软件诊断法。通过随机诊断程序、专用维修诊断卡及根据各种技术参数(如接口地址)、自编专用诊断程序来辅助硬件维修，可达到事半功倍之效。

4. 硬件故障的处理流程

(1) 首先确定微机电源已经打开，连线全部连接到位。有时用户会将有些连接忘记，导致计算机不能启动。

(2) 检查用户计算机上的全部板卡，避免因接触不良或板卡未完全插入插槽中而造成系统无法启动，这种现象多出现于机箱清洁、搬动后。如果板卡金手指有氧化现象，也可能造成接触不良，遇到这种情况时需用橡皮擦拭金手指后再插入槽内。

(3) 检查一下跳线设置。有些用户为了提高微机的速度而超频，超频有时会引起微机重启甚至死机，过度地超频可能会造成其他部件的损坏。如果遇到故障查不出原因时，可以看看跳线，如果是超频，此时应将CPU恢复原频率。

(4) 替换部分设备来检查微机故障，这是硬件故障中最常用的一种方法。使用替换法时可以将整个硬件系统中只留下CPU、主板、显卡和内存组成一个最小系统，然后开机；如果不能显示应该把重点放在CPU、内存、主板、显卡这些设备上，可把这些部件再拿到正常机器上试验，一般用这种方法查过的机器均可以找到问题的所在。

(5) 如果系统在开机时出现的为非致命错误，有时微机的带电自检程序会通过PC喇叭发出不同的警示音，帮助用户找到问题所在的部位。

由于现在的设备大多使用大规模或超大规模集成电路，所以对于硬件故障，用户一般都无法修复而只能直接更换。

9.3.2 常见计算机故障排除方法

1. CMOS和BIOS常见故障

(1) 清除CMOS密码

现象：计算机进入CMOS设置界面时，由于忘记密码而无法进入进行设置。

分析处理：CMOS密码忘记之后，有很多种方法进行清除。现在的很多主板上都设置了CMOS清除跳线，只要找到主板的说明书，找到清除CMOS的跳线，按照主板上的说明进行清除即可。

(2) CMOS故障

现象：在开机自检时总是出现CMOS checksum error-Defaults loaded的提示，而且必须按F1，Load BIOS default才能正常开机。

分析处理：出现以上提示表明BIOS设置错误。通常发生这种状况都是因为主板上给CMOS供电的电池没电导致的，因此建议先换电池。如果此情形依然存在，那就有可能是主板上的CMOS电路出了问题或CMOS RAM有问题，建议送回原厂处理。

注意： 在CMOS电池旁一般都有CMOS清除跳线，且旁边标有Clean CMOS、Reset CMOS等字样。取下跳线帽并接到2、3针脚上，对CMOS进行放电，然后将跳线恢复到NORMAL状态，CMOS设置即可清除。

(3) 设置BIOS引起的故障

现象：设置了BIOS某些项目之后，计算机启动和运行速度变慢。

分析处理：有时候由于对BIOS的不了解而导致了错误的设置，在这里可以根据实际情况，在BIOS设置中载入最优设置或最安全设置，看是否能解决问题。

2. CPU常见故障

CPU是计算机系统的核心组件，一般情况下不会出现故障。大多数CPU故障都是因为安装不当或散热不良引起的。

(1) CPU过热引起的问题

现象：计算机频繁死机，不能正常工作。

分析处理：这种故障现象比较常见，主要原因是由于散热系统工作不良、CPU与插座接触不良、BIOS中有关CPU高温报警设置错误等造成的。

采取的对策主要也是围绕CPU散热、插接件是否可靠和检查BIOS设置来进行。例如：检查风扇是否正常运转(必要时甚至可以更换大排风量的风扇)、检查散热片与CPU接触是否良好、导热硅脂涂敷得是否均匀、取下CPU检查插脚与插座的接触是否可靠、进入BIOS设置调整温度保护点等。

(2) CPU安装不当致使计算机无征兆重启

现象：计算机正在使用时，突然黑屏并自动重启，重启后显示器依然黑屏，但主机电源灯仍亮着，重启几次后问题依旧。

分析与排除：一开始怀疑是显卡有问题，使用替换法，另外找了一块工作正常的显卡插好，主机还是不能启动。于是准备更换 CPU，取下散热风扇后发现，CPU 与底座没有完全接触，重新安装好 CPU 和散热风扇，开机后故障现象消失。

3. 内存常见故障

内存是计算机中比较容易出现故障的硬件。当内存发生故障时，会导致计算机无法正常运行、蓝屏或者频繁出现内存地址错误等。内存故障虽多种多样，但与电源、CPU 故障引起不能启动的故障现象不同，在一般情况下它会用报警声来提示。引起内存报警的主要原因有：内存芯片损坏、主板内存插槽损坏、主板的内存供电或相关电路存在故障，以及内存与插槽接触不良等。

遇到此类故障一般用"替换法"就可很快确定故障部位。从上述故障原因中我们可以看出，引发故障的原因比较单纯，故处理起来也比较简单，可采用先除尘后用橡皮擦拭金手指等办法即可予以排除。如果确系内存芯片损坏，就只能更换内存条了。

(1) 内存条质量不好引起的故障

现象：Windows 系统运行不稳定，经常出现非法错误；注册表经常无故损坏，提示恢复；无法成功安装操作系统。

分析处理：这种情况一般是由内存芯片质量不好引起的，可考虑更换内存条。

(2) 内存条金手指氧化引起的无法开机

现象：开机即长鸣报警，无法显示。

分析处理：这种情况主要是由于内存接触不良或损坏造成的。若内存条是好的，可拆开机箱把内存条重插一下，如果是内存条损坏则需要更换内存条了。排除方法是先关机，打开机箱后拆下内存，只要用橡皮擦拭内存的金手指，然后将内存重新插入内存插槽。如果故障依旧，则可能是内存损坏或内存插槽有问题，此时可以采用替换法使用相同规格的内存来测试，或者将该内存换到其他计算机上测试，以便找出问题的根源。

(3) 升级内存后计算机无故重启

现象：为计算机增加了一根容量为 1GB 的内存后，计算机无故重启。

分析处理：从故障现象来看，一般是两根内存无法兼容而出现的问题。排除方法是取下原来的内存，如果计算机能够正常运行，则内存不存在质量问题，更换一根相同规格的内存试试，一般都可以解决问题。

4. 主板常见故障

主板是计算机的"躯干"，几乎所有的计算机硬件都要与之相连接。主板故障产生的原因很多，主要包括有主板上积聚的灰尘过多，导致短路；主板上的 BIOS 设置失效，可能是由于 CMOS 没电或 BIOS 被病毒破坏；主板上连接的板卡之间存在兼容问题，导致系统冲突；在插拔板卡时用力不当或者弄错方向，造成主板接口损坏；带电插拔板卡造成主板的插槽损坏；主板芯片或电容发生故障。

(1) 主板积尘过多引起死机

现象：计算机使用了一段时间，最近经常出现蓝屏和非法操作，有时还会死机。

分析处理：从故障现象来看，可能是机箱内灰尘过多致使主板元件短路所引起的频繁死机。只需采用清洁法对机箱内的硬件进行清洁即可。

(2) 主板过热导致频繁死机

现象：计算机启动一段时间后，就会频繁死机。使用时间越长，死机的频率越高。

分析处理：从故障现象来看，可能是因为主板芯片组过热造成的。可采用观察法，发现是因为该主板的北桥芯片上没有散热器，芯片过热导致不稳定，为其加装散热器后问题解决。

5. 硬盘常见故障

硬盘是计算机中重要的存储设备，用户的所有重要资料都存在其中，如果硬盘发生故障，将造成不可估量的损失。在计算机各种硬件设备所发生的故障中，硬盘故障所占的比例还是比较高的。由于硬盘在计算机配件中占有极其特殊的地位，当它出现故障时轻则主机不能启动，重则还可能会使重要的数据资料丢失。

(1) 启动故障

一般情况下，当硬盘出现故障的时候，BIOS 会给出一些英文提示信息。不同厂家主板或不同版本的 BIOS，其给出的提示信息可能会存在一些差异，但基本上都是大同小异的。下面就以较为常见的 Award BIOS 为例，介绍一下如何利用其给出的提示信息，判断并处理硬盘不能启动故障的方法。

① Hard disk controller failure(硬盘控制器失效)

这是最为常见的错误提示之一，当出现这种情况的时候，应仔细检查数据线的连接插头是否松动、连线是否正确或者硬盘参数设置是否正确。

② Date error(数据错误)

发生这种情况时，系统从硬盘上读取的数据存在不可修复性错误或者磁盘上存在坏扇区。此时可以尝试启动磁盘扫描程序，扫描并纠正扇区的逻辑性错误，假如坏扇区出现的是物理坏道，则需要使用专门的工具尝试修复。

③ No boot sector on hard disk drive(硬盘上无引导扇区)

这种情况可能是硬盘上的引导扇区被破坏，一般是因为硬盘系统引导区已感染了病毒。遇到这种情况必须先用最新版本的杀毒软件彻底查杀系统中存在的病毒，然后，用带有引导扇区恢复功能的软件，尝试恢复引导记录。如果使用 Windows XP 系统，可启动"故障恢复控制台"并调用 FIXMBR 命令来恢复主引导扇区。

④ Reset Failed(硬盘复位失败)、Fatal Error Bad Hard Disk(硬盘致命性错误)、DD Not Detected(没有检测到硬盘)和 HDD Control Error(硬盘控制错误)

当出现以上任意一个提示时，一般都是硬盘控制电路板、主板上硬盘接口电路或者是盘体内部的机械部位出现了故障，对于这种情况只能请专业人员检修相应的控制电路或直接更换硬盘。

(2) 无法找到硬盘

现象：使用 WinPE 启动系统后，在 WinPE 激活本地硬盘 Windows 7 安装程序，在"你要将 Windows 安装到什么地方时"，提示 Windows 无法检索有关这台计算机上的磁盘的信息。打开资源管理器，也发现不了任何硬盘分区。

分析处理：这种故障的主要原因大多是由于安装源环境(WinPE 系统)没有加载 SATA 驱动所致。因为现在大硬盘大多是 SATA 格式，它由主板南桥芯片组 AHCI 支持。由于这个 WinPE 系统没有集成 AHCI 驱动而导致安装程序找不到硬盘。由于以前的系统中都已经内置了 IDE 硬盘驱动，所以对于 IDE 硬盘就不会出现这个问题。

既然是由于 SATA 驱动缺失导致的故障，解决的方法只要使用包含该驱动的 WinPE 进行安装即可。对于 Windows 7 安装，安装光盘已经包含 SATA 驱动，只要使用安装光盘自带的 WinPE(而非第三方的 WinPE)启动安装即可。

由于 Windows XP 原版光盘并没有集成 SATA 驱动，在预装 Windows 7 的计算机上换装 Windows XP 时也经常会出现上述故障。如果手边没有 SATA 驱动，可以进入 BIOS 设置中将 SATA 模式映射位 IDE 模式即可。一般只要开机按 Del 键进入 BIOS 设置，接着展开 Onboard Devices→SATA Operation 选项，将 SATA Operation 设置为“ATA”，按 F10 保存退出即可，如图 9-4 所示。

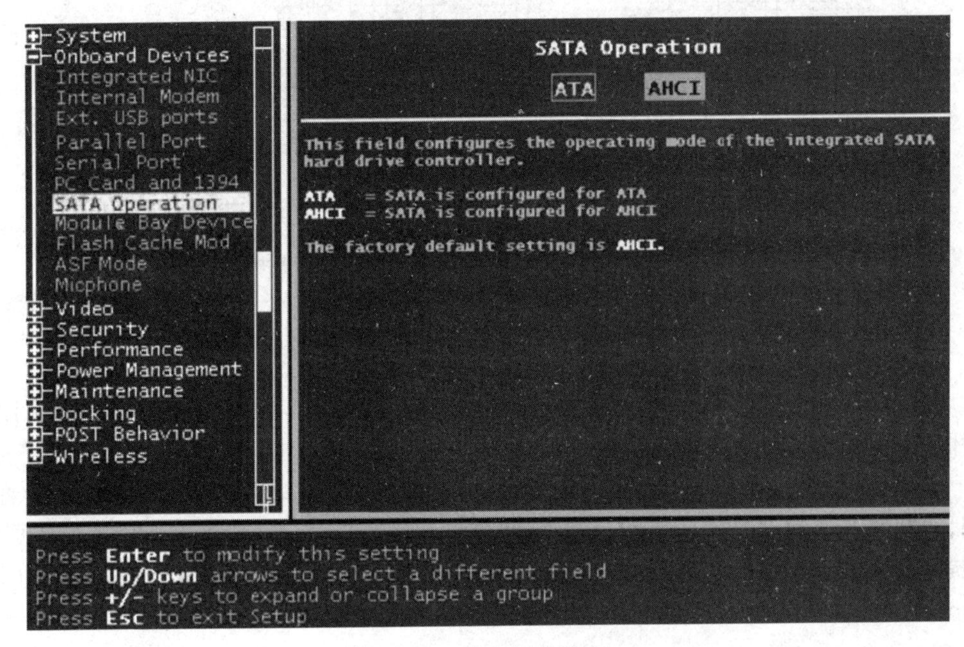

图 9-4　改变硬盘模式

(3) 硬盘出现坏道

现象：在系统读取某分区时，系统读取速度变慢或者出现蓝屏、死机。

分析处理：硬盘是系统读取最为频繁的部件，在使用一段时间后可能会出现坏道。由于坏道保存的数据损坏，导致系统无法进行正常的读取而死机。出现坏道后，如果不及时更换或进行技术处理，坏道就会越来越多，并会造成频繁死机和数据丢失。

由于坏道是硬盘物理故障，并且极易造成数据的丢失。可以根据坏道多少采取不同的应对措施。

现在大硬盘动辄以 TB 计算，如果以一个个扇区进行扫描，1TB 硬盘可能需要几天几夜的扫描才有结果。因此对于大硬盘坏道的快速检测可以使用 HD Tune。启动程序后切换到“错误扫描”，然后在硬盘列表选中扫描的硬盘，选中“快速扫描”，单击“开始”，程序就会快速开始扫描，对于存在坏道的区域则以红色标记标示，如图 9-5 所示。

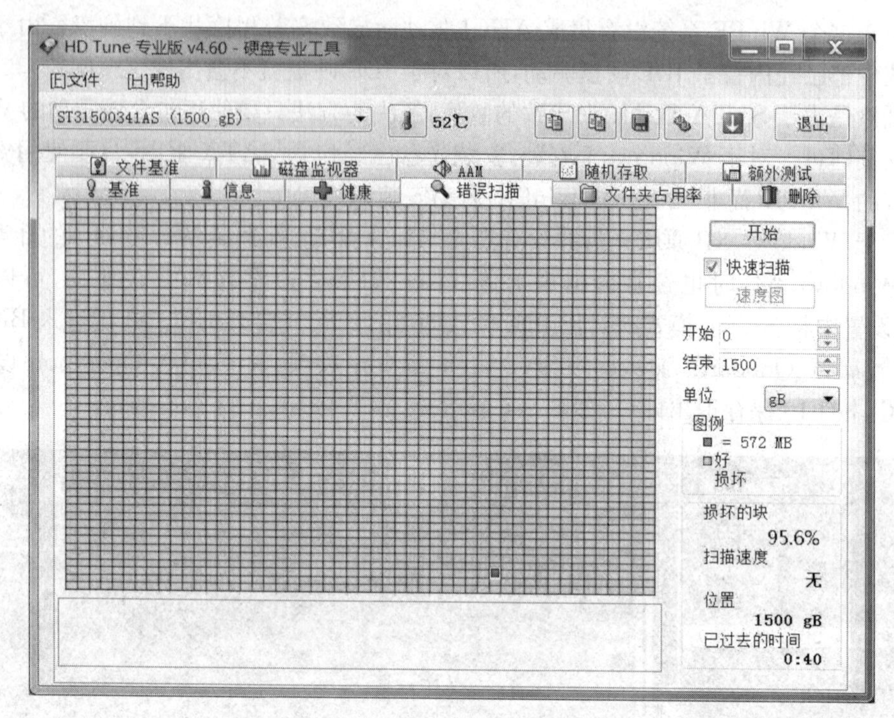

图 9-5　用 HD Tune 工具对硬盘进行扫描

情况 1：坏道较少，尝试使用 HDD Regenerator 修复坏道。

HDD Regenerator 是一款可以自动修复硬盘坏道的软件，如果硬盘坏道较少，可以尝试用它来进行修复。

首先下载软件，为 ISO 镜像，使用 NERO 等刻录软件将其刻录成启动光盘。接着重启计算机从光驱启动，HDD Regenerator 便会自动运行，程序首先会自动检测当前硬盘，按提示选择需要修复的硬盘，再按提示输入扫描的起始位置(×××MB，通过之前的 HD Tune 检查可获知)，可以节约一些时间(如果输入 0 则为全盘扫描，1TB 硬盘需要 24～36 小时)。

完成起始扇区设置后，按回车程序就开始扫描硬盘的坏道，如果发现坏道它会以红色的 B 显示并且会自动进行修复，修复的扇区则以蓝色的 R 显示，如图 9-6 所示。

注意：HDD Regenerator 并不能修复所有坏道，如果硬盘的坏道较多，使用 HDD Regenerator 修复后可能还会产生更多的坏道。因此对于坏道较多的硬盘并不建议使用这个软件进行修复。

情况 2：硬盘坏道较少且集中在某一区域，使用 DiskGenius 屏蔽分区。

因为 HDD Regenerator 并不能修复所有坏道，如果通过上述的方法无法修复硬盘坏道，那么可以尝试使用 DiskGenius 将坏道所在的区域屏蔽。

启动程序后选中需要屏蔽坏道的分区的硬盘，然后选中坏道所在的区域的分区，单击“分区”→“删除当前分区”，将该分区删除后再单击“分区”→“建立新分区”，在打开的窗口根据坏道所在的扇区进行分区的重建。比如一个大硬盘的坏道主要集中在最后 10GB 空间中，那么则在最后区域预留 12GB 左右空间不予分区(应该比 10GB 适当大些，以便为

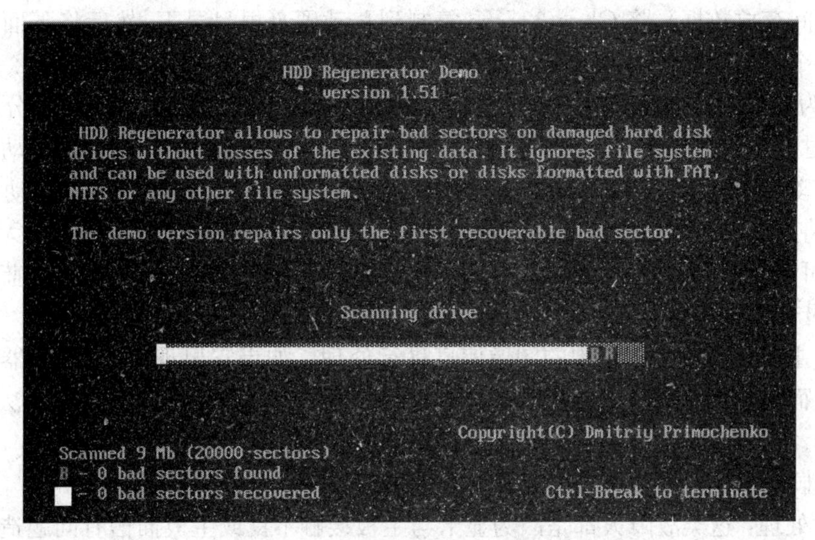

图 9-6　用 HDD Regenerator 修复坏道

扩散的坏道预留空间），这样最后的 12GB 区域没有分区，可以避免系统对该区域的读写，从而实现对坏道的屏蔽，如图 9-7 所示。

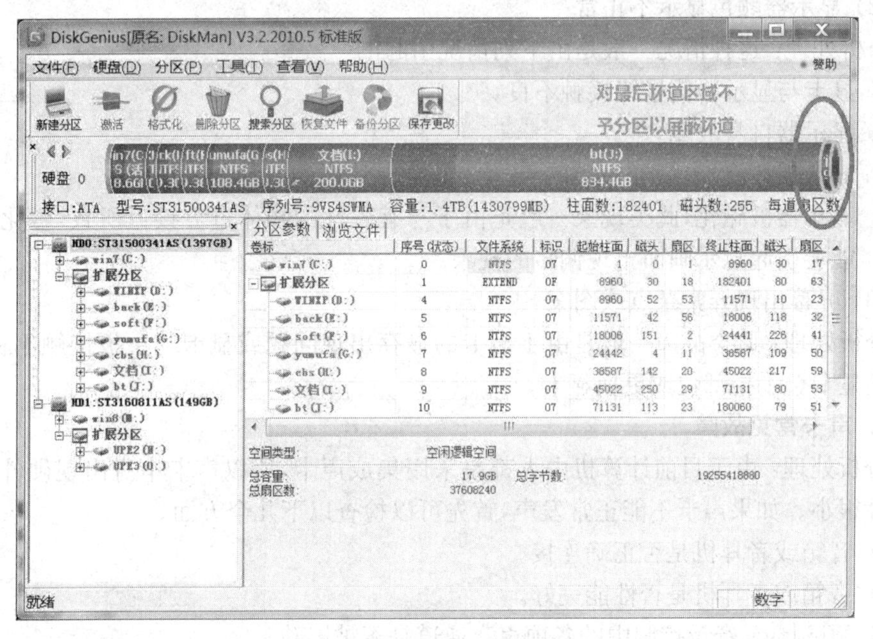

图 9-7　用 DiskGenius 屏蔽部分区域

情况 3：坏道较多，使用 Ghost 抢救数据。

如果硬盘的坏道很多，而且已经影响到数据的读写，那么就要考虑将其中的数据复制出来保存到其他位置。硬盘坏道会使数据损坏，如果在 Windows 中强行进行复制，很容易导致系统蓝屏。这里建议使用 Ghost 进行全盘复制抢救文件。

首先要准备一个可启动 WinPE 的移动硬盘作为提取和存放数据的载体（请保证有足

够剩余空间存放数据)，将 Ghost32.exe 复制到移动硬盘根目录下，然后将下面这条命令保存成一个批处理文件“F:\ghost32.exe -clone，mode=copy，src=1，dst=2 -fro-sure”(F:假设为移动硬盘的盘符，在 ghost32 命令后添加“-fro”参数，表示如果源分区发现坏簇，则略过提示强制复制。)，假设批处理文件名为 save.bat，将其也放置到移动硬盘根目录下。启动到 WinPE 后在命令提示符下输入“F:\save.bat”(假设 F:为移动硬盘的盘符)即可将原来硬盘数据全部复制到移动硬盘。不过注意，有坏道的数据可能无法成功复制，但是可以复制大多数完好的数据，而不像在 Windows 中强制复制会死机、蓝屏。

6. 显卡和显示器常见故障

显卡主要负责对计算机中的图像信息进行处理。如果它出现故障，显示器将无法正常显示。而显示器是计算机中主要的图像显示设备，如果出现故障，用户将无法对计算机进行操作。

(1) 显卡损坏或接触不良引起开机无显示的故障

分析处理：这类故障大都是因为显卡与主板接触不良或主板插槽有问题造成。对于一些集成显卡的主板而言，如果显存共用主内存，则需注意内存条的位置，一般是在第一个内存条插槽上应插有内存条。由于显卡原因造成的开机无显示故障，开机后一般会发出一长两短的蜂鸣声(对于 AWARD BIOS 而言)。

(2) 显示器颜色显示不正常

分析处理：这种情况一般是由下列情况引起的。

- 显卡与显示器信号线接触不良。
- 显示器自身故障。
- 显卡损坏。
- 显示器被磁化，此类现象一般是由于与有磁性的物体过分接近所致，磁化后还可能会引起显示画面出现偏转的现象。

(3) 屏幕出现异常杂点或图案

分析处理：此类故障一般是由于显卡的显存出现问题或显卡与主板接触不良造成。需清洁显卡金手指部位或更换显卡。

7. 声卡常见故障

分析处理：由于目前计算机中大都是采用集成声卡，所以声卡本身出现硬件故障的可能性很小。如果声卡不能正常发声，首先可以检查以下几个方面。

- 音箱或者耳机是否正确连接。
- 音箱或者耳机是否性能完好。
- Windows 音量控制中的各项声音通道是否被屏蔽。

如果以上都很正常，但依然没有声音，多半是因为声卡驱动程序导致的问题，可以试着更换较新版本的驱动程序，或安装主板或者声卡的最新补丁。

8. 电源故障

现象：一台计算机通电开机后主机没有任何反应，就连电源内置的散热风扇都不转动，已经确认市电和电源插座没有任何问题。

分析处理：最可能的问题应该是电源。这时应打开机箱，取下电源，找出电源连接到主板上插头的绿色电源线和任何一根黑色电源线,然后用导线短接这两根电源线。通电后,观察电源的风扇是否在转动,若没有转动则电源有故障。不过ATX电源的启动过程与主板上相应控制电路工作的正常与否有着密切的关系,因此,仅凭上述现象有时还不能确定故障就出自电源本身,还需要通过"替换法"测试后才能确认。

9. 黑屏故障及其排除

黑屏故障应该属于计算机的严重故障,半数以上的黑屏故障为硬件故障。

(1) 故障产生的原因

引发黑屏故障的原因较多。按从软到硬、从外到内故障排除的原则归纳起来主要有以下几方面。

- 电源线接触不良。
- 电源或主板损坏。
- 显卡与显卡插槽接触不良或显卡损坏。
- 主机电源开关没有打开。
- 有金属异物(如螺钉等)落在主板上导致的局部短路。
- 显示器的亮度、对比度旋钮被意外地"关死"。
- 硬盘或光驱的数据线接反。
- 内存条的金手指与插槽接触不良或内存条损坏。
- 主板BIOS芯片损坏或BIOS芯片与插座接触不良。
- CPU与插座之间接触不良或CPU损坏。

(2) 故障排除的方法

- 检查主机电源开关是否打开。
- 检查电源风扇是否旋转(此为检查、判断电源线接触是否良好的有效方法)。
- CPU是否超频过度。
- 调试显示器的亮度和对比度旋钮(以此检查旋钮是否被意外地"关死")。
- 硬盘、光驱的数据线是否反接(若确是数据线反接,关闭电源后将数据线再反向后接入即可)。
- 根据喇叭的鸣响次数和声音的长短判断当前故障所在。
- 根据判断将显卡、内存条拔下,将其金手指擦拭干净后再插入插槽中,可试将内存条换槽插入。进行显卡、内存条的替换检查,以检验其是否损坏。
- 检查主板、BIOS芯片是否损坏。

任务实施

(1) 现象1:一台新装的计算机,开机后反复重启。

判断思路:计算机开机后反复重新启动,首先应该考虑是否因为市电环境影响,因为市电电源不稳定会造成计算机ATX电源无法正常工作。除了市电环境会导致反复重启外,ATX电源本身功率不够也可能导致该现象。

解决方案:实际维修过程中,可以更换一个更大额定功率的电源来解决。

(2) 现象2:计算机安装Windows XP Professional操作系统,每次启动均蓝屏,报

Memory error。

判断思路：计算机可以启动到蓝屏界面，说明计算机各硬件均已正常工作。根据蓝屏报错提示，应该优先检查内存条。若计算机上插了2根以上内存条，还需要判断兼容性。另外，计算机软件系统故障也有可能造成蓝屏。

解决方案：经询问，该计算机出现蓝屏前曾经加装了一根内存条。于是判断可能是由于两根内存条不兼容造成的。关机后拔下内存条，重新开机，仍旧蓝屏，但是不再报Memory error。考虑到Windows XP操作系统对硬件要求较高，且故障是在加装内存后出现的，基本可以断定机器的原配硬件和软件系统没有问题。再次重启计算机，开机时按下F8键，选择进入“安全模式”，此次计算机能够正常登录。在进行了一次正常登录后，重新启动到标准模式，计算机启动正常。

(3) 现象3：用户在市场上购买了一台DVD光驱，购买光驱时在店家的测试机上进行过测试，光驱没有任何问题，测试的数据盘和光盘都可以正常读出，但是回到家装上光驱后，开机进入系统，所有放入光驱中的碟片在驱动器的盘符上都只显示CD样的标记。用户回到购买处将光驱安装到测试机上，问题复现。

判断思路：根据情况可以判断光驱在刚购买时应该是完好的，问题应该出在光驱安装过程中，可以检查光驱连线。

解决方案：经检查发现，光驱的数据接口上一根数据线断开，导致驱动器中数据无法正常识别。更换线后问题解决。

(4) 现象4：开机经常无显示(黑屏)，有时能显示进入系统，但使用1～2小时会出现死机。重启又无显示，只有过很长时间再开机，才可以显示。

判断思路：此故障首先考虑主机箱内板卡是否有松动或接触不良。应先检查显卡插槽是否松动或接触不良。

解决方案：关机后拔掉显卡，重新插入显卡插槽，故障排除。

(5) 现象5：一台计算机使用过程中死机，而且不能重装系统，每次重装都死机，使用时间越长死机也越频繁。

判断思路：首先应考虑是计算机散热问题，天气越热，这种情况出现的概率越大。其次还应考虑到ATX电源问题。

解决方案：拆开机箱，观察CPU风扇，发现风扇转速偏慢。更换CPU风扇，问题解决。

任务4　典型软件故障的处理方法

任务描述

软件故障是由于软件使用不当而造成系统运行不稳定或崩溃、工具软件无法正常使用等现象的故障，可分为系统故障和程序故障两大类。

分析以下故障如何解决。

现象：一批某品牌计算机，安装某财务管理软件，在使用过程中，当使用五笔字型输入法时死机，而该软件安装在组装机上使用正常。

相关知识

9.4.1　软件故障分类

1. 系统故障

系统故障通常是由于系统软件被破坏、硬件驱动程序安装不当或软件程序中有关文件丢失造成的。如未安装驱动程序或驱动程序之间产生冲突均有可能导致系统运行不正常。

2. 程序故障

对于应用程序出现的故障，主要反映在应用程序无法正常使用。需要检查程序本身是否有错误(这要靠提示信息来判断)；程序的安装方法是否正确，计算机的配置是否符合该应用程序的要求，是否因操作不当引起，计算机中是否安装有相互影响的其他软件等。

9.4.2　常见软件故障

1. 丢失文件

用户在启动计算机和运行程序时用到的大多数文件是一些虚拟驱动程序及应用程序非常依赖的动态链接库。当这两类文件被删除或者损坏时，依赖于它们的设备和文件就不能正常工作。

要检测一个丢失的启动文件，可以在启动微机时观察屏幕，丢失的文件会显示“找不到某个设备文件”的信息和该文件的文件名、位置，同时屏幕也会提示用户按任意键继续。此时可以从该操作系统的安装光盘中提取原始文件到相应的系统文件夹中。

2. 非法操作

非法操作是用户使用各类应用软件经常碰到的，每当有非法操作信息出现时，相关的程序和文件在 Windows 中都会被自动关闭，但错误信息通常并不直接指出出错的原因。

3. 资源不足

当内存或硬盘空间不足时都会出现这类错误。

9.4.3　软件故障的排除方法

(1) 查看提示信息：软件发生故障时，一般都会有错误提示，可通过该提示来排除故障。

(2) 查杀病毒：当操作系统运行缓慢或经常出错时，就要考虑用杀毒软件对计算机进行全面杀毒来排除故障。

(3) 寻找丢失的文件：当操作系统出现问题时，很多时候都是因为某些系统文件损坏或丢失而造成的。可通过从操作系统光盘中提取原始文件到相应的系统文件夹中来排除故障。

(4) 检查 BIOS 设置：检查 BIOS 参数的设置是否符合硬件配置要求并确认硬件与软件兼容。

(5) 软件的升级与卸载：如果软件运行时频繁出错，可能是软件版本较低，存在漏洞或缺陷，可通过升级软件来解决，但如果发现软件存在兼容性问题时，则将其卸载。

9.4.4 典型软件故障及处理方法

1. 操作系统故障

操作系统是人机交互的基础平台，误操作和错误设置都可能使它产生故障。

(1) 操作系统总是无故重启

故障现象：计算机硬件能正常工作，但在使用 Windows 7 操作系统的过程中，经常无故重新启动。

分析与处理：该故障通常是由驱动程序问题而引起的，特别是显卡驱动程序。例如安装了测试版驱动程序或未经 Microsoft 数字签名的驱动程序。

排除该故障方法如下。

① 在系统桌面上右击“计算机”图标，在弹出的快捷菜单中单击“属性”命令，如图 9-8 所示。

图 9-8 计算机属性设置界面

② 打开“系统”窗口，在左侧任务列表中单击“高级系统设置”选项。

③ 弹出“系统属性”对话框，选择“高级”选项卡，单击“启动和故障恢复”选项中的“设置”按钮，如图 9-9 所示。

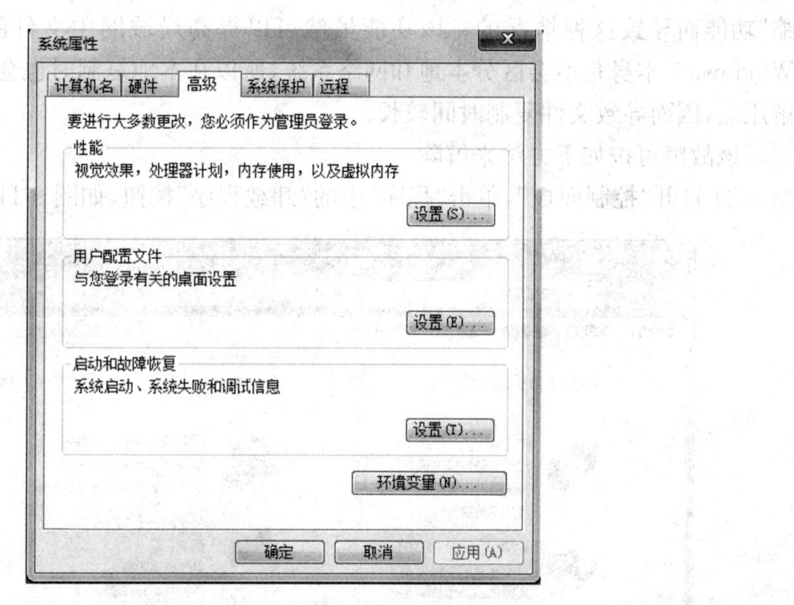

图9-9　单击“启动和故障恢复”选项中的“设置”按钮

④ 弹出“启动和故障恢复”对话框，在“系统失败”栏取消选中“自动重新启动”复选框，然后单击“确定”按钮即可，如图9-10所示。

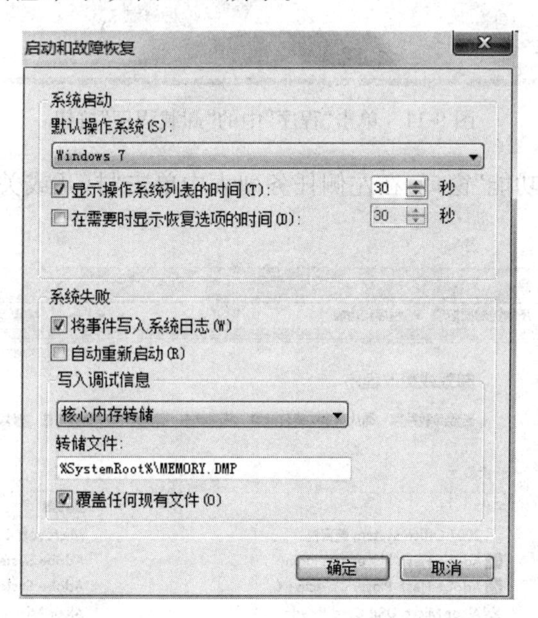

图9-10　取消选中“自动重新启动”复选框

(2) Windows 7中文件复制速度太慢

现象：在Windows 7操作系统中进行文件复制时速度特别慢，还比不上Windows XP操作系统的文件复制速度。

分析与处理：从故障现象来看，有可能是Windows 7操作系统开启了“远程差分压缩”功能而导致这种情况的。该功能虽然可以提高局域网中文件的复制速度，但由于 Windows 7 本身是不会区分本地和网络系统，所以在本地复制时也会先进行压缩，然后再解压缩，因而导致文件复制时间较长。

该故障可按如下方法来解除。

① 打开“控制面板”，单击“程序”中的“卸载程序”按钮，如图 9-11 所示。

图 9-11　单击“程序”中的“卸载程序”按钮

② 打开“程序和功能”窗口，在左侧任务列表中单击“打开或关闭 Windows 功能”链接，如图 9-12 所示。

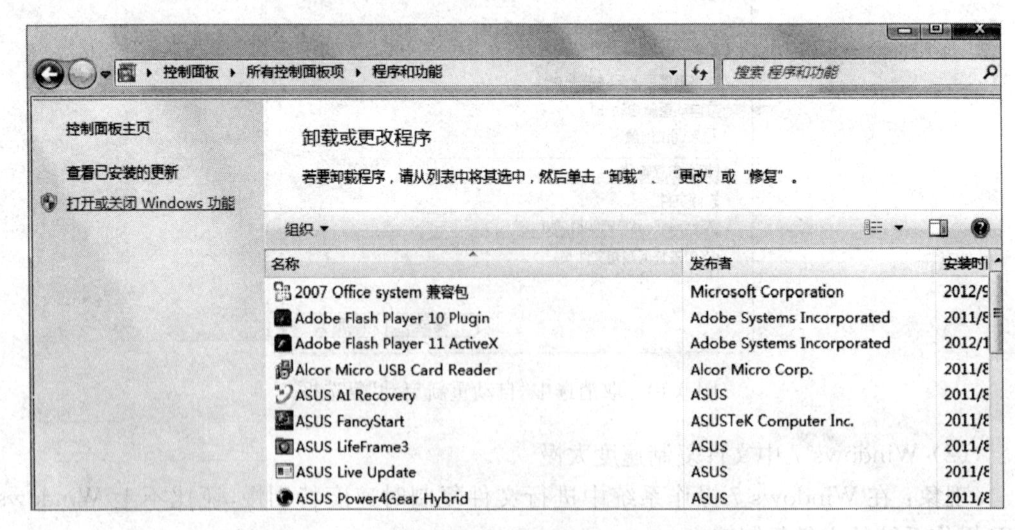

图 9-12　单击“打开或关闭 Windows 功能”链接

③ 打开“Windows 功能”窗口，在列表框中取消选中“远程差分压缩”复选框，然后单击“确定”按钮即可，如图 9-13 所示。

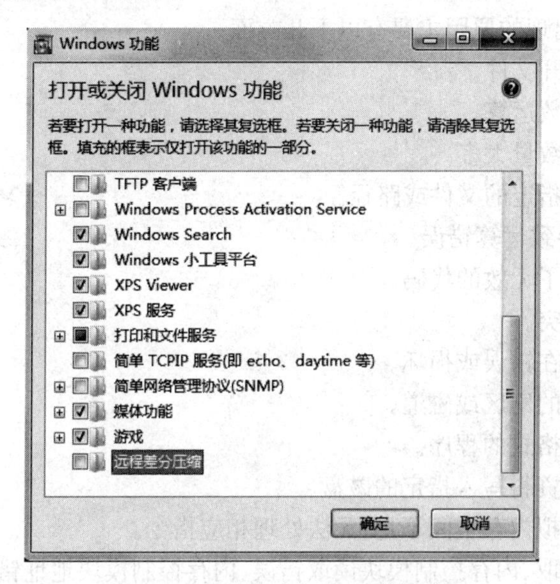

图 9-13　取消选中“远程差分压缩”

2. 启动类故障

启动类故障是指计算机从开机到正常进入操作系统界面这一过程中发生的故障。例如在启动计算机过程中出现的死机、蓝屏、反复重启等情况都属于启动类故障。

1) 计算机经常出现随机性死机现象

(1) 病毒原因造成计算机频繁死机。

由于此类原因造成该故障的现象比较常见，当计算机感染病毒后，主要表现在以下几个方面。

- 系统启动时间延长；
- 系统启动时自动启动一些不必要的程序；
- 无故死机；
- 屏幕上出现一些乱码。

(2) 由于某些元件热稳定性不良造成此类故障(具体表现在 CPU、电源、内存条、主板)。

(3) 由于各部件接触不良导致计算机频繁死机。

此类现象比较常见，特别是在购买一段时间的计算机上。由于各部件大多是靠金手指与主板接触，经过一段时间后其金手指部位会出现氧化现象，在拔下各卡后会发现金手指部位已经泛黄，此时，可用橡皮来回擦拭其泛黄处来予以清洁。

(4) 软件冲突或损坏引起死机。

此类故障一般都会发生在同一点，对此可将该软件卸掉来予以解决。

2) 在 Windows 下经常出现蓝屏

出现此类故障的表现方式多样，有时在 Windows 启动时出现，有时在 Windows 下运行一些软件时出现,出现此类故障一般是由于用户操作不当使 Windows 系统损坏造成的。

(1) 蓝屏故障出现的原因主要有以下几方面。

- 系统无法打开文件。
- 不正确的函数运算。
- 运行的文件数量太多。
- 系统找不到指定的文件或路径。
- CPU 超频导致运算错误。
- 运算中反馈了无效的代码。
- 系统硬件冲突。
- 注册表中存在错误或损坏。
- 找不到指定的扇区或磁道。
- 装载了错误格式的程序。
- 系统无法将资料写入指定的磁盘。
- 主内存或虚拟内存空间不足,无法处理相应指令。
- 内存拒绝存取、内存控制模块读取错误、内存控制模块地址错误或失效。
- 网络繁忙或发生意外的错误。

(2) 常见蓝屏故障的处理方法如下。

① 虚拟内存不足造成系统多任务运算错误导致蓝屏

处理方法:删除一些系统运行过程中产生的临时文件、交换文件,释放硬盘空间。通过手动配置虚拟内存,把虚拟内存的默认地址转到其他的逻辑盘下即可。

② 由于 CPU 超频而导致运算错误造成蓝屏

处理方法:恢复 CPU 的频率或装一个大功率的风扇,或在 CPU 上多加一些硅胶之类的散热材料,用来降低 CPU 的工作温度。

③ 注册表中存在错误或损坏而导致蓝屏

处理方法:通过恢复正常注册表的方法来解决故障。因为注册表中保存着 Windows 的硬件配置、应用程序设置和用户资料等重要的数据,如果注册表出现错误或被损坏,都会导致蓝屏。

④ 系统硬件冲突导致蓝屏

处理方法:通过进入"控制面板"→"系统"→"设备管理器"界面,检查是否存在不正常显示(如设备前面带有黄色问号或感叹号等),如果存在,则先将其删除,然后重启计算机由 Windows 自动调整,一般都可以解决。若不能解决,则通过手工调整或升级相应的驱动程序。

任务实施

现象:一批某品牌计算机,安装某财务管理软件,在使用过程中,当使用五笔字型输入法时死机,而该软件安装在组装机上使用正常。

判断思路:由于计算机在运行其他程序时不死机,所以可判断计算机硬件运行正常,问题主要出在软件上。可能的原因主要集中在财务管理软件和五笔字型输入法的兼容性问题。可以尝试卸载某一个软件以判断是否确实是软件兼容性导致的。

解决方案：卸载五笔字型输入法后发现财务管理软件在其他输入法状态下不会出现死机，重新安装五笔字型输入法的更新版本，问题解决。

思考与练习

一、选择题

1. 计算机使用一段时间后，会自动关机，这是(　　)引起的。
   A. 操作系统故障　　B. 应用软件故障
   C. 用户操作故障　　D. 系统温度故障
2. 如果开机时显示器显示 CMOS Checksum error--defaults loaded，这种现象是由(　　)引起的。
   A. 内存错误　　B. 硬盘错误
   C. 启动设置错误　　D. CMOS 电池问题
3. 如果硬盘上没有安装操作系统，在显示器会显示(　　)。
   A. Missing operation system　　B. NTLDR is missing
   C. disk error　　D. boot from DHCP
4. 在 BIOS 报警错误中 Memory test fail 表示(　　)。
   A. 内存测试错误　　B. CPU 测试错误
   C. 显卡错误　　D. 主板错误

二、简答题

1. 计算机故障的分类有哪些？
2. 计算机故障检测的方法有哪些？
3. 计算机出现了黑屏及蓝屏故障该如何处理？
4. 主板常见的故障有哪些？
5. CPU 常见的故障有哪些？

项目 10　笔记本电脑的使用与维护

笔记本电脑(英语：NoteBook Computer，NoteBook、NB)，中文又称笔记本、手提或膝上计算机，是一种小型、可以方便携带的个人计算机，通常重达 1～3 千克(也有部分机种可能重达 4～6 千克，视不同品牌或型号而定)。当前的发展趋势是体积越来越小，重量越来越轻，而功能却越发强大。

任务 1　认识笔记本电脑

任务描述

随着芯片技术的快速发展，使得笔记本电脑的性能日益提高，越来越多的用户倾向于选择笔记本电脑。那么，先来认识一下笔记本电脑。

相关知识

1. 笔记本电脑前视图

笔记本电脑前视图，如图 10-1 所示。

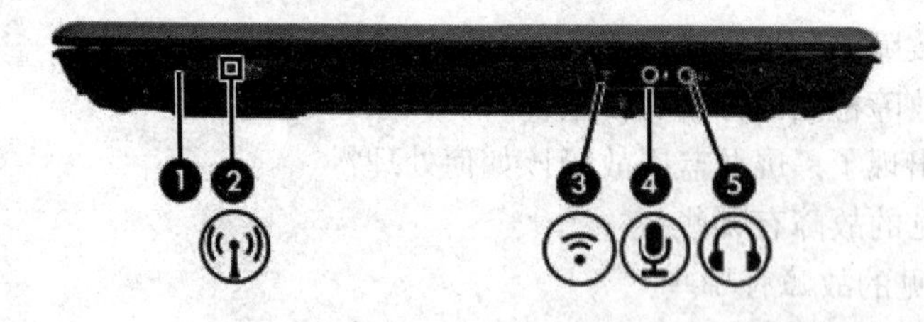

图 10-1　前视图

图 10-1 所示数字说明如下。

① 无线设备开关

启用或禁用无线功能，但不建立无线连接。注意要建立无线连接，必须设有无线网络。

② 无线指示灯

蓝色：已经打开了集成的无线设备，如无线局域网(LAN)设备或蓝牙(Bluetooth)

设备。

红色：关闭了集成无线设备。

③ 用户红外线收发镜

用于将笔记本电脑与遥控器连接起来。

④ 音频输入(麦克风)插孔

连接可选的笔记本电脑头戴式受话器麦克风、立体声阵列麦克风或单声道麦克风。

⑤ 音频输出(耳机)插孔

与可选的有源立体声扬声器、耳机、耳塞、头戴式受话器或电视音频装置相连后，发出声音。

2. 笔记本电脑后视图

笔记本电脑后视图，如图 10-2 所示。

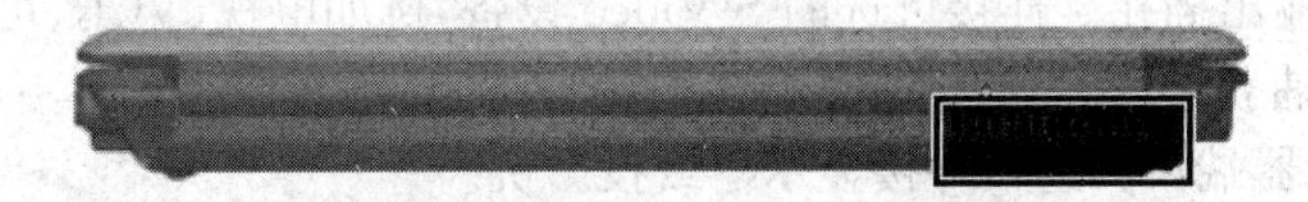

图 10-2 后视图

当温度过热时，笔记本电脑的内部风扇自动启动以冷却内部组件，防止过热。在正常运行过程中，内部风扇通常会循环打开和关闭。

通风孔利用气流进行散热，以免内部组件过热。为了防止过热，请不要阻塞通风孔。使用时，应将笔记本电脑放置在坚固的平面上。不要让坚硬物体(例如旁边的打印机)或柔软物体(例如枕头、厚毛毯或衣物)阻挡空气流通。

3. 笔记本电脑右视图

笔记本电脑右视图，如图 10-3 所示。

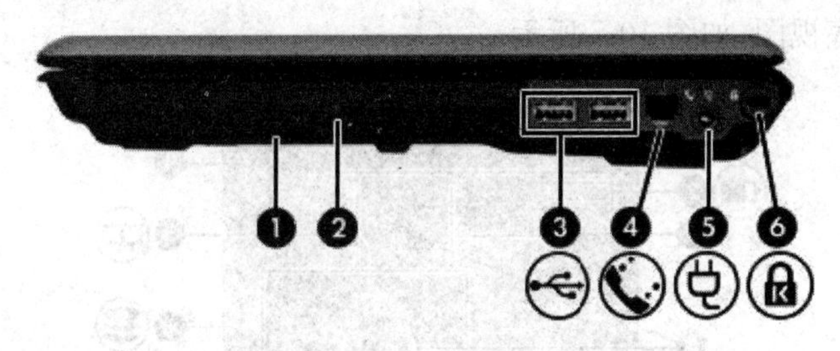

图 10-3 右视图

图 10-3 所示数字说明如下。

① 光驱。

② 光驱指示灯。闪烁时表示正在使用光驱。

③ 2 个 USB 端口，连接可选 USB 设备。

④ RJ-11(调制解调器)插孔，连接调制解调器电缆(电话线)。

⑤ 电源连接器，连接交流电源适配器。

⑥ 安全保护缆锁槽口，在笔记本电脑上连接安全保护缆锁选件。

注意：安全保护缆锁只能作为一种防范措施，并不能防止笔记本电脑被盗。

4. 笔记本电脑左视图

笔记本电脑左视图，如图 10-4 所示。

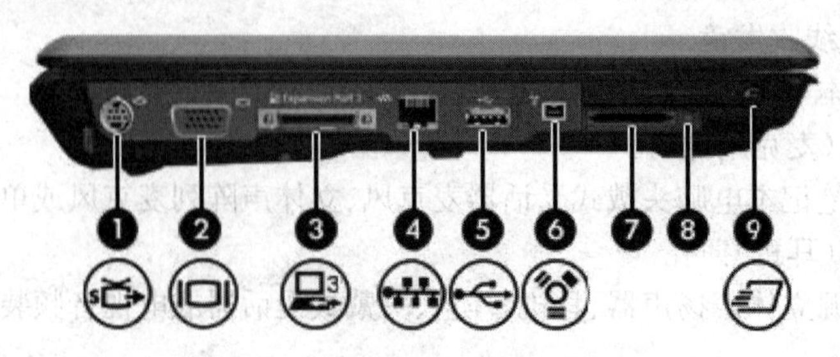

图 10-4　左视图

图 10-4 所示数字说明如下。

① S-Video 输出插孔。连接可选的 S-Video 设备，例如电视、VCR、可携式摄像机、高架投影机或视频捕获卡。

② 外接显示器端口。连接外接显示器或投影机。

③ 扩展端口。将笔记本连接到扩展产品选件上。

④ RJ-45(网络)插孔，连接网线。

⑤ USB 端口，连接可选的 USB 设备。

⑥ 1394 端口，连接可选的 IEEE 1394 或 1394a 设备，例如便携式摄像机。

⑦ 读卡器，支持以下可选的数字卡格式：SD 存储卡、MMC 卡、SD I/O 卡、记忆棒、Memory Stick Pro 记忆棒、XD 图形卡和 M 型 XD 图形卡。

⑧ 读卡器指示灯。亮起：正在访问数字卡。

⑨ ExpressCard 插槽，支持可选的 ExpressCard/54 卡。

5. 笔记本电脑底视图

笔记本电脑底视图，如图 10-5 所示。

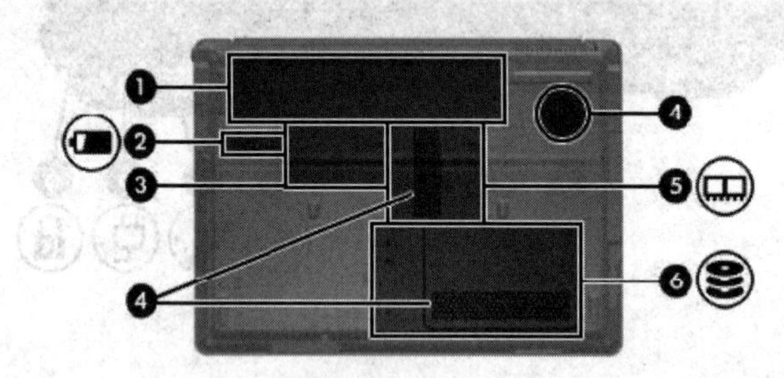

图 10-5　底视图

图 10-5 所示数字说明如下。

① 电池架，安装充电电池。

② 电池释放锁定器，释放电池架中的电池。

③ 小型卡盒，安装小型设备如无线 LAN 设备。

④ 散热孔，用于将笔记本内部产生的热量散发出来。

⑤ 内存模块盒，内含内存模块插槽，可升级和添加内存。

⑥ 硬盘驱动器托架，内部安装有硬盘。

任务实施

学生观察自己笔记本电脑及从网络上搜索，了解笔记本电脑的外形及发展。

任务 2　笔记本电脑的组成及其性能

任务描述

笔记本电脑的组成结构与台式机比较相似，主要包括有显示器、主板、CPU、显示卡、硬盘、内存、光驱、鼠标、键盘、电池和电源适配器等部件，如图 10-6 所示。

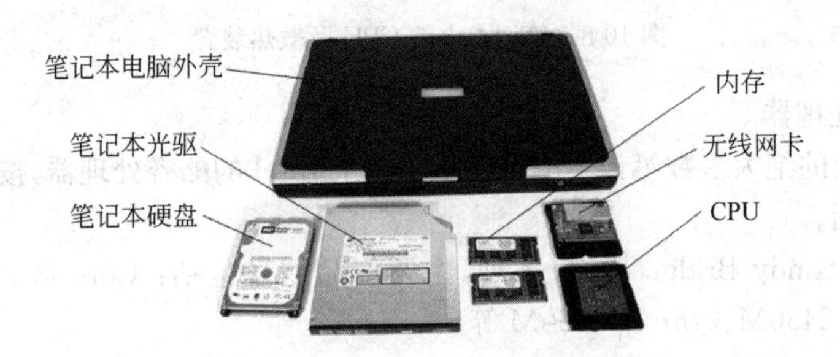

图 10-6　笔记本电脑的主要组成设备

相关知识

10.2.1　笔记本电脑的组成

1. 外壳

笔记本电脑的外壳除了美观外对于内部器件更起到保护作用。较为流行的外壳材料有：工程塑料、镁铝合金、碳纤维复合材料(碳纤维复合塑料)。其中碳纤维复合材料的外壳兼有工程塑料的低密度高延展及镁铝合金的刚度与屏蔽性，是较为优秀的外壳材料。

2. 液晶屏(LCD)

笔记本电脑使用的是液晶屏作为其标准输出设备，其分类大致有：STN、薄膜电晶体液晶显示器(TFT)等。现今常用液晶屏较为优秀的有夏普(SHARP)公司的"超黑晶"及东芝公司的"低温多晶硅"等，这两款都是薄膜电晶体液晶显示器(TFT)液晶屏，如图 10-7 所示。

图 10-7　笔记本电脑液晶屏

3. 处理器

处理器是个人计算机的核心设备，笔记本电脑也不例外。和台式计算机相比，笔记本电脑的处理器除了速度等性能指标外还要兼顾功耗。不但处理器本身是能耗大户，而且笔记本电脑的整体散热系统的能耗也不能忽视。目前笔记本电脑的处理器主要有 Intel 和 AMD 两大阵营。图 10-8 为笔记本电脑的处理器。

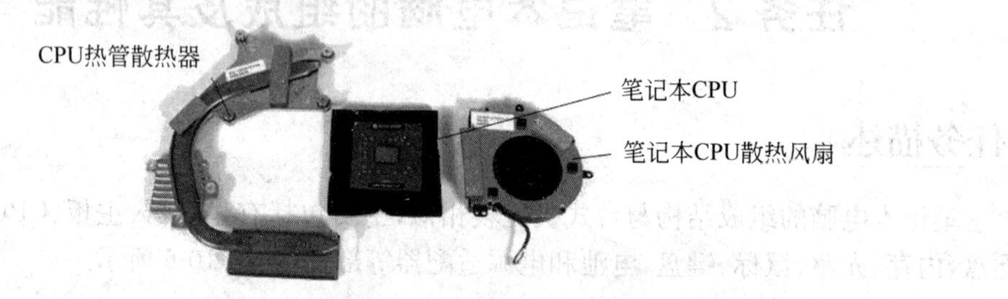

图 10-8 笔记本电脑 CPU 及散热装置

(1) Intel 处理器

目前市场上的绝大多数笔记本电脑都是采用了 Intel 的酷睿处理器，按架构不同分为两个不同的系列。

酷睿二代(Sandy Bridge 架构)系列，主要产品型号包括：Core i3 2330M、Core i3 2350M、Core i5 2430M、Core i5 2450M 等。

酷睿三代(Ivy Bridge 架构)系列，主要产品型号包括：Core i3 3110M、Core i5 3210M、Core i7 3610M 等。

其中酷睿三代的产品性能相比酷睿二代有了很大改进，如 CPU 制程从 32nm 升级为 22nm，CPU 中集成的显示核心性能也更为强大等。

除了上述用于主流笔记本电脑的 CPU 之外，Intel 还推出了主要用于超极本的超低电压 CPU，这类 CPU 的产品型号后面一般都带有字母 U，表示超低电压，如 Core i5-3317U、Core i7-3517U 等，这类 CPU 的功耗只有 17W，相比前面两个系列的 CPU，功耗要低一半左右。

(2) AMD 处理器

AMD 目前用于笔记本电脑的 CPU 主要是融合了 CPU 与 GPU 的 APU(Accelerated Processing Unit，加速处理器)，与 Intel 的酷睿 CPU 相对应，APU 的最大特色也是其中集成的显示核心，使得 APU 同时具有高性能处理器和最新独立显卡的处理性能。

APU 目前主要包括以下产品型号：A4 3305M、A6 4400M、A8 4500M、A10-4600M。

APU 中集成的显示核心相比酷睿 CPU 中集成的显示核心，性能要更为强大，所以 APU 的性价比相对要更高一些，如果要选购采用集成显卡的笔记本电脑，不妨优先考虑 APU。

4. 显卡

显卡在笔记本电脑中的重要性仅次于 CPU，是选购笔记本电脑时要重点考虑的因素。在目前的笔记本电脑中大都采用了独立显卡，决定显卡性能的关键因素取决于显示芯片和显存。

显示芯片主要包括 nVIDIA 的 Geforce 和 AMD(ATI)的 Radeon 两大系列，在目前的笔记本电脑中配置的显卡主要包括以下型号。

nVIDIA Geforce 系列如下。

高端：GeForce 635M、GeForce 550M

中端：GeForce 630M、GeForce 540M

低端：GeForce 620M、GeForce 610M

AMD Radeon 系列如下。

高端：Radeon HD 7690M

中端：Radeon HD 6630M

低端：Radeon HD 7550M、Radeon HD 7470M、Radeon HD 6470M

入门级：Radeon HD 7370M、Radeon HD 6450M

由于无论在 Intel 的酷睿 CPU 还是 AMD 的 APU 中都已集成了显示核心，而且性能较之以前大为增强。对于一些配置入门级显卡的笔记本电脑，其价格相比集成显卡的笔记本要高出不少，但性能并没有多少提升，反而独立显卡还会带来增大发热量等诸多问题，所以在选购时可以回避此类产品。

显存在显卡中的地位仅次于显示芯片，决定显存性能的相关参数主要有：容量、频率、位宽。

显存容量越大就可以为 GPU 提供更多的存放临时数据的空间，目前显存的容量大都为 256MB、512MB、1GB 甚至更高。

显存的工作频率主要是由显存的类型决定的，频率越高，显存的工作速度越快。目前绝大多数显卡都是采用的 GDDR3 或 GDDR5 显存，频率在 800～4000MHz 的范围。

显存位宽是显存在一个时钟周期内所能传输的数据位数，同 CPU 的字长类似，位数越大则所能传输的数据量越大。目前显存位宽主要有 64 位、128 位和 256 位三种。

很多人在选购显卡时习惯以显存容量作为主要参考依据，这明显是以偏概全，决定显卡性能的首要因素是显示芯片，其次才是显存。而且即使显存也应全面考虑容量、频率、位宽等参数，所以对显卡的选购应全面了解以上参数。

5. 硬盘

硬盘的性能对系统整体性能有至关重要的影响。在容量方面，虽然笔记本电脑的硬盘还赶不上台式机的硬盘容量，但其发展速度很快，常见的笔记本电脑硬盘容量有 320GB、500GB 和 750GB 等，如图 10-9 所示的是西部数据的 WD 500GB 笔记本电脑硬盘的正反面。

笔记本电脑硬盘的转速多为 5400 转，有个别笔记本电脑以配置 7200 转硬盘作为卖点，转速更高的硬盘虽然提高了速度，但同时也带来了更大的发热量，所以对这类笔记本应重点考查其散热效果如何。

6. 主板

笔记本电脑的主板是各组成部分中体积最大的核心部件，也是 CPU、内存和显卡等各种配件的载体。由于笔记本电脑追求轻薄和便携等特性，所以绝大多数元件都是贴片式设计，电路的密集程度和集成程度都很高，目的就是最大限度地减小体积和重量。

图 10-9 笔记本电脑硬盘

图 10-10 是笔记本电脑的主板实物外形。

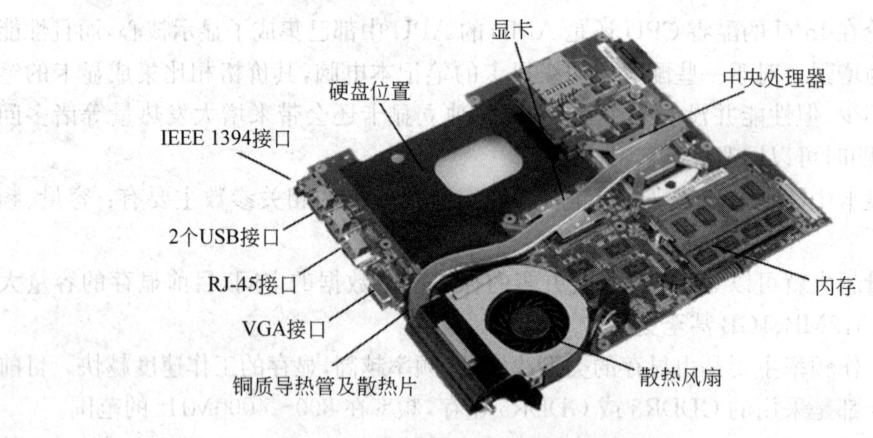

图 10-10 笔记本电脑主板

7. 内存

由于笔记本电脑整合度高，设计精密，对于内存的要求比较高，笔记本内存必须符合小巧的特点，需采用优质的元件和先进的工艺，拥有体积小、容量大、速度快、耗电低、散热好等特性。出于追求体积小巧的考虑，大部分笔记本电脑最多只有两个内存插槽，如图 10-11 所示。

目前，绝大多数笔记本电脑都采用了容量为 2GB 或 4GB 的 DDR3 内存，频率为 1066MHz 或 1333MHz。

8. 电池

电池不仅是笔记本电脑最重要的组成部件之一，而且在很大程度上决定了它使用的方便性。对笔记本电脑来说，轻和薄的要求使得对电池的要求也非同一般。笔记本电脑的电池是可充电电池，有了充电电池的电量供应，笔记本电脑才能充分体现出可移动的特性。

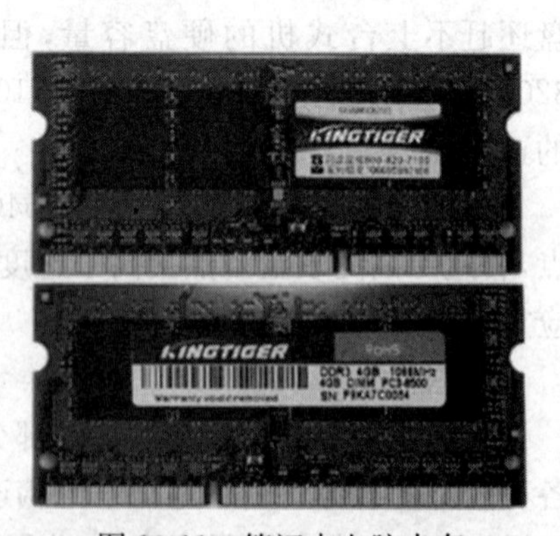

图 10-11 笔记本电脑内存

目前，绝大多数笔记本电脑电池采用的是锂离子电池,整块电池中采用多个电池芯通过串联或并联的堆叠方式来达到笔记本电脑所需的电池容量,如图 10-12 所示就是常见的笔记本电脑电池。

9. 电源适配器

笔记本电脑的电源适配器主要作用有两个,一是为笔记本电池充电,二是在无电池供电情况下获取电能,其外观如图 10-13 所示。

图 10-12　笔记本电脑电池

图 10-13　笔记本电脑电源适配器

10.2.2　笔记本电脑的常见品牌

目前笔记本电脑的一线品牌主要是: 联想 Lenovo、戴尔 Dell、宏碁 Acer、惠普 HP、华硕 ASUS;二三线品牌包括: 三星、东芝、索尼、苹果、方正、神舟等。

不同品牌的计算机虽然在做工设计和服务支持等方面存在较大的差异,但综合价格、质量各方面因素,还是各个一线品牌的产品占据了较大的市场占有率,也是大多数人在购买计算机时的主要选择。下面就对这些一线品牌做简单介绍。

1. 联想 Lenovo

联想 Lenovo 属国内第一品牌,在中国最为深入人心,品牌号召力很大,其售后服务非常完善;缺点是产品性价比不高。联想的产品分为商用机 Thinkpad 和家用机 Ideapad 两大阵营,其中 Thinkpad 做工与定位都是面向高端,价格也比较贵,普通用户大都选择 Ideapad。

Ideapad 又分为 Y、Z、G 等不同的产品系列,其中 Y 系列是纯影音娱乐游戏机型,也是 Ideapad 中定位最高的一个产品系列;G 系列则主要面向低端,性价比较高,但外观和做工一般;Z 系列处在 Y 和 Z 系列之间,各方面较为均衡。

2. 戴尔 Dell

戴尔 Dell 作为国际知名品牌,其产品在做工、质量、售后等各个方面都比较到位,配置合理,价格适中。

3. 宏碁 Acer

宏碁 Acer 是中国台湾厂商,也是国际大品牌,其产品在全球的占有率比较高。宏碁计算机的最大特色是性价比较高,产品在各个方面也都中规中矩。

4. 惠普 HP

惠普 HP 是老牌国际厂商，收购康柏后在笔记本方面的实力很强，其笔记本电脑的市场占有率曾一度全球第一。但同 IBM 一样，最近惠普欲剥离其 PC 部门，估计其产品在市场中也将越来越少。

5. 华硕 ASUS

华硕 ASUS 是中国台湾知名厂商，其产品一直以质量稳定可靠著称，在散热方面尤为出色，但其产品一般性价比不高。

任务实施

观察自己的笔记本电脑及通过网络搜索，了解笔记本电脑的构成部件及笔记本电脑的品牌，设计表格记录各品牌笔记本电脑最新的产品型号及价格，为自己设计购买方案。

任务 3 笔记本电脑的维护

任务描述

笔记本电脑由于集成度高，经常处于移动状态，散热空间狭小等原因，软硬件故障率大大超过台式机，同时由于笔记本电脑部件的差异性，互换性差，和台式机相比软硬件维护要困难得多。

判断以下问题引起的故障如何解决。

(1) 由于驱动程序类故障引起的笔记本电脑软件故障。

(2) 由于操作系统类故障引起的笔记本电脑软件故障。

(3) 由于应用程序类故障引起的笔记本电脑软件故障。

相关知识

10.3.1 笔记本电脑硬件故障的维修

根据故障维修的难易程度和维修对象的不同，笔记本电脑硬件故障的维修可以分为三个级别。

一级维修：也叫板卡级维修。其维修对象是计算机中某一设备或某一部件，如主板、电源、显示器等，而且还包括计算机软件的设置。在这一级别，其维修方法主要是通过简单的操作(如替换、调试等)，来定位故障部件或设备，并予以排除。

二级维修：是一种对元器件的维修。它是通过一些必要的手段(如测试仪器)来定位部件或设备中的有故障的元器件，从而达到排除故障的目的。

三级维修：也叫线路维修，就是针对电路板上的故障进行维修。

10.3.2　笔记本电脑维修指导原则

1. 拆装前注意事项

(1) 拆卸前关闭电源,并拆去所有外围设备,如 AC 适配器、电源线、外接电池及其他电缆等。因为在电源关闭的情况下,一些电路、设备仍在工作,如直接拆卸可能会引发一些线路的损坏。

(2) 当拆去电源线和电池后,打开电源开关,一秒钟后再关闭。以释放掉内部直流电路的电量。拆下 PC 卡、CD-ROM。

(3) 按照正确的方法拆装笔记本电脑。

(4) 不要对计算机造成人为损伤。

(5) 拆卸各类电缆(电线)时,不要直接拉拽,而要握住其端口,再进行拆卸。

(6) 不要压迫硬盘或光驱。

(7) 安装时遵循拆卸的相反程序。

(8) 维修人员应佩戴相应器具(如静电环等)。

2. 笔记本电脑维修判断思路指导

(1) 笔记本维修判断的原则、方法

① 特别要注意使用者的使用环境,包括硬件环境、软件环境和周围环境。

② 对于所见到的现象,要根据已有的知识和经验进行认真的思考、分析,在充分的思考与分析之后才可动手操作,尽量运用已有的测试工具来进行检测。对于不明白的问题应向有经验或技术水平较高的人员咨询。

③ 维修判断必须先从软件入手,最后考虑硬件的问题并结合相关工具进行测试。

④ 必须充分地与使用者沟通。了解使用者的操作过程、出现故障时所进行过的操作、使用者使用计算机的水平等。

⑤ 当出现大批量的相似故障时,一定要对周围的环境、连接的设备,以及与故障部件相关的其他部件或设备进行认真的检查,以排除引起故障的根本原因。另外,要审查使用者的操作环境,如安放计算机的台面是否稳固、操作是否符合要求等。

(2) 维修判断方法、思路

① 维修判断总是从最简单的做起:如先查看外观、连接,再看软件的设置、安装,最后检查部件或设备。

② 观察法。观察,是维修过程中第一要法,它贯穿于整个维修过程中。观察不仅要认真,而且要全面。

③ 隔离法。这种方法与下面的最小系统法类似。即将有可能干扰故障判断,或怀疑有故障的功能屏蔽掉,以突出故障本身的一种判断方法。这种方法不仅用于硬件维修,还可用于软件维修。

④ 最小系统法。最小系统是指在满足特定应用的条件下,使用最少的部件配置来进行维修判断的方法。

⑤ 替换法。用好的硬件设备替换疑似故障设备。

3. 笔记本电脑硬件故障与排除

(1) 笔记本电脑故障判断方法

① 检查外部设备是否工作正常。

② 根据故障现象来分析故障产生的原因,进而判断故障的类型,即属于软件设置方面的故障还是属于硬件方面的故障。

(2) 笔记本常见硬件故障及处理

① CPU 超频引起的故障

现象:出现开面无法进入操作系统;开机后无故连续重启;进入系统后出现蓝屏或突然死机等故障。

分析与处理:如果是因为笔记本电脑的 CPU 超频引发的故障,只需进入 BIOS 将设置的参数信息恢复到默认值即可排除故障。

注意:笔记本电脑最好不要进行超频,如果超频不当,还有可能会造成元件的损坏。

② 散热不良导致的故障

现象:由于散热口灰尘太多或因通风不畅而引起 CPU 温度过高,导致计算机出现蓝屏或死机现象。

分析与处理:把笔记本电脑 CPU 的温度一般设在 60℃~70℃。如果发现温度过高,则拆卸下底部的保护盖,对散热扇进行清理即可。

③ 升级笔记本电脑内存后出现的故障

现象:开机时出现报警或无法开机;内存容量显示不正确;运行一段时间后,无故出现死机现象。

分析与处理:首先打开笔记本电脑内存的保护盖,其次将内存条重新拔插,并确认安装到位;然后再使用测试软件查询主板支持的最大内存容量,并检测内存的兼容性,如果发生存在不一致的现象则更换相同规格的内存条即可。

任务实施

1. 由于驱动程序类故障引起的笔记本电脑软件故障

解决办法:重装相应驱动程序。

2. 由于操作系统类故障引起的笔记本电脑软件故障

解决办法:重装系统。

3. 由于应用程序类故障引起的笔记本电脑软件故障

解决办法:重装应用软件,如果故障不能彻底解决,还需要重装系统。

对于软件类故障,一条处理故障的经验是如果允许重装系统,其修复系统的效率甚至超过对软件的排查修复。

思考与练习

一、填空题

1. 目前笔记本的处理器主要有________和________两大阵营。

2. ________在笔记本电脑中的重要性仅次于CPU,是选购笔记本电脑时要重点考虑的因素。

3. 在目前的笔记本电脑中大都采用了独立显卡,决定显卡性能的关键因素取决于________和显存。

二、简答题

1. 笔记本电脑的硬件与台式机的硬件有何差异?

2. 笔记本电脑在日常使用过程中需要注意哪些方面的保养?

3. 简述笔记本电脑升级内存和硬盘的过程。

参考文献

[1] 帕特森，亨尼斯. 计算机组成与设计(硬件/软件接口)[M]. 康继昌，樊晓桠，安建峰，译. 北京：机械工业出版社，2014.
[2] 吴晋 . 电脑软硬件维修宝典[M]. 北京：机械工业出版社，2014.
[3] 余金昌，亓涛. 计算机硬件与系统组建高手真经[M]. 北京：中国铁道出版社，2013.
[4] 徐伟，张鹏. 电脑硬件选购、组装与维修从入门到精通[M]. 北京：中国铁道出版社，2014.
[5] 先知文化. VIP——电脑组装与维护直通车[M]. 北京：电子工业出版社，2011.
[6] 叶刚，刘生. 计算机组装与维护实战入门与提高[M]. 北京：科学出版社，2014.
[7] 谢峰，路贺俊. 计算机组装与维护立体化教程[M]. 北京：人民邮电出版社，2014.
[8] 王学屯. 图解计算机组装与维护[M]. 北京：电子工业出版社，2013.